高等职业教育"十四五"规划教材

U0965371

宠物临床实验室检验技术

刘红芹　李梅清　主编

中国农业大学出版社
· 北京 ·

内容简介

本教材根据宠物临床实验室检验岗位的典型工作任务和能力要求，分为12个项目，主要包括实验室管理、血液样本的采集与制备、血涂片的制备与染色、血细胞形态学分析、血液分析仪检验、血液生化检验、电解质和血气检验、血凝检验、尿液检验、粪便检验、皮肤检验和细胞学检验等内容，12个项目又细化为血液样本的采集、血液样本的制备等38个具体任务，均为宠物临床实验室检验岗位必备的专业技能。每个项目均融入丰富的数字化教学资源，明确学习目标与任务训练目标，详细列出了每个任务训练的具体内容与操作步骤，并附有课后思考及以往年份执业兽医资格考试真题中选出的题目，旨在加深理解与巩固。本教材穿插了大量高质量的图片、动画、技能操作及教学视频，通过扫描书中相应位置的二维码即可观看相关教学资源，以便读者自主学习。

本教材既可作为职业院校宠物医疗技术、宠物养护与驯导、动物医学、畜牧兽医、动物防疫与检疫等专业的学生教材，又可作为企业技术人员提升专业技能的培训教材，还可作为广大宠物医师、畜牧兽医技术人员短期培训、技术服务和持续深造的参考用书。

图书在版编目(CIP)数据

宠物临床实验室检验技术 / 刘红芹，李梅清主编. --北京：中国农业大学出版社，2025. 2.
ISBN 978-7-5655-3366-2

Ⅰ. S858. 93

中国国家版本馆 CIP 数据核字第 2024254W4F 号

书　　名　宠物临床实验室检验技术
作　　者　刘红芹　李梅清　主编

策划编辑　林孝栋　康昊婷　　**责任编辑**　康昊婷
封面设计　郑　川　李尘工作室
出版发行　中国农业大学出版社
社　　址　北京市海淀区圆明园西路2号　　**邮政编码**　100193
电　　话　发行部 010-62733489，1190　　读者服务部 010-62732336
编辑部 010-62732617，2618　　出　版　部 010-62733440
网　　址　http：// www. caupress. cn　　**E-mail** cbsszs@cau. edu. cn
经　　销　新华书店
印　　刷　天津鑫丰华印务有限公司
版　　次　2025年2月第1版　　2025年2月第1次印刷
规　　格　185 mm×260 mm　　16开本　　17.75印张　　441千字
定　　价　59.00元

图书如有质量问题本社发行部负责调换

编审人员

主　编　刘红芹（山东畜牧兽医职业学院）

李梅清（山东畜牧兽医职业学院）

副主编　秦晓庆（山东畜牧兽医职业学院）

李思琪（重庆三峡职业学院）

牛光斌［派菲尔德（上海）宠物有限公司］

参　编　易维学（湖北三峡职业技术学院）

刘国芳（江苏农林职业技术学院）

郝春晖（辽宁农业职业技术学院）

牛　星（临沂科技职业学院）

吕娜娜（山东畜牧兽医职业学院）

付晓杰（山东畜牧兽医职业学院）

田佳伟（济南宝康宠物医院）

赵鹏飞（山东牧院心仪动物医院有限公司）

主　审　闫振贵（山东农业大学）

前 言

本教材深入贯彻党的二十大“自信自强、守正创新、踔厉奋发、勇毅前行”精神，旨在通过系统知识传授与技能培养，增强学生专业自信，鼓励其积极面对挑战，追求卓越。鉴于宠物临床实验室检验技术在宠物健康检查、疾病诊断和预后判断中的关键作用，本教材紧贴宠物诊疗行业的发展需求，以培养职业能力为主线，特别强调岗位技能的培养，在保持内容的科学性和先进性基础上，重点突出实用性和实践性，旨在培育专业知识扎实、创新能力突出、职业素养良好的宠物诊疗高技能人才，为宠物诊疗事业的发展贡献力量。

本教材将最新政策精神和宠物医疗领域的新方法、新技术、新工艺、新标准深度融合，精准定位宠物临床实验室检验岗位的核心技能要求，从实验室管理、血液、尿液、粪便、皮肤及细胞学检验等版块入手，精心设计了 12 个教学项目，全面覆盖从实验室管理到各类样本采集、处理、分析及检验的工作流程。本教材采用活页式教材的形式，以宠物临床实验室检验核心岗位能力培养为版块，将 12 个项目进一步细化为血液样本的采集、血液样本的制备等 38 个具体任务，每个任务都聚焦于宠物临床实验室检验工作的核心技能培养。这些任务在保持相对独立性的同时，又相互关联，形成了一个既支持专项技能学习，又兼顾系统性能力提升的完整框架。编写时将每一个任务拆解为详细的操作步骤，便于学生循序渐进地达成学习目标。本教材融入了丰富的数字化教学资源，明确了项目学习目标和任务训练目标，并附有课后思考和以往年份执业兽医资格考试真题中选出的题目，有助于学生进行自我总结和考核。

本教材由从事宠物临床工作多年的高校专职教师和行业企业专家共同编写，其人员组成结构合理、分工明确，确保了课程内容的前瞻性和实用性，较好地完成了本教材的编写与校订工作。本教材图文并茂，内容丰富且深入浅出，既有理论性又注重操作性，可供宠物医疗技术、宠物养护与驯导、动物医学、畜牧兽医、动物防疫与检疫等相关专业的学生学习使用，同时也可供宠物临床诊疗工作者参考。

本教材承蒙山东农业大学闫振贵教授审阅，并提出了宝贵意见，在此表示衷心感谢！此外，本教材在编写中参考了许多国内外相关书籍、专著及会议论文，在此谨向相关作者表示感谢！

由于编写时间仓促，水平有限，书中难免有疏漏，加之本书中的知识和技能还需根据行业发展修改，恳切希望广大师生和同行提出宝贵建议，其不足之处也敬请批评指正，使之不断完善与提高。

编　者

2024 年 11 月

目 录

教学资源索引

项目一　实验室管理

知识目标	1. 掌握实验室生物安全、化学安全、辐射安全等基础知识。 2. 熟悉实验室安全规章制度、应急处理预案和事故报告制度。 3. 了解常用仪器设备的基本构造、工作原理、适用范围和性能指标。 4. 掌握常用仪器设备的常规操作步骤及设备维护与保养方法。
能力目标	1. 能规范操作实验室安全设施，定期进行实验室安全检查。 2. 能熟练操作各种实验室检验仪器设备。 3. 能定期进行仪器设备的维护和保养。
素质目标	1. 严格遵守实验室规章制度和操作规程。 2. 强化生物安全意识，尊重生命、重视生物安全。 3. 养成严谨认真、精益求精的工作态度，确保实验室工作的准确性和高效性。 4. 培养持续学习和创新的能力，不断提升实验室管理水平和技术能力。

任务一　实验室安全规范

训练目标	1. 加强人员管理和人力资源的整合，保障实验室质量和安全。 2. 熟悉仪器的使用和维护程序、预防措施。 3. 熟悉并遵守实验室安全守则。
主要内容与场地	1. 仪器安全、生物安全、用电安全、药品安全。 2. 实验动物、宠物疾病临床检验实训室。

二维码 1-1　实验室安全规范（微课）

训练内容与步骤

序号	内容	方法
1	生物安全	(1)制定安全细则。实验室负责人要根据实际情况制定本实验室特殊而全面的生物安全规则和具体的操作规程。工作人员必须了解细则,认真贯彻执行。 (2)生物危害标志。要在实验室入口的门上标记国际通用生物危害标志。实验室门口标记实验微生物种类、实验室负责人的信息,指明进入本实验室的特殊要求,如需要免疫接种、佩戴防护面具或其他防护器具等。实验室使用期间,谢绝无关人员参观。 (3)生物危害警告。在实验过程中,实验室或物理防护设备里放有传染性材料或感染动物时,实验室的门必须保持紧闭,无关人员一律不得进入。门口应示以危害警告标志,如挂红牌或文字说明实验的状态,禁止进入或靠近。 (4)进入实验室的条件。实验室负责人要指定、控制或禁止进入实验室的实验人员和辅助人员;未成年人不允许进入实验室;受感染概率增加或感染后果严重的实验室工作人员不允许进入实验室;只有了解实验室潜在的生物危害和特殊要求并能遵守有关规定合乎条件的人才能进入实验室;与工作无关的动植物和其他物品不允许带入实验室。 (5)工作人员的培训。对实验室工作人员和辅助人员要进行与工作有关的定期和不定期的生物安全防护专业培训。实验人员需经专门生物专业训练和生物安全训练,并由有经验的专家指导,或在生物安全委员会指导监督下工作。 实验室负责人要保证和证明,所有工作人员熟练掌握微生物标准操作和特殊操作,熟练掌握本实验室设备、设施的特殊操作运转技术。包括参加过操作致病因子和细胞培养的技能培训或实验室负责人特殊培训,或学习过在微生物安全工作方面具有丰富经验的专家和生物安全委员会指导下规定的内容。
2	用电安全	(1)电子仪器的放置应特别注意。 (2)必须提供足够的插座和开关。 (3)无延长线或三相插头地线的集成电路绝对不能超负荷工作。 (4)化验员应避免在电线和电子仪器附近从事含有液体的试验和工作。 (5)使用比较敏感的设备或所处的环境经常停电时,稳定的电源供应很有必要。

续表

序号	内容	方法
3	化学安全	化学危害是临床实验室主要危害源之一，化学危害源主要是指在试验的操作过程中所使用的危险化学品引起的危害。 危险化学品是指具有毒害、腐蚀、爆炸、燃烧、助燃等性质，对人体、设施、环境具有危害的剧毒化学品和其他化学品。人们通过吸入、接触、食入、针刺等方式暴露于危险性化学品中。 实验室应对化学危害要有足够可行的控制措施。要求所有人员按安全操作规程操作，包括使用安全的装备或装置，对实验室内所用化学制品的废弃和安全处置应有明确的书面程序，以保证完全符合要求。定期对这些措施进行监督以确保其有效可用，保存监督结果记录。
4	消防安全	实验室中大型电器设备繁多、耗电量大和荷载高，易引发电器火灾；同时易燃易爆化学危险品众多，如果操作和保管不当，极易引发火灾事故。所以实验室工作人员必须加强消防安全意识，时刻保持警惕。 实验室的消防安全管理工作开始于实验室设计和建造之前，且贯穿于实验室日常工作的全过程。实验室的建设布局及消防设施布局应符合消防相关管理要求，这是做好消防安全管理的前提条件，必须通过严格的消防安全管理程序管理实验室，确保实验室安全。

课后思考

实验室安全需注意哪几个方面？

二维码 1-2 实验室检验常用仪器(微课)

任务二 实验室检验常用仪器设备功能及参数介绍

训练目标	1. 掌握临床检验常用仪器的性能指标。 2. 熟悉临床检验仪器的特点和主要部件。 3. 了解临床检验仪器的分类、选用和维护。
主要仪器设备与场地	1. 显微镜、离心机、血细胞分析仪、生化分析仪、电解质与血液气体分析仪、血凝分析仪、血糖仪、尿液分析仪、折射仪、尿沉渣分析仪、伍德氏灯。 2. 实验动物、宠物疾病临床检验实训室。

训练内容与步骤

一、显微镜

(一)普通光学显微镜

序号	内容	方法
1	概述	检验细胞和微生物标本,均需用到显微镜。较常用的为普通光学显微镜。另外,可根据不同要求,选择使用暗视野显微镜、相差显微镜、荧光显微镜等。这几种显微镜以可见光或紫外线作为照明光源,均属光学显微镜范畴(图 1-1)。 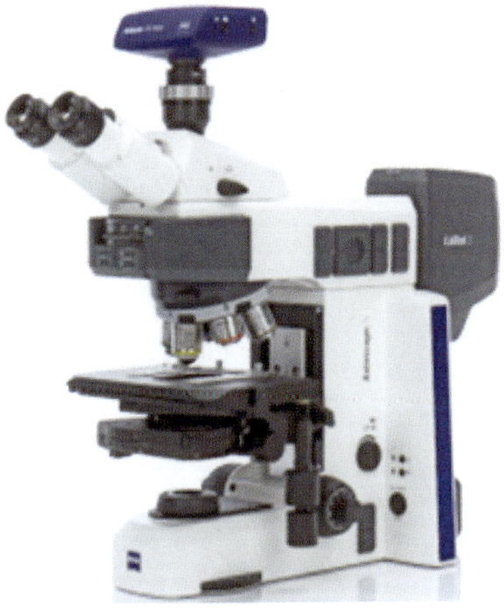 图 1-1 光学显微镜
2	参数	显微镜的光学技术参数包括:数值孔径、分辨率、放大率、焦深、视场宽度、覆盖差、工作距离、图像亮度和视场亮度等。 **注意:**上述参数并非越高越好,它们之间是相互联系又是相互制约的,每个参数都有它本身一定的合理界线。在使用时,应根据镜检的目的和实际情况来协调各参数之间的关系,但应以保证分辨率为准。
3	光学部件	显微镜的光学部件包括物镜、目镜、聚光镜及照明装置几个部分。各光学部件直接决定和影响光学性能的优劣。 **物镜:** 物镜是显微镜的核心光学部件(图 1-2),装于物镜转换器上。物镜的作用是分辨标本中的细节,产生一个有效的初级图像。显微镜的放大率、分辨率、色差与像差的校正状况、工作距离等,都直接由物镜来决定。其质量的好坏是决定图像优劣的首要因素,是衡量一台显微镜质量的首要标准。 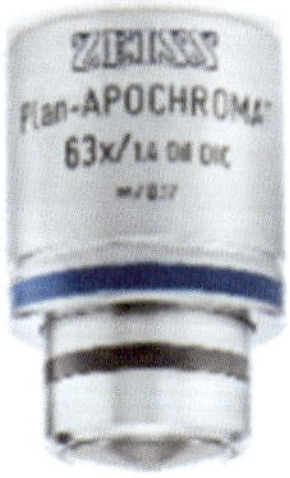 图 1-2 物镜 按照物镜放大率的高低,原则上可将物镜分为:低倍物镜,1×～6×,NA 0.04～0.15;中倍物镜,6×～25×,NA 0.15～0.40;高倍物镜,25×～63×,NA 0.35～0.95;油浸物镜,90×～100×,NA 1.25～1.40。 按照物镜色差和像差校正的程度,可将物镜分为:

续表

<table>
<tr><th>序号</th><th>内容</th><th colspan="2">方法</th></tr>
<tr><td rowspan="3">3</td><td rowspan="3">光学部件</td><td>物镜</td><td>消色差物镜(Ach),最常见;复消色差物镜(Apo),分辨率高,像质优,而且也有更高的有效放大率,适用于高级研究镜检和显微照相,镜检时应与补偿目镜配合使用,否则图像质量会下降;半复消色差物镜(FL),能校正红、蓝二色光的色差及球差,镜检时应与补偿目镜配合使用;平场物镜(Plan),视场平坦且较大,工作距离也有所增加,更适用于镜检和显微照相。</td></tr>
<tr><td>目镜</td><td>目镜装在镜筒上端,其上标有放大倍数(图1-3)。目镜的作用是把物镜放大的初级图像(中间像)再放大一次,并把物像映入观察者的眼中。因此有缺陷的目镜将会降低图像的质量。图像放大倍数=目镜放大倍数×物镜放大倍数。
目镜类型包括:惠更斯目镜(Huygens eyepiece)、冉姆斯登目镜(Ramsden eyepiece)、凯尔勒目镜(Kellner eyepiece)、补偿目镜(Compensate eyepiece)、平场目镜(Plan eyepiece)、广视场目镜(Wide field eyepiece)、照相目镜(Photo eyepiece)等。

图 1-3 目镜</td></tr>
<tr><td>聚光镜</td><td>聚光镜装在载物台之下,它能集聚反光镜所反射的光线,通过载物台的中央孔,再通过标本。在使用数值孔径为0.40(约20×)以上的物镜时,必须同时使用聚光镜(图1-4)。
聚光镜的结构形式多样,同时根据物镜数值孔径的大小,相应地对聚光镜的要求也各异。聚光镜类型包括:阿贝聚光镜、等光程聚光镜等。

图 1-4 聚光镜</td></tr>
<tr><td>4</td><td>机械部件</td><td colspan="2">(1)镜座与镜柱。是支持和稳定整个镜体的主要部分。
(2)镜臂。是连在镜柱上端的弯曲部分,与镜柱之间有倾斜关节,可使显微镜向后做一定角度的倾斜,便于观察。
(3)载物台。是放置检验标本的平台,中央有圆孔,可透光线,附有弹簧夹以夹持标本载玻片。
(4)镜筒。是附于镜臂上端,为成像光柱的通道。上端接目镜,下端接物镜转换器。
(5)物镜转换器。其上有3~4个接物镜孔,可装接物镜。安装时顺时针方向安装,依次从低倍、高倍、更高倍到油镜。
(6)调焦螺旋。可分粗调螺旋和细调螺旋。</td></tr>
</table>

续表

序号	内容	方法
5	使用	(1)搬运和安装。搬运显微镜时，右手持镜臂，左手托镜座，保持镜体的垂直。安装显微镜时，显微镜靠近身体胸前略偏左，以便右手做记录或绘图。 (2)调节照明。转动物镜转换器，使低倍镜对准聚光器，两眼睁开，用左眼注视目镜。如果是双镜筒显微镜，左右眼各注视一个目镜。把反光镜朝向窗口或人工光源，打开可变光阑，上升聚光器，使光线进入接物镜。要求视野全部照明，亮度均匀，光强度适宜。调节照明时，应根据外来光线的强弱、标本的具体情况和所用物镜的不同，灵活应用聚光器、可变光阑和反光镜。 (3)放置标本。将载玻片的盖玻片面向上，置于载物台，用推片器或弹簧夹固定。**注意：**用过厚的盖玻片封盖的标本，不宜用高倍镜或油镜观察。 (4)调焦。将标本移至物镜下方，一边从目镜中观察，一边转动粗调螺旋，直至找到观察目标，并把物像调整清晰为止。 (5)油镜的使用。检验细胞或细菌标本时，多使用油镜进行。进行油镜检验时，应先对好光线，但不可直对阳光。采取最强光度，然后在载玻片标本上滴加香柏油一滴(切勿过多)，将载玻片标本放置或移至载物台的中心。转换油镜头，从显微镜侧面一边看镜头，一边升高载物台或向下调节镜筒，使油镜头浸入油内，紧贴载玻片，使其几乎与载玻片标本表面相接触(但不应接触)。用单眼或双眼由接目镜注视镜内，同时慢慢转动粗调螺旋使油镜上调(此时严禁用粗调螺旋下调油镜)，若能模糊看到物像时，再调节细调螺旋，直至物像清晰为止，随后进行检验观察。检验观察完后，移开油镜头，先用擦镜纸从油镜头上擦去香柏油，再用蘸有乙醚和酒精(7∶3)混合物的擦镜纸，擦拭油镜镜头和载玻片标本。
6	保养维护	显微镜是一种结构精密的仪器，在使用时必须小心爱护。 (1)严格规范操作，避免因操作不当而造成损毁。显微镜的任何零件不得随意拆卸，也不要任意取下目镜。 (2)显微镜的工作环境应保持清洁、干燥、防尘，避免起雾现象的发生，谨防灰尘落入镜筒。 (3)每次使用完毕后，应及时做好清洁工作，及时使用擦镜纸清洁目镜、物镜等光学部件，可用擦镜纸或绸布轻轻擦净，切勿用手指、粗纸或手绢擦拭，以免损坏镜面。其机械部分可用纱布擦拭。 (4)显微镜使用完毕后，应落下载物台或镜筒，并将物镜转成八字形垂于镜筒下。 (5)收藏显微镜时，应避免潮湿和灰尘，避免与化学试剂或药品接触。最好是收藏在显微镜箱内，一般还需在显微镜箱内放置防潮硅胶，

续表

序号	内容	方法
6	保养维护	并定时更换，以保持干燥。这样，可以防止显微镜的光学部分发霉和金属部分生锈。如发现光学部件内部有发霉等现象，及时联系有关厂家进行清洁、维修。 (6)汞灯使用注意事项。 ①使用前，预热，10～15 min。 ②使用时，禁止随意开关电源。 ③汞灯电源关闭 15～20 min 后，待完全冷却才可重新启用。 ④汞灯的使用寿命一般只有 300 h，使用得当可达 600 h。使用寿命与开关的次数成反比，应集中一批样品做 2～3 h 的观察。汞灯寿命终结的标志是点燃困难，灯管发黑。汞灯价格昂贵，应珍惜使用。

(二)暗视野显微镜

序号	内容	方法
1	概述	暗视野显微镜是在普通光学显微镜中除去明视野聚光器，换上一个暗视野聚光器而组成的。暗视野聚光器的构造，使光线不能由中央直接向上进入镜头，只能从四周边缘斜射通过载玻片标本。并且，在有些接物镜的油镜头中还配有光圈，用以阻挡从边缘漏入的直射光线(如果镜头无光圈装置时，可在镜头内另加适当套管代用)。由于光线不能直接进入物镜，故视野背景是黑暗的。如果在标本中有颗粒物体存在，并被斜射光照着，则能引起光线散射，一部分光线就会进入物镜。此时，可看到在黑暗的视野背景中，有发亮明显的物体，观察得比较清楚。 **注意：**由于物体折光的关系，显微镜下所看到的实际上只是物体散射出来的光线，只能呈现出物体的轮廓，比实际要大。暗视野显微镜多用于活体微生物的检验，特别适用于观察螺旋体的运动和形态。
2	使用	暗视野显微镜的使用方法，与普通光学显微镜基本相同，但也有其特点。 (1)制作标本时，所用的载玻片和盖玻片都应认真清洗干净。必须使用薄玻片(载玻片厚度 1.0～1.1 mm，盖玻片厚度约 0.1 mm)，否则将会影响暗视野聚光器对斜射光焦点的调整。标本也不宜过厚。 (2)所用光线宜强，否则物像不清楚。 (3)调节光源，使光线集中在暗视野聚光器上。先用低倍物镜观察，移动暗视野聚光器，使其中央的一个圆圈恰好处在视野的中央。如暗视野聚光器已准确固定好，则可免去此步骤。 (4)先在暗视野的聚光器上加香柏油一滴，放置标本，然后聚光器向上移，使香柏油与标本片接触，中间不能有气泡。

续表

序号	内容	方法
2	使用	(5)在标本载玻片上再加香柏油一滴，降下镜筒，使油镜浸在香柏油内，再用粗调螺旋、细调螺旋调节油镜的焦距；有时还需要稍微升降暗视野聚光器，用以调节斜射光焦点，使之正好落在标本上；有时还需调节油镜镜头中的光圈，相互配合，直到物像清晰，即可开始检验。也可用低倍或高倍物镜进行检验。

(三)相差显微镜

序号	内容	方法
1	概述	用普通光学显微镜观察一些活的微生物或细胞等透明物体时，不易看清楚其内部的细微结构。但是，光线透过厚度不同的透明物体时，其相位却会发生改变而形成相差。 利用光学原理，可以把相差改变为振幅差，就能使透明的不同结构，表现出明暗的不同，能够较清楚地予以区别。相差显微镜就是根据这些原理而制成的，适用于观察透明的活微生物或其他细胞体的内部结构。
2	构造	相差显微镜的构造，以普通光学显微镜为基础。但它有 3 个不同的部分，即相差物镜、相差环(环状光圈)或相差聚光器，以及合轴调整望远镜。 相差物镜在物镜的后焦点处加一环状相板。相板由光学玻璃制成，具有改变相位的作用。物镜的放大倍数不同，其相板也不同。 相差环则是一块环状光圈，放置在光源通路上，使光线只能由环状部分通过，环状光圈的大小可由聚光器的数值口径(N、A)来调节。 有些显微镜的环状光圈和相差聚光器装在一起。环状光圈的大小由不同大小的环状孔控制。
3	使用	使用不同的相差物镜时，应配合相应的环状光圈，并用合轴调整望远镜观察环状光圈和相板，调节至环状光圈的亮环与相板的暗环完全重合。这样，光线通过标本时，就必须经过相板而发生相位的改变，造成明暗差别的影像。 环状光环、相差物镜配合与调整好后，其他操作方法与普通光学显微镜相同。

(四)荧光显微镜

序号	内容	方法
1	概述	荧光显微镜是用来观察荧光性物质,特别是供免疫荧光技术应用的专门显微装置。荧光物质包括荧光色素,它受到一定波长的短波光(通常是紫外线)照射时,能够激发出较长波长的可见荧光。利用这一现象,把荧光色素与抗体结合起来,即荧光抗体,进行免疫荧光试验,可在荧光显微镜下观察荧光出现的位置大小,做出判断。
2	构造	荧光显微镜的构造也是以普通光学显微镜为基础的,其显微部分也是一般的复式显微镜系统,但其光源与滤光部分等则有所不同。 (1)光源。荧光显微镜必须具有发出高能量紫外线的光源,一般使用超高压水银灯。这种光源灯的亮度大,除紫外线外,还具有可见光。 (2)滤光片。为了只让紫外线等特定激发光线通过,能阻止其他光线通过,以免影响标本中的荧光影像,在光源灯与反光镜之间安装一种激发滤光片(或称为一次滤片)。为了只让荧光通过,同时阻止紫外线通过,以保护观察者的眼睛,在目镜与物镜之间(或目镜内),安装另一种吸收滤光片,也称为保护滤光片(或称为二次滤片)。滤光片有各种型号,各有固定的滤光范围,两种滤光片必须配合适当,这应根据所用荧光色素吸收光波(吸收光谱)和激发出的荧光光波(荧光光谱)的特性去选择使用。 (3)反光镜。普通光学显微镜所用的镀银反光镜,对紫外线反射不好。荧光显微镜的反光镜多是镀铝的,可以较好地反射紫外线。
3	使用	荧光显微镜进行镜检时,应先将光源调节好,能使最强光线通过标本,将反光镜和聚光镜与光源互相配合,即可达到目的。升高聚光器,并在其上滴加一滴不会产生荧光的镜油(普通香柏油会发生荧光,不能使用,常用 PBS 甘油缓冲液)。在载物台上放置标本,使其底面和镜油接触,与聚光器连在一起,即可进行低倍镜或高倍镜检验。如果用油镜观察,在标本上也要滴加不会产生荧光的镜油,其操作方法同暗视野显微镜。 荧光物质受紫外线照射时间过长,荧光会逐渐消失。因此,在镜检时应抓紧时间观察,不宜在同一部位观察过长时间。也可以采用转换视野或间歇打开光源观看,再关闭光源观看的方法。

（五）电子显微镜

序号	内容	方法
1	概述	电子显微镜是利用电子流来观察细微结构的显微装置。由于电子流的波长远较光波短，就可以得到更大的分辨和放大能力。目前，电子显微镜的分辨能力已达 0.3 mm，甚至达 0.1 m 的水平（可以直接看到原子），放大倍数≥25 000 倍，再利用显微摄影技术放大 10 倍，就能得到放大 250 000 倍的图像。电子显微镜在兽医微生物学、细胞学科研和实验室检验上的应用越来越多，特别是在动物病毒学上已成为不可或缺的工具。
2	构造	电子显微镜的构造原理与普通光学显微镜相似。在其顶端，装有由钨丝制成的电子枪。钨丝经高压电流通过，发生高热，放出电子流，相当于光学显微镜的光源。 电子流向下通过第一磁场（又称为电磁场，相当于光学显微镜的聚光器），电子流的焦点被控制集中到标本上。电子流通过标本形成差异，再经过第二场（又称为接物磁场，相当于接物镜），被放大成一个居间像。居间像再往下去，被第三磁场（又称为放映圈，相当于接目镜）放映在荧光屏上，变成肉眼可见的光学影像，就可在观察窗看到。 电子显微镜的电压越高，电子流速度越快，其分辨能力也就越强。在电子流的通路上，不能有游离气体分子存在，否则可与电子碰撞而使电子偏转，改变通路，引起物像散乱。因此，电子显微镜的内部必须高度真空，而高压装置和真空装置就是电子显微镜的重要组成部分。
3	使用	由于标本在高度真空的环境中，直接暴露在电子流之下，故标本必须干燥，否则就会引起标本内的微生物或细胞体发生收缩或变形。电子显微镜不能观察活的微生物体，这是电子显微镜的一大缺点。电子流的穿透能力是很弱的，不能穿透玻璃片和较厚的物质。一般用火棉胶制成薄片来做支持膜（相当于载玻片），其上放置被检物。 按照不同情况使用各种制片方法（如摄影或造影法、超薄切片法、复型法、负染色法、铁蛋白抗体法、超微放射自显术法等）做成标本，即可进行镜检。电子显微镜所形成的物像，是由标本中各物体的厚度与比重不同，引起电子流发生拆散与穿透差异而造成的，没有颜色的区别，只表现为黑白的影像。

二、离心机

<table>
<tr><th>序号</th><th>内容</th><th colspan="2">方法</th></tr>
<tr><td>1</td><td>概述</td><td colspan="2">离心机是借离心力分离液相非均一体系的设备。可根据物质的沉降系数、质量、密度等的不同，应用强大的离心力使物质分离、浓缩和提纯。离心技术在生物学研究中占有重要的地位，是分离、纯化细胞、病毒、蛋白、核酸和酶的最方便最有效的技术。</td></tr>
<tr><td>2</td><td>分类</td><td colspan="2">（1）普通离心机：可分为台式和落地式，一般为中低速（转速小于 6 000 r/min），无冷冻功能。因此只适宜对温度要求不严格样品进行中低速离心（图 1-5）。
（2）冷冻离心机：根据转速（或离心力）的高低，可分为高速冷冻离心机（转速一般小于 20 000 r/min）和超速冷冻离心机（转速大于 20 000 r/min）。

图 1-5 普通离心机</td></tr>
<tr><td>3</td><td>工作原理</td><td colspan="2">离心是利用离心机转头高速旋转产生的强大离心力，加快液体中颗粒的沉降速度，把样品中不同沉降系数和浮力密度的物质分离开。
离心力（F）的大小取决于离心机转头的角速度（ω，r/min）和物质颗粒距离心轴的距离（r，cm）。它们的关系是：$F=\omega^3 r$。</td></tr>
<tr><td rowspan="2">4</td><td rowspan="2">主要部件</td><td>转头</td><td>离心机转头是放样品的容器。有以下 4 种类型。
（1）水平转头：也称吊篮式转头。静止时离心管垂直挂在转头上，当转头转速达 600 r/min 后达到水平位置，通常一个转头挂 3 个或 6 个吊篮。
（2）角转头：转头的离心管腔与转轴保持 20°～30°的固定角度。
（3）区带转头：为一空腔，没有离心管，样品液直接放在腔内。适用于大量样品连续离心分离浓缩。
（4）分析转头：是分析小室，专用于分析。
注意：转头有一定的使用极限，所以必须建立使用档案，记录使用的时间和次数，到一定时限后（根据使用说明）最高使用转速必须降低 10%。</td></tr>
<tr><td>超速离心管</td><td>由于超速离心产生巨大的离心力，故离心管不能用玻璃材料制作。一般由塑料和不锈钢两种材料制作而成。常用的制作材料有：CAB（酸丁酯纤维素）、PC（聚碳酸酯）、PA（聚丙烯和聚乙烯的聚合物）、PCR（poly clear）、PE（聚乙烯）、PP（聚丙烯）、PS（聚苯乙烯）、PF（聚氟）、不锈钢。</td></tr>
</table>

续表

序号	内容	方法
5	操作	各种型号离心机操作稍有不同,这里主要强调样品的装载和平衡。由于离心时产生的离心力很大,当转头所带的样品处于不平衡状态时,会产生很大的力矩。轻者引起机器发抖和振动,重者会扭断转轴造成事故。因此离心样品的平衡装载尤为重要,且离心转速越高,对平衡的要求也越高。 (1)离心管至少要二二平衡,放在转头的对称位置,水平转头不允许有空挡(即不挂吊篮)的现象。 (2)不仅要保证静平衡,还要保证动平衡(处于对称位置的两个离心管必须装载密度相近的样品)。 (3)超速离心时为了减小阻力,都是在真空状态下运行的。除不锈钢和厚壁聚碳酸酯(PC)离心管外,样品必须装满,否则离心管会因真空而变形或破裂。同时吊篮盖也要盖紧,否则样品会挥发或浓缩。
6	管理维护	(1)各种类型离心机应由专人负责管理和维护,使仪器处于良好状态。 (2)高速、超速离心机要求定期检查维修并详细记录实验状态及维修情况。 (3)超速离心机使用不当易发生事故,对离心转头更应谨慎维护和使用。 (4)离心机的型号、种类繁多,使用时应注意配套问题。 (5)选用离心转头时,主要考虑的是样品容量及离心条件。

三、 血细胞分析仪

序号	内容	方法
1	概述	宠物临床上主要有 3 种类型的血细胞分析仪:电阻抗分析仪、激光流式分析仪和肤色层定量分析仪。血细胞检验主要用于反映宠物机体状况,如贫血、感染、炎症、应激反应、凝血功能和血液疾病等,便于宠物医师对患病宠物的诊治、预后及对潜在疾病的防治。
2	检测项目	红细胞(RBC)、血红蛋白(HGB、Hb)、血细胞比容(HCT、PCV)、平均红细胞体积(MCV)、平均红细胞血红蛋白含量(MCH)、平均红细胞血红蛋白浓度(MCHC)、红细胞体积分布宽度(RDW-CV,RDM-SD)、白细胞(WBC)、白细胞三分类法或五分类法、血小板(PLT)、血小板比容(PCT)、平均血小板体积(MPV)、血小板体积分布宽度(PDW-CV,PDW-SD)、大血小板比率(P-LCR),以及红细胞体积分布直方图、白细胞体积分布直方图和血小板体积分布直方图等。

续表

<table>
<tr><th>序号</th><th>内容</th><th>方法</th></tr>
<tr><td>3</td><td>常见仪器类型</td><td>
(1)电阻抗分析仪(图 1-6)。依据库尔特原理做分类,依照粒子经过两个电极间产生的电阻量进行颗粒大小测量与计数分类,可用于白细胞、红细胞和血小板的累计。
技术原理:在具有小口或小孔的玻璃管内外设有两个电极。小孔两侧的电解质可以产生恒定电流。采用真空或负压,使细胞移动通过小孔时进行计数。因细胞相对电解质产生的电流小,当通过小孔时电阻会增加。这些电流瞬时的变化会被记录下来,用于检测细胞数量。细胞的容积和大小也会成比例地改变电流,因此可以计算细胞大小(图 1-7)。
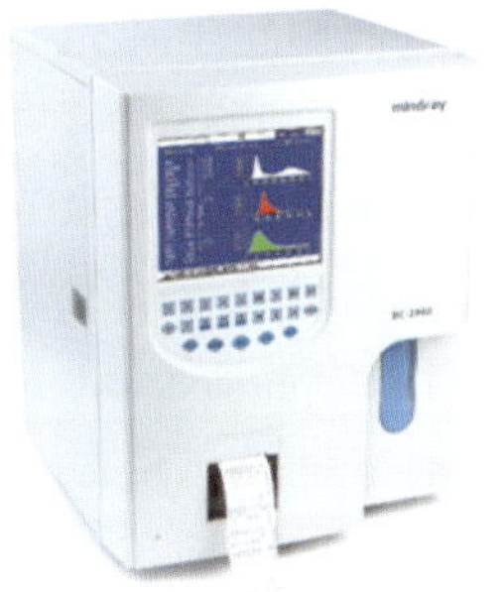
图 1-6　电阻抗分析仪
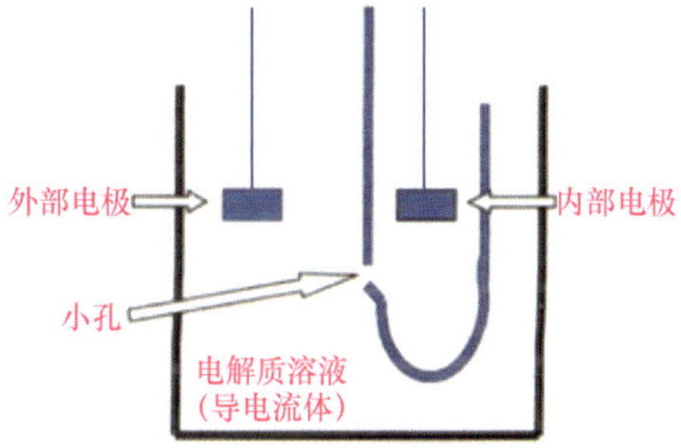

图 1-7　电阻抗分析仪的技术原理
该法无法区别全部的白细胞:有核红细胞与聚集的血小板,因大小与白细胞相近,可能被计为白细胞;大型血小板或少量聚集的血小板,可能被计为红细胞。
二维码 1-3　层流电阻抗 VS 传统电阻抗(动画)
(2)肤色层定量分析仪。临床常使用干式血细胞分析仪(图 1-8)。
技术原理:采用荧光染色、离心和干式技术,配套毛细管内含有吖啶橙染料,该染料可以与细胞内的核酸及细胞质等成分结合,并在不同波长激发光的激发下,发出不同颜色的光。根据这个原理,在毛细管内加入浮标,在浮标和离心管之间形成可以容纳 1～2 个细胞的间隙,离心后,细胞一个一个地排列在浮标周围,然后机器会夹住毛细管在光源下扫描 8 次,并取平均值作为最终报告,而且形成白膜层(Buffy coat)图,供宠物医师参考。荧光染色的技术避免仅依靠大小来进行白细胞计数和分类带来的由于血小板凝集等因素对白细胞计数的影响。

图 1-8　干式血细胞分析仪
</td></tr>
</table>

续表

序号	内容	方法
3	常见仪器类型	技术指标： ①样本来源：EDTA 抗凝全血。 ②样本使用量：每个检测需要 30 μL 样本。 ③检测速度：1 min 完成一个检测。 ④检测项目：包括红细胞、白细胞以及网织红细胞在内的 13 个参数，其中网织红细胞和有核红细胞参数可帮助宠物医师进行贫血的诊断。 (3)激光流式分析仪。临床使用全自动血细胞分析仪(图 1-9)。 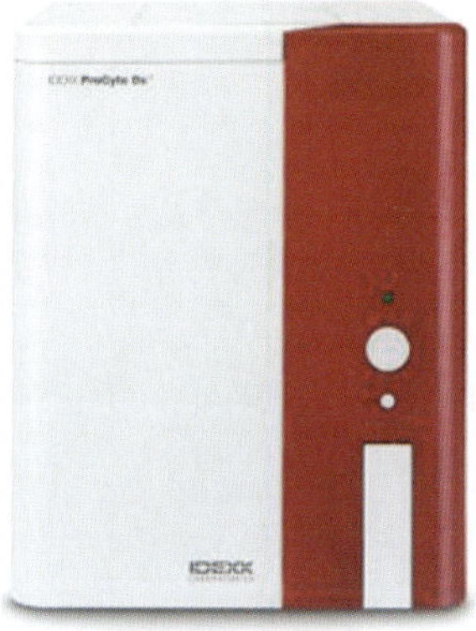 图 1-9　全自动血细胞分析仪 技术原理：采用激光流式细胞化学荧光染色仪和经典库尔特原理进行血细胞分析，红细胞和血小板采用库尔特原理进行细胞计数，网织红细胞和白细胞采用激光流式细胞仪及荧光染色原理。在鞘液的带动下，让染色过的白细胞在石英流动室里排队经过激光检测点，根据细胞内部结构的不同与染色结合以后发出不同强度的荧光，可以分辨细胞大小、细胞核特征以及细胞质内成分等信息，从而进行白细胞的分类。同时可用网织红细胞专用染剂染料对网织红细胞进行染色，完成网织红细胞的计数。 二维码 1-4　激光流式分析仪检测原理(动画) 技术指标： ①样本来源：EDTA 抗凝全血、胸水、腹水、脑脊液及其他体液。 ②样本使用量：每个检测需要 30 μL 样本。 ③检测项目：共 24 项血常规项目，体液检测数据包括有核细胞、颗粒细胞、非颗粒细胞、红细胞等。

四、生化分析仪

序号	内容	方法
1	概述	多种生化分析仪可应用于临床实验室，帮助宠物医师更好地诊断疾病及监控治疗效果。生化分析仪多利用光学原理(分光光度法)定量测定血液中的组分，也有的采用电化学方法的分析仪应用于宠物临床。

续表

序号	内容	方法
2	检验项目	总蛋白(TP)、白蛋白(ALB)、球蛋白(GLOB)、葡萄糖(GLU)、胆固醇(CHOL)、总胆红素(TBIL)、丙氨酸氨基转移酶(ALT)、天冬氨酸氨基转移酶(AST)、碱性磷酸酶(ALP)、γ-谷氨酰基转移酶(GGT)、胆汁酸(BA)、血氨(NH_3)、淀粉酶(AMYL)、血液尿素氮(BUN)、肌酐(CREA)、钙(Ca)、磷(PHOS)、对称二甲基精氨酸(SDMA)等。
3	保养维护	(1)实验室操作人员应严格按照制造商的操作手册进行操作。 (2)设备一般有预热时间,使光源、光电探测器和恒温器在使用前达到稳定状态。 (3)实验室最好在早上启动设备并全天开机,使仪器一直处于备用状态。 (4)按照制造商的维护日程进行维护,可延长仪器的使用寿命。
4	常见仪器类型	(1)生化分析仪(图 1-10)。 技术原理: 采用多层膜干化学技术,而且多层膜中含有特殊的过滤层,消除干扰物质对化学反应的影响;可完成加样到自动样本分析、结果自动打印等全过程的生化检查。  图 1-10 生化分析仪 技术指标: ①样本来源:血清、血浆、尿液。 ②样本使用量:每个检测项目需要 10 μL 样本。 ③检测速度:检测 120 个/h;一批次可以检测 12 个项目;每批次检测需要 6 min。 ④检测项目:可以提供 26 个检测项目的独立试剂片,每片试剂片都采用独立锡箔纸包装,根据要求冷冻或者冷藏保存。使用时无须回温到室温,即开即用。 (2)全自动生化分析仪(图 1-11)。 技术原理: 采用多层膜干化学技术,而且多层膜中含有特殊的过滤层,消除干扰物质对化学反应的影响;全套设备可完成从血清或者血浆制备到自动样本分析、结果自动打印等全过程的生化检查。  图 1-11 全自动生化分析仪

续表

序号	内容	方法
4	常见仪器类型	技术指标： ①样本来源：血清、血浆、尿液。 ②样本使用量：每个检测项目需要 10 μL 样本。 ③检测速度：每批次全血可以检测 18 个项目，检测时间从离心到报告打印共需 8 min。 ④自动化：机器内部配置离心机，可自动实现全血到血浆的制备，无须人工干预，还可自动进行样本的稀释等操作，避免人为操作误差。 ⑤检测项目：可以提供生化和电解质项目的检测，也可进行果糖胺、苯巴比妥和 TT4 等特殊项目的检测。

五、电解质与血液气体分析仪

序号	内容	方法
1	功能	电解质与血液气体分析仪（图 1-12）可以自动完成全血、血浆、血清样本的电解质和血液气体（静脉和动脉气体分压）的分析检测，报告打印等检测全过程。血细胞检验主要用于反映犬猫机体状况，如贫血、感染、炎症、应激反应、凝血功能和血液疾病等，便于宠物医师对病患犬猫的诊断、治疗和做出预后，以及对潜在异常的防治。 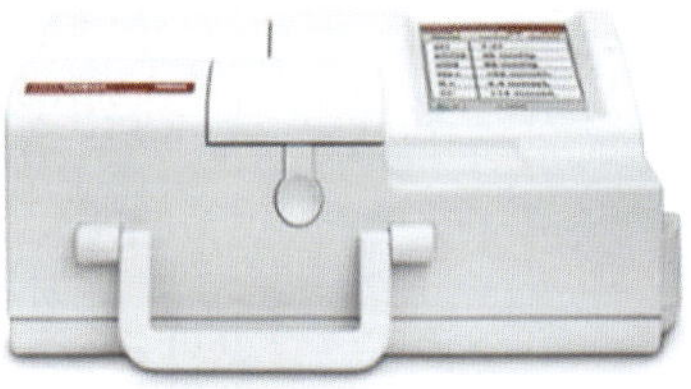 图 1-12　电解质与血气分析仪
2	检测项目	pH（酸碱度）、动脉血氧分压（PaO_2）、动脉血氧饱和度（SaO_2）、动脉血二氧化碳分压（$PaCO_2$）、动脉血氧含量（CaO_2）、缓冲碱（BB）、剩余碱（BE）、碳酸氢根或重碳酸盐（HCO_3^-）、血浆二氧化碳总量（TCO_2）、二氧化碳结合力（CO_2-CP）、钠（Na^+）、氯（Cl^-）、钾（K^+）、阴离子间隙（AN Gap）。
3	技术原理与技术指标	技术原理： 采用光学荧光技术、干式技术，进行封闭式检测，血液气体不受环境影响。检测时，样本不进入仪器内部，排除样本间的交叉污染的可能性。 技术指标： ①样本来源：血清、血浆、肝素锂抗凝全血。 ②检测速度：2 min 完成一个检测。 ③样本使用量：每个检测需要 125 μL 样本。 ④检测项目：可以提供 5 种不同项目组合的试剂片，检测项目可以根据温度的差异，进行校正。

六、血凝分析仪

序号	内容	方法
1	概述	血凝分析仪是以交流电或电池为电力来源的手持式分析仪(图 1-13),可以使用新鲜全血或用柠檬酸盐抗凝过的全血为样本。可进行的凝血功能检测有活化部分凝血活酶时间(APTT)和凝血酶原时间(PT)。图 1-13 血凝分析仪
2	功能	提供宠物正确的凝血功能测试;协助诊断犬、猫与马的凝血功能疾病;测量凝血时间(凝血与纤维蛋白形成所需时间)。
3	样本要求	(1)确定样本无溶血、气泡及凝血。 (2)直到使用前再快速拆开试剂片包装。
4	限制因素	HCT 低于 20%或高于 55%的样本不建议做此检验,因其析光值超出血凝仪检测的范围。 **注意**:在特定状况下或给予宠物抗凝血剂治疗时,应仔细判断血凝仪的检验结果。如果任何检验结果与宠物的临床症状不相符,应重新进行检验或进行其他辅助诊断试验。
5	参考值	血凝分析仪的参考值见表 1-1。

表 1-1 血凝分析的参考值

血液样本	测试项目	犬参考值/s	猫参考值/s
柠檬酸盐抗凝血	APTT	72～102	65～119
	PT	11～17	15～22
新鲜全血	APTT	60～93	60～115
	PT	11～14	13～22

七、血糖仪

序号	内容	方法
1	概述	血糖仪又称血糖计,是一种用于测量血糖水平的电子仪器(图 1-14)。检测血糖值时,可选择耳缘静脉、前后肢静脉等部位进行采血,最小加样量 0.5 μL,检测时间约 5 s。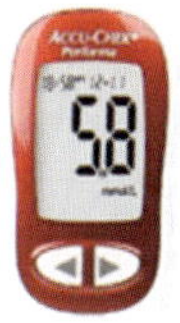图 1-14 血糖仪

续表

序号	内容	方法
2	血糖测定	(1)在耳缘静脉或前后肢静脉选择采血部位，用酒精消毒。 (2)准备好一次性采血针。 (3)从试纸瓶中取出一片试纸，将试纸瓶盖严。 (4)沿箭头方向将试纸插入血糖仪中，血糖仪自动开机。 (5)请确定显示屏上显示出的密码号和试纸瓶上的密码号是一致的。如果没有看清楚密码号，可以将试纸条拔出重插。 (6)当显示屏上出现闪烁的血滴符号时，从采血部位采一滴血。 (7)轻轻挤压采血部位，促使血滴流出。 (8)将血滴接触试纸黄色反应区的前沿位置，血液会自动布满试纸表面。不要将血滴滴加在试纸的上方。 (9)当看到显示屏上沙漏闪烁，说明试纸中的血液已经足够。 (10)随后显示屏上出现检测结果(单位为 mmol/L)。

八、尿液分析仪

序号	内容	方法
1	功能	尿液分析仪为折射亮度计(图 1-15)，可完成尿液的检测、分析、打印报告等全过程。分析仪光源为 LED，可激发出不同波长的光源，利用电光学原理进行测定。尿液检测试纸(图 1-16)由样本架送入仪器中，并放置在光学探头下，仪器先判读空白片再逐一判读每一试纸片。每片试纸片经由光源判读时间需 55～65 s，一个完整的判读时间约需 70 s。 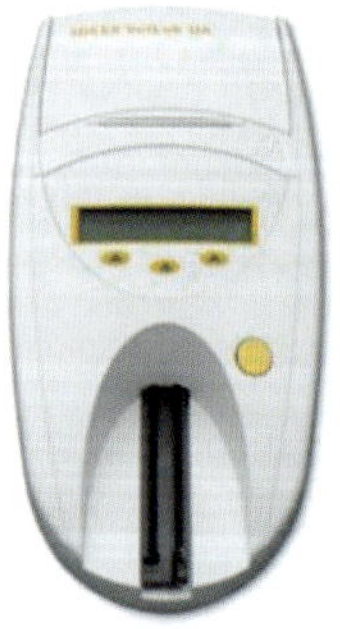 图 1-15　尿液分析仪 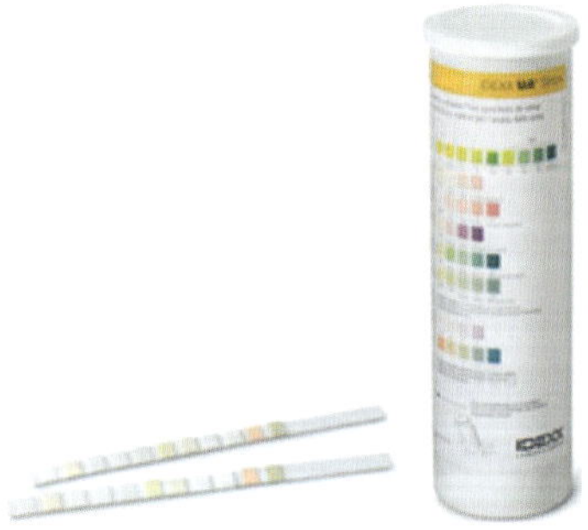 图 1-16　尿液检测试纸
2	检测原理	一个 LED 传送一特定波长光线至所有试纸片的表面，打中试纸片的光线被反射且具有由检验片的颜色带来的强度。LED 侦测器在试纸片正上方接收反射光，光电二极管侦测器传送模拟电信号至模拟-数字转换器，将模拟信号转为数值，然后微电脑将数值转为半定量报告。

续表

序号	内容	方法
3	检测项目	pH(酸碱值)、LEU(白细胞)、PRO(蛋白)、GLU(葡萄糖)、KET(酮类化合物)、UBG(尿胆素原)、BIL(胆红素)、BLD/HGB(潜血/血红蛋白)。
4	清洁保养	放置仪器时应避免湿度过高(适当的湿度范围:20%～80%)及温度过高(适当的温度范围:15～32 ℃),且避免阳光及强光直接照射。 保持各零件与表面清洁,建议使用清洁剂或消毒剂(约70%酒精)沾湿布清洁,确认没有样本或消毒剂进入仪器内部。

九、折射仪

序号	内容	方法
1	概述	折射仪又称总固体测量仪,用来测量溶液的折射率(图1-17)。折射率可反映媒介中固体物质的浓度。在宠物临床实验室检验中,折射仪可以用来测定尿比重或牛奶比重、血浆蛋白或血清白蛋白、渗出液或漏出液蛋白、血纤维蛋白原等。  图1-17　折射仪
2	检测项目	(1)尿比重测定。只需1～2滴尿液,适用于尿量较少的动物。 (2)血浆蛋白或血清白蛋白测定。血浆蛋白占血浆的7%,占血浆中固体物质的85%以上。折射仪在制造过程中已对血浆或血清中其他固体物质进行了校正和补偿,因此检测较准确。一般用折射仪测定血浆或血清中的蛋白质,比用其他方法测定的值要稍微低一些。
3	清洁保养	(1)折射仪在每次使用后均须清洁。 (2)棱镜的防护玻璃罩和盖板用酒精擦干。擦拭时应使用透镜纸,避免出现刮痕。 (3)折射仪应根据使用情况定期校正(每周或每日)。室温下将蒸馏水滴到折射仪上,其相对折射率应为0,且任何时候均为0。若亮暗分界线大部分从0刻度偏离超过半个刻度,应根据制造商指示的旋转螺旋进行调节。若无法将蒸馏水的折射率调整为0,折射仪不可再使用。

十、尿沉渣分析仪

序号	内容	方法
1	概述	尿沉渣分析仪是对尿沉渣检查中能够看到的有形成分(如血细胞、白细胞、巨噬细胞)以及尿液中各种结晶物质进行分析的仪器(图 1-18)。 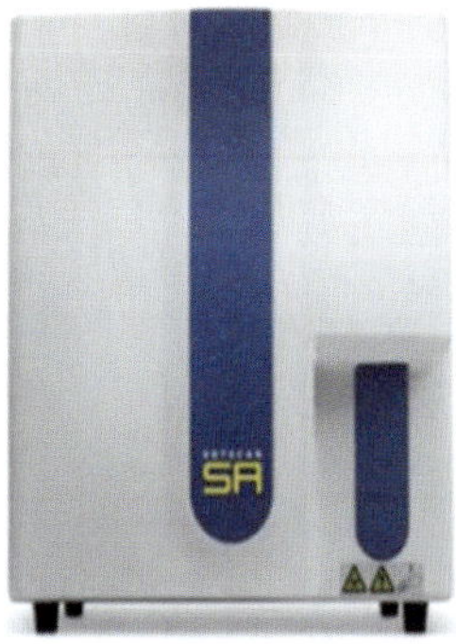 图 1-18　尿沉渣分析仪
2	检测项目	血细胞(如红细胞、白细胞)、管型(如透明管型、非透明管型)、细菌(如杆状、球状)、上皮细胞(如鳞状、非鳞状上皮细胞)、结晶(如草酸钙结晶、鸟粪石结晶、未分类结晶)等。

十一、伍德氏灯

序号	内容	方法
1	概述	伍德氏灯又称为 Wood's 灯,是由美国物理学家 Wood 在 20 世纪初发明的(图 1-19)。其原理是通过含氢化镍的滤片而获得 320～400 nm 长波紫外线,在暗室内照射皮肤病患处,观察其荧光型,来判断皮肤是否感染真菌及感染程度。 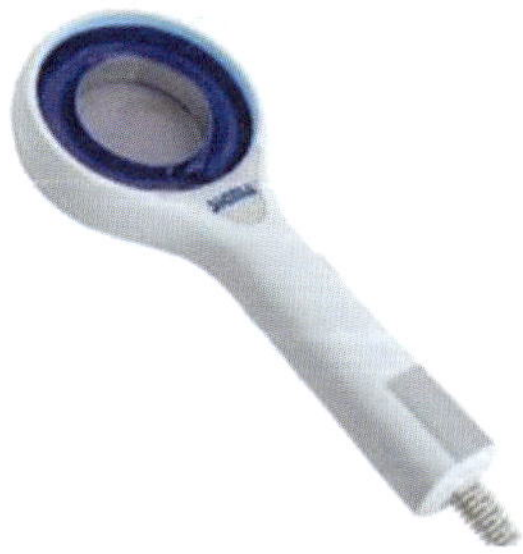 图 1-19　伍德氏灯
2	保养	经常清洁伍德氏灯,可用软布蘸水或中性洗涤剂,充分拧干后擦拭。
3	注意事项	(1)打开电源预热 5 min,待光源稳定后进行观察。 (2)伍德氏灯观察应在暗室内进行。 (3)不要用眼睛直视光源。 (4)勿靠近强电磁区域,避免干扰。 (5)勿在高温、潮湿、充满水汽或阳光直射的环境中使用。

课后思考

1. 血液学检测常用的仪器有哪些？

2. 可进行尿液检测的仪器有哪些？

真题训练

1. 根据《病原微生物实验室生物安全管理条例》，下列关于动物病原微生物实验活动管理的表述不正确的是（　　）。【2020 年执业兽医资格考试真题】

A. 在同一个实验室的同一个独立安全区域内，可以同时从事两种高致病性病原微生物的相关实验活动

B. 从事高致病性病原微生物相关实验活动，应该由 2 名以上的工作人员共同进行

C. 实验室从事高致病性病原微生物相关实验活动的相关实验档案保存期不得小于 20 年

D. 进入从事高致病性病原微生物相关实验活动的实验室的工作人员，应当经实验室负责人批准

E. 实验室的设立单位应当定期对实验设施、设备、材料等进行检查、维护和更新

答案：A

答案解析 根据《病原微生物实验室生物安全管理条例》对实验活动的相关规定，在同一实验室的同一独立安全区域内，只能同时从事一种高致病性动物病原微生物的相关实验活动。

2. 根据《病原微生物实验室生物安全管理条例》，下列不符合高致病性病原微生物样本运输管理规定的表述是（　　）。【2020 年执业兽医资格考试真题】

A. 样本的容器应当符合防破损、耐高温等要求

B. 样本的容器应当印有规定的生物危险标识

C. 样本的容器应当密封

D. 应当由不少于 2 人的专人护送

E. 可以通过城市铁路运输

答案：E

答案解析 根据《病原微生物实验室生物安全管理条例》，有关单位或个人不得通过公共电（汽）车和城市铁路运输病原微生物菌（毒）种或者样本。因此不能通过城市铁路运输。

3. 实验室人员从事高致病性生物的实验中，下列表述不正确的是（　　）。【2023 年执业兽医资格考试真题】

A. 负责人可以决定用新技术、新方法从事高致病性生物

B. 实验室从事高致病性病原微生物相关实验活动的实验档案保存期，保存 20 年以上

C. 从事高致病性病原微生物相关实验活动的实验室应接受公安机关安全保卫工作的监督指导

D. 进入从事高致病性病原微生物相关实验活动的实验室的工作人员或者其他有关人员，

应当经实验室负责人批准

E. 实验室工作人员需定期培训，考核合格后方准上岗

答案：A

答案解析 在涉及高致病性生物的实验中，新技术的使用需要严格遵循相关法规和标准，确保安全性和有效性。通常，新技术的使用需要经过严格的审批程序，包括专家评审、风险评估等，不能仅凭实验室负责人自行决定。

项目二　血液样本的采集与制备

知识目标	1. 掌握对宠物的接近与保定方法。 2. 掌握宠物采血部位的解剖学知识。 3. 熟悉血液样本采集的用具、试剂的用途与使用方法。 4. 掌握血液样本保存与运输的知识。
能力目标	1. 能根据不同的采血部位和采血目的进行血液样本采集。 2. 能对血液样本进行抗凝、离心、分装等处理。 3. 能对血液样本进行合适的保存及运输。
素质目标	1. 养成良好的职业素养，建立动物保护与福利意识。 2. 具备生物安全意识与环保意识，正确处置医疗废物。 3. 培养良好的沟通能力和团队协作能力，确保样本采集与制备的顺利进行。

任务一　血液样本的采集

训练目标	1. 能正确保定动物。 2. 能准确识别犬、猫等动物的采血部位。 3. 熟练掌握犬、猫等动物的采血方法。
主要仪器设备与场地	1. 保定用具、工作服、治疗盘、碘伏棉球、75%酒精棉球、压脉带、2 mL 注射器、电剪、利器盒和医疗废弃物收集桶。 2. 实验动物、宠物疾病临床检验实训室。

二维码 2-1　血液样本的采集方法(微课)

训练内容与步骤

一、血液样本的采集

<table>
<tr><th>序号</th><th>内容</th><th colspan="2">方法</th></tr>
<tr><td rowspan="2">1</td><td rowspan="2">颈静脉采血</td><td>保定方法</td><td>小型犬俯卧保定于桌子上，以便进行颈静脉穿刺术，紧靠腕关节上方抓住前肢，并将前肢拉出桌子边缘伸展动物的颈部，使其鼻子朝向天花板；中型犬可俯卧或坐在桌子上，用一只手臂环绕犬的身体，使之贴着保定人员的身体，另一只手保定头部，使其鼻子朝向天花板；大型犬可坐在地上，保定人员跨于犬身上，将其鼻子朝向天花板。在胸腔入口处按压气管外侧的颈静脉沟，使静脉充血扩张（图 2-1）。猫的保定同小型犬，也可使用猫保定袋进行保定。
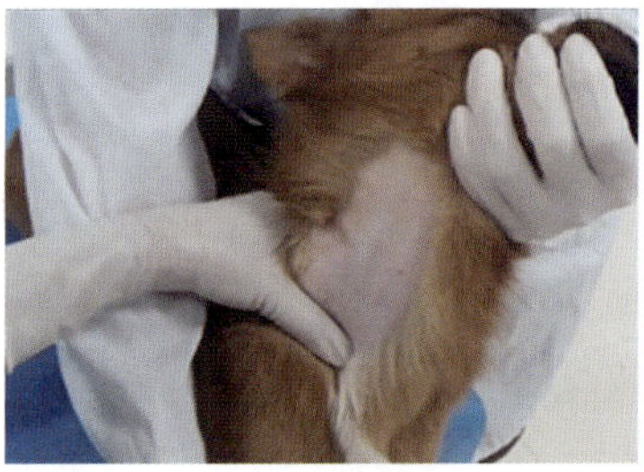
图 2-1　犬颈静脉采血保定</td></tr>
<tr><td>采血步骤</td><td>用酒精消毒，触摸扩张的静脉，摸清其自下颌角至胸腔入口处的路径。针尖斜面向上，针头与静脉成 20°～30°角刺入（图 2-2、图 2-3）。血样采集完后，立刻放松压迫静脉的手，停止抽吸，从静脉内拔出针头。轻轻压住静脉穿刺点约 60 s。
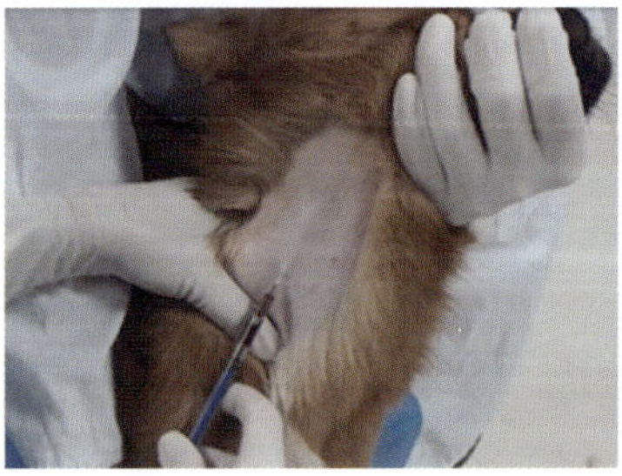
图 2-2　犬颈静脉采血
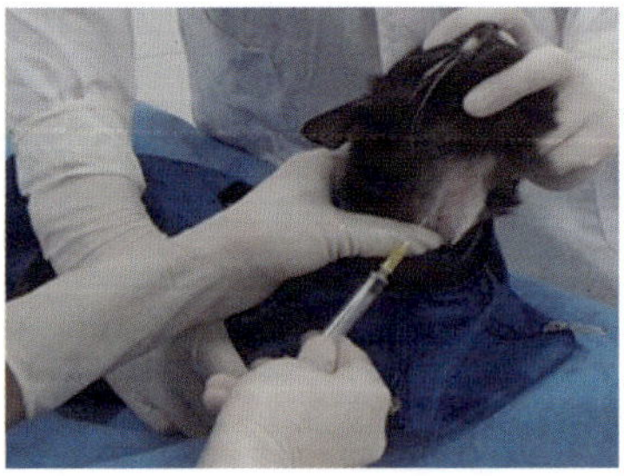
图 2-3　猫颈静脉采血
二维码 2-2　犬颈静脉采血（实操视频）
二维码 2-3　犬颈静脉采血（虚拟仿真）</td></tr>
</table>

续表

序号	内容	方法	
2	头静脉采血	保定方法	左右头静脉是位于前肢头侧面的浅表静脉，很容易进行静脉穿刺。保定人员站在将要抽血肢的对侧，用一只手臂环绕动物的颈部以保定其头部，并使其远离抽血肢。用另一只手抓住动物肘部向前推，使该肢伸展。用手握住前肢，将头静脉向外翻转并压迫，使静脉充血扩张（图 2-4）。 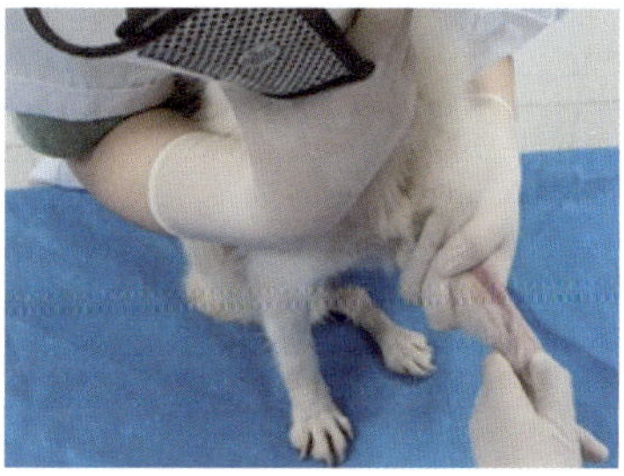 图 2-4　犬前肢头静脉采血保定
		采血步骤	静脉穿刺者抓住前爪保持前肢伸展，应确定扩张的头静脉，拇指沿着静脉放置，以便在静脉穿刺时固定血管。针尖斜面向上，针头与静脉成 20°～30°角刺入（图 2-5）。血样采集完后，立刻放松压迫静脉的手，停止抽吸，从静脉内拔出针头。轻轻压住静脉穿刺点约 60 s。 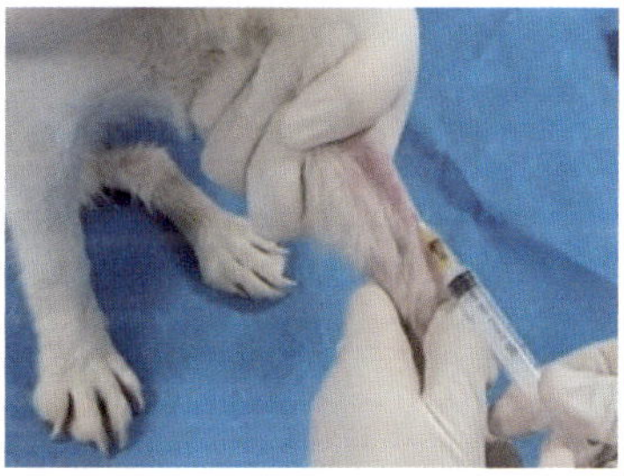 图 2-5　犬前肢头静脉采血 二维码 2-4　犬前肢头静脉采血（实操视频） 二维码 2-5　犬前肢头静脉采血（虚拟仿真）
3	外侧隐静脉采血	保定方法	左右后肢外侧的隐静脉都是小的浅表静脉，斜向穿行于胫骨外侧表面。动物侧卧保定，四肢朝向静脉穿刺者，背部靠近保定人员。保定人员用一只手抓住动物两前肢，轻轻提起使其离开桌面，同时用同一只手的前臂对动物颈部施压以保定动物。用另一只手抓住位于上方的后肢。保定人员应环绕握紧后肢上方的尾侧，在膝关节水平施以压力，压紧外侧隐静脉使之充血扩张，或用压脉带施压（图 2-6）。 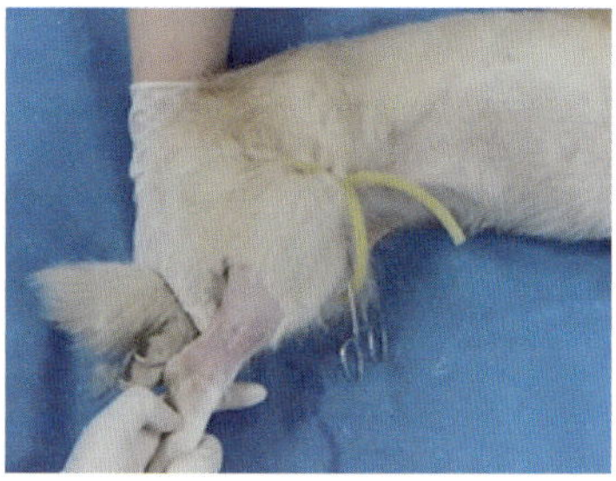 图 2-6　犬后肢外侧隐静脉采血保定

续表

序号	内容		方法
3	外侧隐静脉采血	采血步骤	确定静脉后，穿刺者将拇指放于邻近静脉的位置加以固定，以防穿刺时静脉移位。针尖斜面朝上，针头与静脉成20°～30°角刺入（图 2-7）。 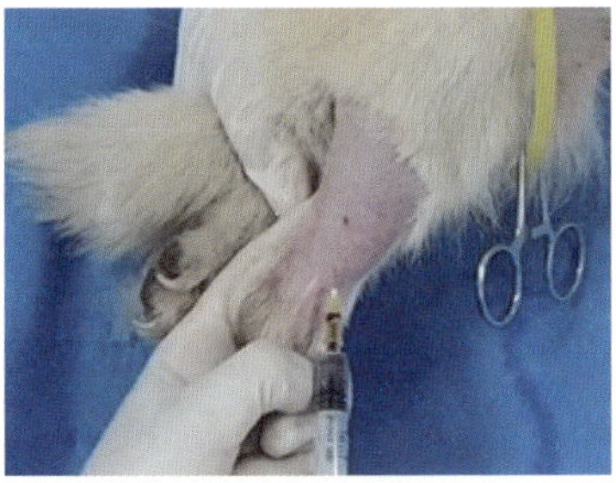 图 2-7　犬后肢外侧隐静脉采血 二维码 2-6　犬后肢隐静脉采血（实操视频） 二维码 2-7　犬后肢外侧隐静脉采血（虚拟仿真）
4	内侧隐静脉采血	保定方法	左右后肢内侧隐静脉是非常浅表的静脉，长而直，沿后肢内表面中线上行，这使得该部位成为猫静脉穿刺的优选位置。对猫进行侧卧保定，四肢朝向穿刺者，背部朝向保定人员。保定者用一只手伸展猫的颈背，另一只手屈曲上面的后肢，也可采用猫保定袋保定。穿刺者抓住靠近桌面的后肢跖部，并使其伸展。保定人员对腹股沟部施压，压紧内侧隐静脉使之充血扩张（图 2-8）。 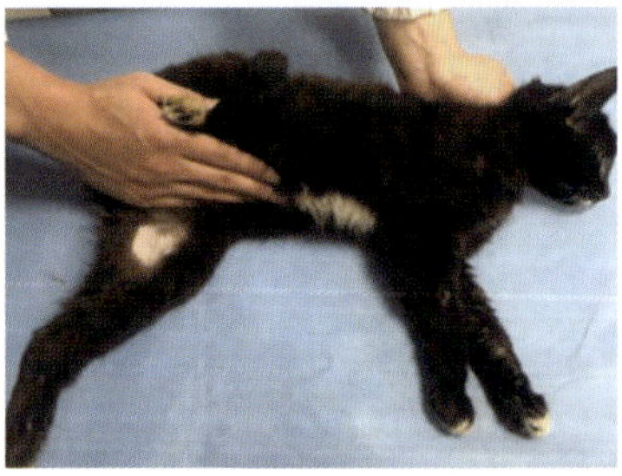 图 2-8　猫后肢内侧隐静脉采血保定 二维码 2-8　猫后肢内侧隐静脉采血（实操视频） 二维码 2-9　猫后肢内侧隐静脉采血（虚拟仿真）

续表

序号	内容		方法
4	内侧隐静脉采血	采血步骤	确定静脉后，穿刺者将拇指放于邻近静脉的位置加以固定，以防穿刺时静脉移位。针尖斜面朝上，针头与静脉成20°～30°角刺入（图 2-9）。 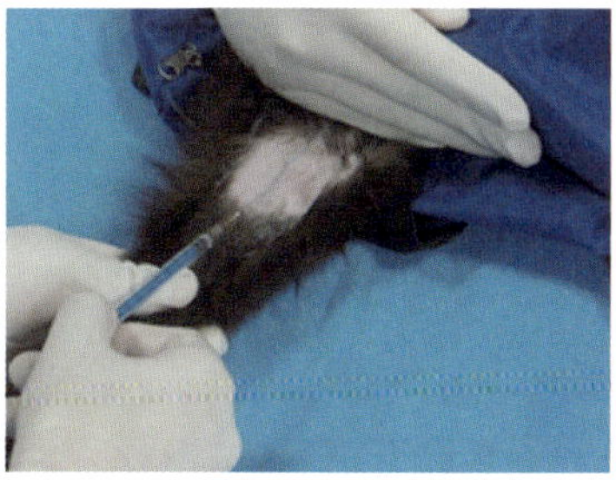 图 2-9 猫后肢内侧隐静脉采血

二、动物准备

序号	内容	方法
1	禁食	采血前应该禁食至少 5 h。 **注意：**饮食会造成胆固醇、血糖、无机磷、甘油三酯与血中尿素氮等项目结果升高。
2	避免应激	（1）确定动物保持平静的状态。 （2）使用正确的针头号码，并且平顺地抽血，以免出现凝固或溶血现象。 **注意：**动物紧张易造成血糖、天冬氨酸氨基转移酶、肌酸激酶、乳酸脱氢酶、无机磷与镁离子等项目结果升高。

三、采血注意事项

序号	内容
1	针对不同的动物使用正确的针头号码（建议选择 22G 针头）。
2	尽量选择粗的静脉血管。
3	使用合适的采血管。
4	进针前先推动注射器，观察是否存在堵塞的情况。
5	抽取合适的血量，不要加入超过建议血量的血液到采血管内，确保采血量和抗凝剂的比例合适。
6	充分混合血液（加有抗凝剂），不可大力振摇采血管，以防因溶血而影响检测结果。
7	猫的血管较细，且血管壁薄，进针时应稍有斜度，贴着血管壁进针即可。
8	良好的采血技术，可以减少动物的紧张和防止溶血的发生。

课后思考

1. 常见的宠物采血部位有哪些？
2. 对宠物实施采血的注意事项有哪些？

二维码 2-10　血液样本的采集注意事项（微课）

任务二　血液样本的制备

训练目标	1. 熟知采血管的种类并能正确选择。 2. 熟练掌握血清、血浆及全血样本的制备方法。 3. 能够识别血液样本制备过程中的常见问题并能正确处置。
主要仪器设备与场地	1. 保定用具、工作服、EDTA 采血管、肝素锂采血管、血清采血管、全血分离杯、治疗盘、碘伏棉球、75%酒精棉球、压脉带、2 mL 注射器、电剪、利器盒和医疗废弃物收集桶。 2. 实验动物、宠物疾病临床检验实训室。

训练内容与步骤

二维码 2-11　血液样本的制备（微课）

一、采血管的种类

序号	内容	方法
1	红头管	红头管又称血清管，红色或黄色管盖；管内无抗凝剂（图 2-10）。主要用于生化与内分泌等项目的检测。 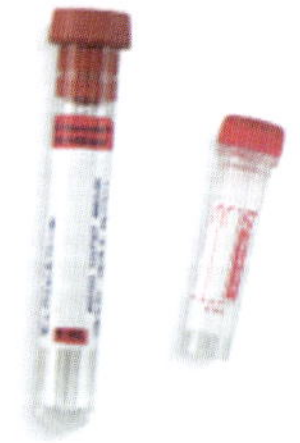 图 2-10　红头管

续表

序号	内容	方法
2	紫头管	紫色管盖，管内含有 EDTA 抗凝剂(图 2-11)；主要用于血常规的检测。 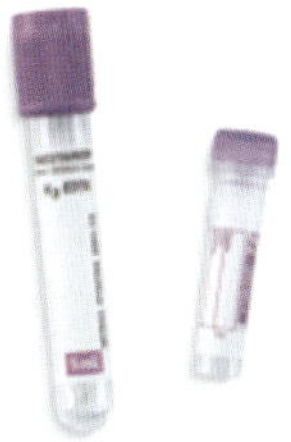 图 2-11 紫头管
3	绿头管	绿色管盖，管内含有肝素锂抗凝剂(图 2-12)；主要用于生化、血气电解质等的检测。 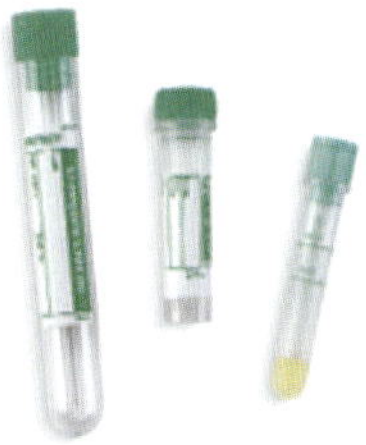 图 2-12 绿头管
4	全血分离杯	杯内含有肝素锂抗凝剂(图 2-13)；用于检测动物全血样本；无须预处理，将血液直接注入，最低样本要求 0.7 mL。  图 2-13 全血分离杯

二、血液样本的制备

序号	内容	方法
1	血清样本	使用针筒采血后，将针头卸下，尽快将血液转移到红头管或血清分离管中(图 2-14)；让管子静置至少 20 min，以确保血液良好凝固(图 2-15)；使用高速离心机(12 000～16 000 r/min)离心 120 s(图 2-16)；当离心一支试管时，需使用另外一只同样的试管并加入水作为平衡(可不必精确平衡)。
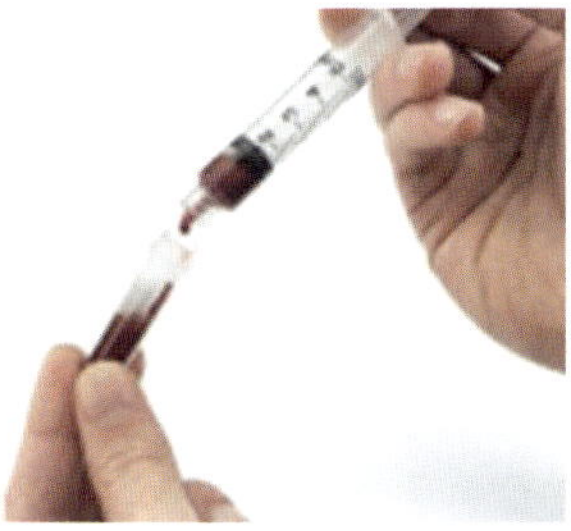 图 2-14 样本转入采血管	 图 2-15 静置 20 min	 图 2-16 离心机

续表

<table>
<tr><th>序号</th><th>内容</th><th>方法</th></tr>
<tr><td>2</td><td>血浆样本</td><td>将注射器针头卸下，采好的血液尽快装到绿头管(管壁内含有肝素锂抗凝剂)中，1/2～3/4 满。将管子滚动约 30 s 或轻轻上下倒置至少 10 次以混合(图 2-17)；使用高速离心机(12 000～16 000 r/min)离心 90～120 s，立即将血浆样本吸出，放入样本杯中(图 2-18)。正常的血浆清亮，呈淡稻草黄色。
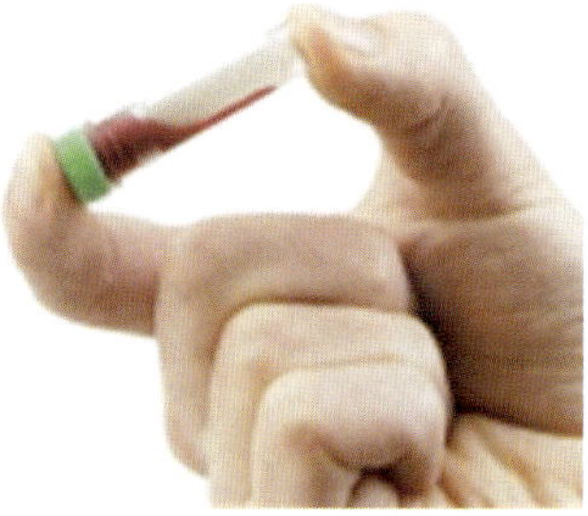
图 2-17　混匀血液样本
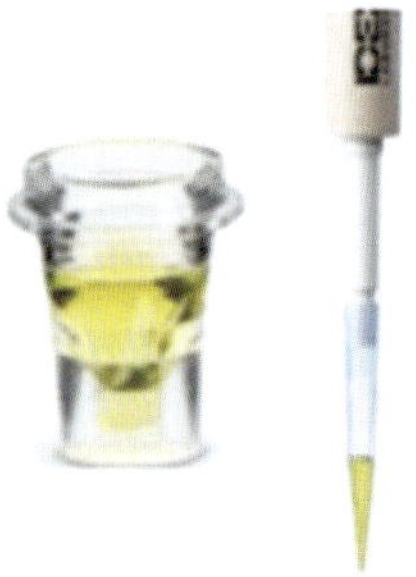
图 2-18　血浆被放入样本杯
注意：
(1)将样本移入采血管时要拔掉针头，勿用力推挤针筒。
(2)混匀时不要剧烈摇动采血管。
(3)吸取血浆时不要吸到白细胞层。
(4)血浆颜色异常应引起注意，如果使用分光光度法测定血浆成分时，颜色可干扰化学分析。</td></tr>
<tr><td>3</td><td>全血样本</td><td>将注射器针头卸下，打开紫头管或绿头管盖子，快速缓和地将样本与管壁的 EDTA 抗凝剂或肝素锂抗凝剂混合(血量为 1/2～3/4 满)。检测样本注入管子后需立刻混合 30 s(将抗凝管轻轻上下倒置至少10 次)(图 2-19)。
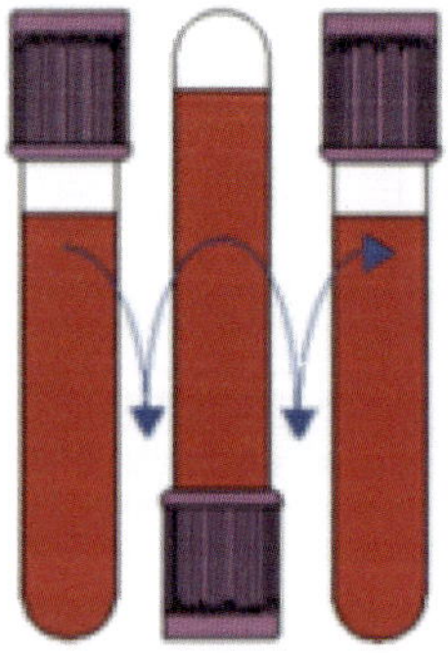
图 2-19　上下颠倒混匀
注意：
(1)将样本移入采血管时要拔掉针头，勿用力推挤针筒。
(2)应轻柔混合不要用力摇晃，细胞经碰撞易破损、溶血。
二维码 2-12　全血样本的制备(实操视频)</td></tr>
</table>

续表

<table>
<tr><th>序号</th><th>内容</th><th colspan="2">方法</th></tr>
<tr><td>4</td><td>全血分离杯的使用</td><td colspan="2">移除肝素锂全血分离杯的绿盖(图 2-20),以准备样本收集。取得样本后立刻以无针头的针筒将 0.7～0.8 mL 未经处理(无添加物)的全血装入肝素锂全血分离杯(图 2-21),并轻柔地水平旋转至少 5 次,以混合样本与抗凝剂(图 2-22)。
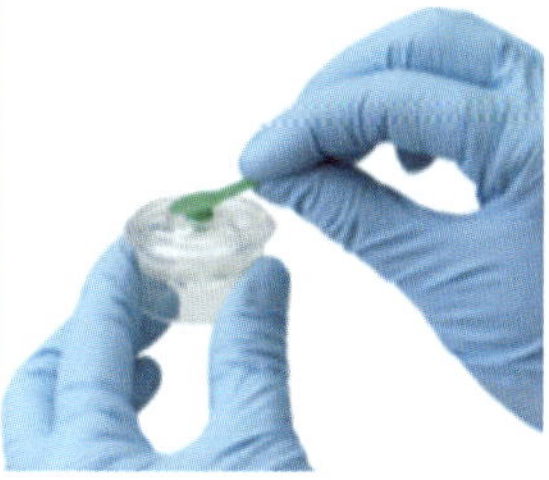
图 2-20　移除绿盖
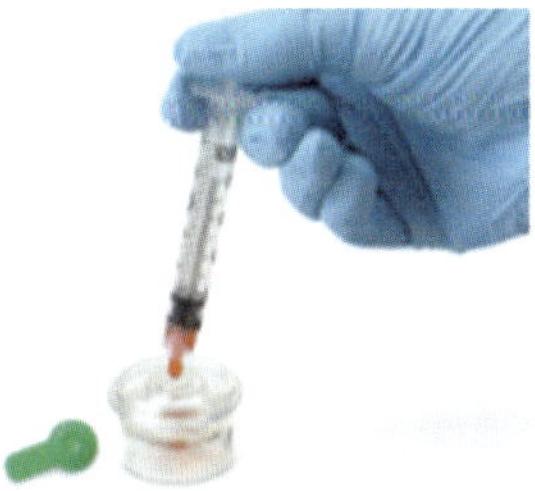
图 2-21　加入血液
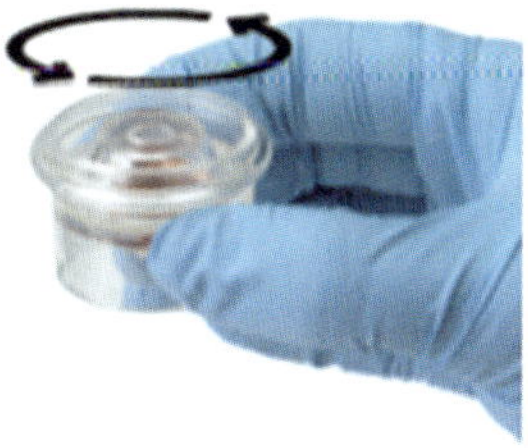
图 2-22　轻柔地混合
注意:
(1)向分离器倒入样本前,请确保盖子已移除。
(2)取得样本后,应立刻注入全血分离杯,以防止凝血。
(3)混合时不可倒置或摇晃全血分离杯。
(4)如果用肝素锂全血分离杯使用肝素处理后的样本,会造成 AST、LDH 或 CK 值假性升高。</td></tr>
<tr><td rowspan="3">5</td><td rowspan="3">离心后异常的血液样本</td><td>溶血</td><td>颜色:呈透明的淡红色至深红色,如图 2-23 所示。
原因:样品采集处理不当导致红细胞损坏或病理状况导致血管内溶血(如溶血性贫血)。

图 2-23　溶血样本</td></tr>
<tr><td>黄疸</td><td>颜色:呈透明淡黄色至不透明的棕色,如图 2-24 所示。
原因:阻塞或肝脏疾病,血管内溶血。

图 2-24　黄疸样本</td></tr>
<tr><td>血脂</td><td>颜色:呈苍白色,牛奶状,甚至有浮游的脂肪球状颗粒(图 2-25)。
原因:近期食用脂类食物或脂肪代谢功能不足。
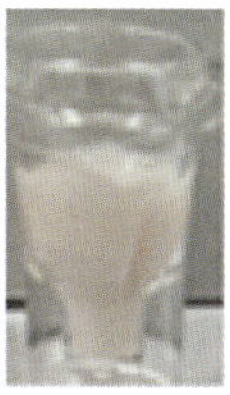
图 2-25　血脂样本</td></tr>
</table>

三、血液样本的保存

<table>
<tr><th>序号</th><th>内容</th><th colspan="2">方法</th></tr>
<tr><td>1</td><td>血清、血浆的贮存</td><td colspan="2">(1)事先将血细胞与血浆或血清分离。注意：不要采用倾倒的方式。
(2)用吸管小心地把血浆或血清移入一个干净没有加任何抗凝剂的试管内。注意：不要吸到任何的红细胞或白细胞。
(3)拧紧盖子，防止污染和蒸发。
(4)防止有气泡存在，以免破坏血清中的蛋白质。
(5)尽快处理血清样本；如在 4 h 内不能进行分析，应将样本冷藏在 2～8 ℃；如在 48 h 内不能分析，应将样本冷冻在 −18 ℃。</td></tr>
<tr><td>2</td><td>全血保存</td><td colspan="2">肝素锂处理后的全血样本应立刻进行检测。30 min 内未检测的样本应置入管中分离后保存。注意：不可将全血样本置于全血分离杯中保存。</td></tr>
<tr><td rowspan="2">3</td><td rowspan="2">贮存后的样本分析</td><td colspan="2">将样本恢复到室温下，19～27 ℃，离心后尽快检测样本。</td></tr>
<tr><td colspan="2">轻轻地把收集管中的样本混合均匀，将样本离心并移除贮存过程中可能产生的纤维素；混匀时不要大力摇晃样本。</td></tr>
<tr><td rowspan="5">4</td><td rowspan="5">不同检测项目的样本保存注意事项</td><td>葡萄糖</td><td>血细胞使用血浆葡萄糖进行糖酵解过程，通常每 1 h 下降 5%～10%。</td></tr>
<tr><td>氨</td><td>尽快离心，密封，避免接触空气。30 min 内完成检测。</td></tr>
<tr><td>钙</td><td>不可长期暴露于空气中。与血块长时间接触会使钙离子浓度下降。若超过 4 h 才做检测，需以 2～8 ℃保存。不可冷冻！</td></tr>
<tr><td>磷</td><td>尽快离心分装，红细胞会造成磷假性上升。</td></tr>
<tr><td>总胆红素</td><td>用锡箔纸包住样本，避光保存。</td></tr>
</table>

课后思考

1. 常用采血管有哪几种？说明其特点及用途。
2. 简述血清、血浆及全血的制备方法及注意事项。
3. 异常的血液样本有哪些？说明导致其异常的原因。

任务三 常用抗凝剂

训练目标	1. 熟知常用抗凝剂的种类，并掌握其用途。 2. 能够根据检测项目选择合适的抗凝管。
主要仪器设备与场地	1. 新鲜血液、EDTA 采血管、肝素锂采血管、柠檬酸钠抗凝剂和医疗废弃物收集桶。 2. 宠物疾病临床检验实训室。

二维码 2-13 常用抗凝剂的选择(微课)

训练内容与步骤

一、EDTA

序号	内容	方法
1	抗凝方式	与血中钙结合时，生成不溶性钙盐。
2	用途及优点	(1)EDTA(乙二胺四乙酸)-钠盐/钾盐常用于血液学常规检查。 (2)对保护血液细胞成分效果最佳，可防止血小板凝集。 (3)可维持 6 h 以上的抗凝能力。 (4)无毒、排泄快。 (5)抗凝效果比肝素与草酸盐等较佳，多采用 EDTA-K_3。
3	缺点	(1)如果血液中使用 EDTA 抗凝剂过量，会使细胞皱缩。 (2)会增加非蛋白氮(NPN)量，故不适合做 NPN 测定。 (3)会干扰比色，故不适合碱性磷酸酶(ALP、SAP、AP)活性测定。 (4)会增加二氧化碳的结合能力，不适合血中二氧化碳含量的测定。 (5)钠盐较钾盐不易溶解，故常用钾盐。 (6)不适合用 Jaffe 法测定肌酸酐值(Creatinine)。 (7)不能测定钙、钾与钠的定量。 (8)血液量太少时，血小板数目误差值大。 (9)如没有混匀抗凝血液，易出现假性血小板减少症。

二、肝素

序号	内容	方法
1	抗凝方式	阻止凝血过程中凝血酶原向凝血酶转化而发挥作用。
2	用途及优点	(1)适用于生化检测和血液气体分析。 (2)猫输血时,可使用此抗凝剂。
3	缺点	(1)红细胞、白细胞与血小板极易凝集,不能适用于血常规检查。 (2)干扰白细胞染色性,故不适合做血涂片,也不能做白细胞分类计数。 (3)防止凝血作用不能超过 8 h。 (4)不适合做凝集或凝血酶原时间测定。 (5)含铵盐的肝素,不能用于测定血氨含量。 (6)含钠盐或铵盐的肝素,不能测定血中电解质含量或尿素氮含量,且肝素钠不易溶解,故最常用肝素锂作为抗凝剂。

三、柠檬酸钠

序号	内容	方法
1	抗凝方式	柠檬酸钠又称柠檬酸三钠、枸橼酸钠,是一种有机酸钠盐,与血中钙生成不溶性钙盐。
2	用途及优点	(1)多用于动物输血。 (2)在某些凝血时间研究中使用(如 APTT、PT)。 (3)猫输血时,可使用此抗凝剂。
3	缺点	(1)干扰许多化学物质测试,不适合做生化检测。 (2)只能维持很短的抗凝时间。 (3)使细胞皱缩,不适合做血液形态学研究。 (4)抑制淀粉酶活性。

课后思考

1. 常用的抗凝剂有哪些?
2. 简述各种抗凝剂的用途及其优缺点。

真题训练

1. 犬静脉穿刺最常用的血管是(　　)。【2010 年执业兽医资格考试真题】

A. 耳静脉　　B. 前腔静脉　　C. 后腔静脉

D. 桡外侧静脉　　E. 尾静脉

答案:D

答案解析 犬静脉穿刺常用血管包括:前肢头静脉、后肢外侧小隐静脉、颈静脉。

2. 血清指的是(　　)。【2014 年执业兽医资格考试真题】

A. 去除纤维蛋白原后的血浆组分　　B. 含纤维蛋白原的血浆组分

C. 去除血清蛋白后的血浆组分　　D. 去除球蛋白后的血浆组分

E. 去除胶体物质后的血浆组分

答案:A

答案解析 动物的血液未经抗凝处理,静止后将凝固成血块,血块逐渐紧缩后析出的淡黄色透明液体即为血清。血浆比血清多出纤维蛋白原、凝固因子及抗凝剂,其余成分大致相同。血浆比血清容易分离,且容积略多,然而某些脂肪清除因子不存在于血清中,故血清显得比较透明。

3. 猫前肢采血的静脉是(　　)。【2015 年执业兽医资格考试真题】

A. 腋静脉　　B. 头静脉　　C. 臂静脉

D. 隐静脉　　E. 正中静脉

答案:B

答案解析 头静脉为前肢的浅静脉干,位置浅表,易于定位和操作,常用于采血和静脉注射等;隐静脉为后肢的浅静脉干。

4. 常用的抗血液凝固方法是(　　)。【2017 年执业兽医资格考试真题】

A. 血液置于 37 ℃　　B. 出血处接触面粗糙　　C. 补充维生素 K

D. 血液中加入肝素　　E. 血液中加入钙离子

答案:D

答案解析 抗凝方法有 6 种。①移钙法(加柠檬酸钠、草酸钾、EDTA),②肝素,③脱纤法,④低温,⑤血液与光滑面接触,⑥双香豆素。

5. 动物采血时,血样抗凝应选用的药物是(　　)。【2017 年执业兽医资格考试真题】

A. 酚磺乙胺　　B. 维生素 K　　C. 枸橼酸钠

D. 安络血　　E. 叶酸

答案:C

答案解析 枸橼酸钠又称柠檬酸钠,可用于血液样本的抗凝,或用于动物输血。

项目三　血涂片的制备与染色

知识目标	1. 掌握血涂片制备的基本原理。 2. 熟悉 Diff-Quik 染色、瑞氏-吉姆萨染色、新亚甲蓝染色等原理及特点。 3. 掌握显微镜等实验器材的正确使用方法。 4. 了解染色液、香柏油等试剂的作用及贮存条件。
能力目标	1. 能熟练制备血涂片。 2. 会根据细胞种类和染色需求选择合适的染色方法并染色。 3. 能熟练操作显微镜进行镜检。
素质目标	1. 养成严谨规范、精益求精的工作态度，确保血涂片制备与染色的高质量。 2. 具备良好的学习能力和创新思维，能够持续优化血涂片制备和染色方法。 3. 培养良好的沟通能力和团队协作能力。

任务一　血涂片的制备

训练目标	1. 掌握血涂片的制备方法。 2. 掌握血涂片制备的注意事项。 3. 能有效解决血涂片制备过程中出现的问题。
主要仪器设备与场地	1. 保定用具、工作服、载玻片、盖玻片、血液样本、微量吸管、洗耳球、治疗盘、碘伏棉球、75%酒精棉球、压脉带、2 mL 注射器、电剪、记号笔、利器盒和医疗废弃物收集桶。 2. 实验动物、宠物疾病临床检验实训室。

二维码 3-1　血涂片的制备(微课)

训练内容与步骤

一、血液样本的制备

序号	内容	方法
1	血液样本的制备	可用新鲜血液或抗凝血，多选用 EDTA 作为抗凝剂（图 3-1）；抗凝血制备步骤详见“项目二 血液样本的采集与制备”。 **注意：** （1）血液采集后应尽快制备血涂片，与 EDTA 接触时间过长会导致中性粒细胞和血小板出现人为异常。 （2）室温中放置时间过久易导致细胞自溶。 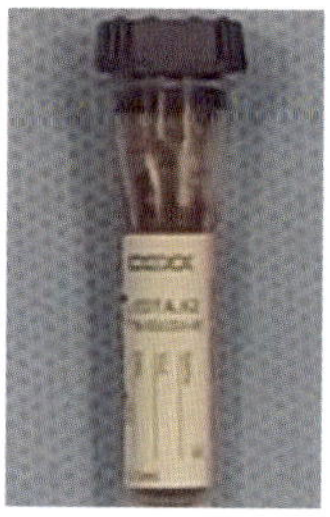 图 3-1　EDTA 抗凝血

二、血涂片的制备

序号	内容	方法
1	具体步骤	（1）以左手拇指、中指夹持载玻片两端（图 3-2）。 （2）在载玻片右 1/4 处滴一小滴血液（图 3-3）。 （3）右手持选好的载玻片或盖玻片，拇指、中指夹持玻片两缘，食指轻压玻片表面，将玻片一边（选平滑的一边）压在载玻片上血滴的前方，两者成 30°角，向后拉玻片至接触血滴，待血滴扩散成线，匀速向前推玻片（图 3-4）。 （4）立即扇动推好的血涂片或使用洗耳球使其迅速干燥，以防细胞皱缩变形，并尽快染色（图 3-5）。 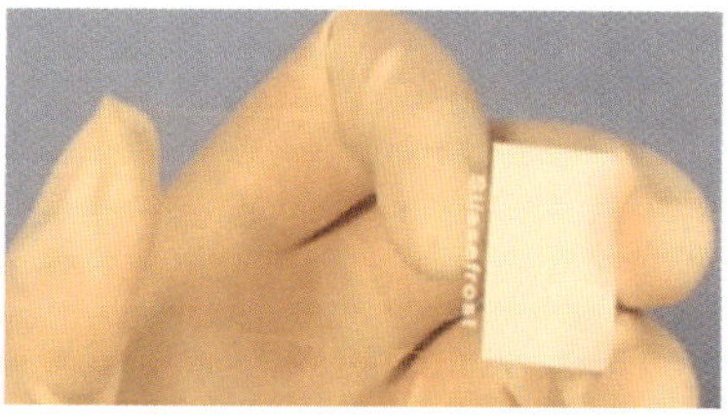 图 3-2　手持载玻片 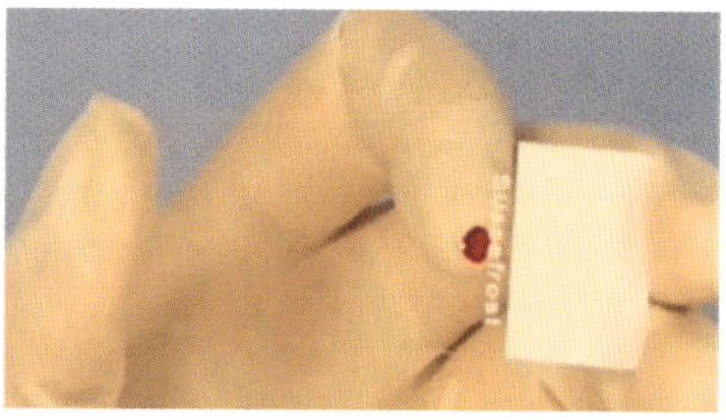 图 3-3　滴入一小滴血液 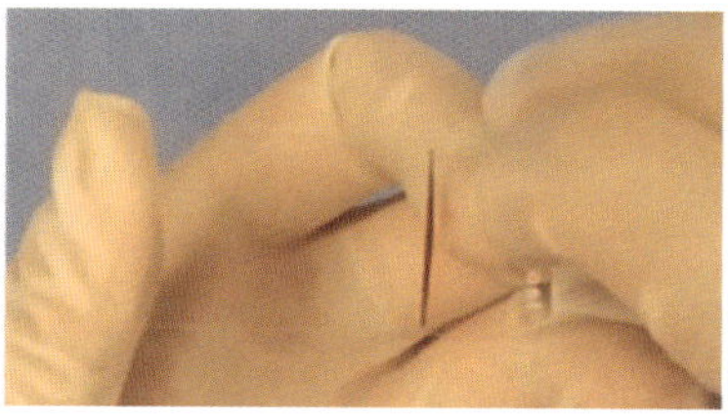 图 3-4　推片 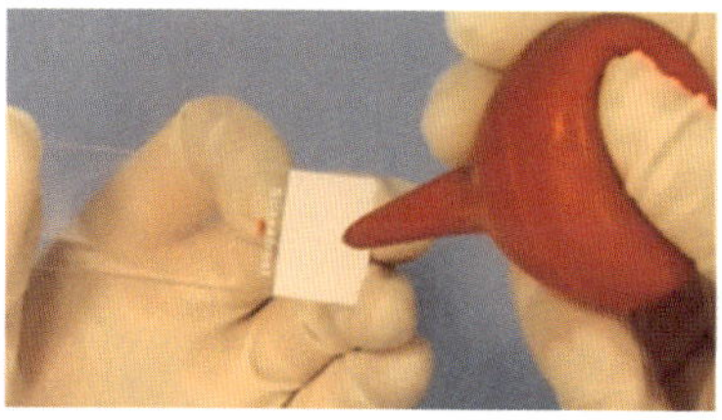 图 3-5　干燥

续表

序号	内容	方法
2	制备标准	制备良好的血涂片是精确分析血象的先决条件(图 3-6)。一张良好的血涂片应该厚薄均匀、长度合适、边缘规整,头、体、尾分明,在灯光下看有轻微的透明质感,中间无断裂,尾部呈火焰状。  图 3-6　制备良好的血涂片 二维码 3-2　血涂片的制备 (实操视频)
3	注意事项	(1)推片时应注意用力均匀、速度适中,玻片间的夹角因贫血动物血样的黏度而调整。一般来说,血滴大、血黏度高、推片角度大、速度太快等,会导致血膜过厚,反之则血膜太薄。 ①对血细胞比容高、血黏度高的动物血液样本,采用小血滴、小角度、慢推的方法。 ②对贫血的动物血液样本,采用大血滴、大角度、快推的方法。 (2)使用玻片时,只能手持玻片边缘,切勿触及玻片表面。 (3)每只患病动物都要制备多个血涂片。 (4)血涂片自然风干,并置于室温保存。 (5)血涂片不可吸干或擦干,否则会产生刮痕。 (6)血涂片不能冷藏,在冷载玻片上会发生冷凝,从而导致细胞破裂。 (7)血涂片不可接触福尔马林溶液。

课后思考

1. 试述血涂片制作的流程。
2. 制备血涂片时,应注意的问题有哪些?

任务二　血涂片的染色

训练目标	1. 熟练掌握血涂片的染色方法。 2. 掌握良好血涂片的判读标准。 3. 会对血涂片进行镜检。 4. 能识别血涂片染色中出现的问题并有效解决。
主要仪器设备与场地	1. 制备好的血涂片、洗耳球、染液(Diff-Quik 染液、瑞氏-吉姆萨染液、新亚甲蓝染液)、蒸馏水或去离子水、洗水瓶、染缸、吸水滤纸、计时器、记号笔、光学显微镜、香柏油、擦镜纸、乙醇-乙醚溶液、一次性吸管和医疗废弃物收集桶。 2. 宠物疾病临床检验实训室。

二维码 3-3　血涂片的染色(微课)

二维码 3-4　血涂片的制备(动画)

训练内容与步骤

一、血涂片的染色

序号	内容		方法
1	Diff-Quik 染色	用途	Diff-Quik 染色是在瑞氏染色-吉姆萨基础上改良而来的一种快速染色方法，是细胞学检查中常用的染色方法之一。染色所需的时间极短，一般 90 s 以内即可完成染色。
		准备	将迪夫试剂 Diff-Quik 固定液、Diff-Quik Ⅰ液与 Diff-Quik Ⅱ液适量分装于染缸或染杯容器中(图 3-7)。 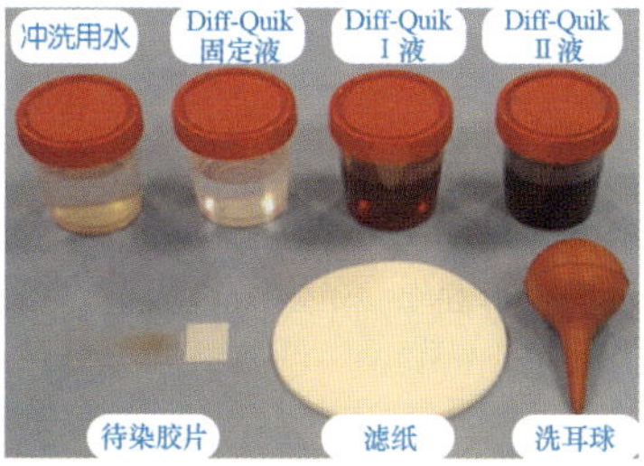 图 3-7　Diff-Quik 染色所需物品 二维码 3-5　Diff-Quik 染色(实操视频)

续表

序号	内容	方法	
1	Diff-Quik染色	步骤	(1)将涂片浸入 Diff-Quik 固定液固定 20 s。 (2)取出玻片,立即浸入 Diff-Quik Ⅰ液,染色 5～10 s(上下提动玻片 2～3 次,使染液均匀分布)。 (3)取出玻片,用滤纸吸除多余的染液,立即浸入 Diff-Quik Ⅱ液,染色 10～20 s(上下提动玻片 2～3 次,使染液均匀分布)。 (4)立即取出,用流水冲洗,用滤纸擦干,待检。
2	瑞氏-吉姆萨染色	用途	主要应用于血液和骨髓涂片染色,染色后镜检结果为红细胞呈浅红色,白细胞核呈深紫红色,胞浆中颗粒清晰可见,易于对白细胞分类及计数。
		准备	将干燥后的血涂片平置于染色架上(图 3-8)。 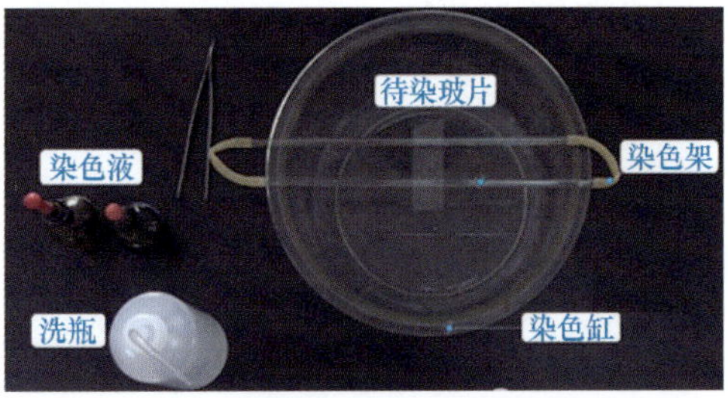 图 3-8 瑞氏-吉姆萨染色所需物品
		步骤	(1)滴加瑞氏-吉姆萨染液(A液),覆盖样本(计其滴数,以盖满血膜为宜),静置 1 min。 (2)再滴加等量的磷酸盐缓冲液(B 液),用洗耳球轻轻吹打,将 A 液和 B 液充分混合,静置 3 min。 (3)用镊子水平夹起载玻片一端,边倾倒边用水流冲洗。 二维码 3-6 瑞氏-吉姆萨染色(实操视频) **注意:**此过程切勿先倾倒染液再冲洗,以防有沉渣沉淀在标本上。 (4)待冲洗干净,玻片晾干或用滤纸吸干,待检。
3	新亚甲蓝染色	用途	用于网织红细胞计数和海因茨小体染色。
		步骤	将数滴血液样本和 1～2 倍的 0.5%新亚甲蓝生理盐水混合,静置数分钟后制备血涂片。

二、良好血涂片的判读

序号	内容
1	良好的血涂片应推制均匀、厚薄适中，呈火焰状（详见图 3-6）。
2	血涂片的头部、体部、尾部清晰，镜检时于体、尾交界处可观察到细胞单层分布（图 3-9）。 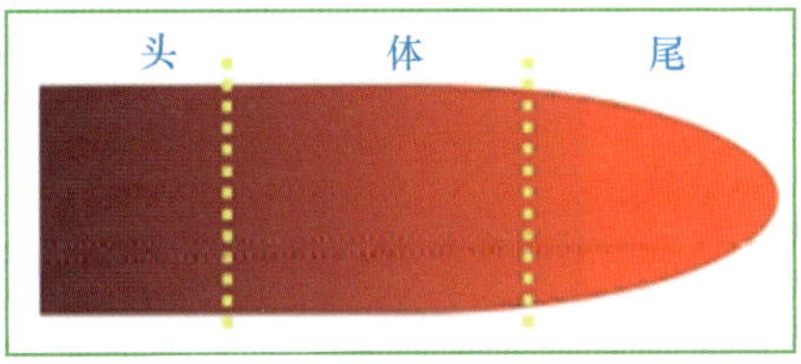 图 3-9 良好血涂片的判读

三、血涂片镜检要求

序号	内容	方法	
1	镜检区域	血涂片头部和体部	高倍镜检查时，血涂片头部和体部区域一般太厚。难以分辨出独立的白细胞，红细胞的变化也很难鉴定（图 3-10）。这个区域一般是用低倍镜观察少量具有诊断价值的细胞，如白血病细胞的裂解现象；传染性病原体（如锥体虫、微丝蚴）。 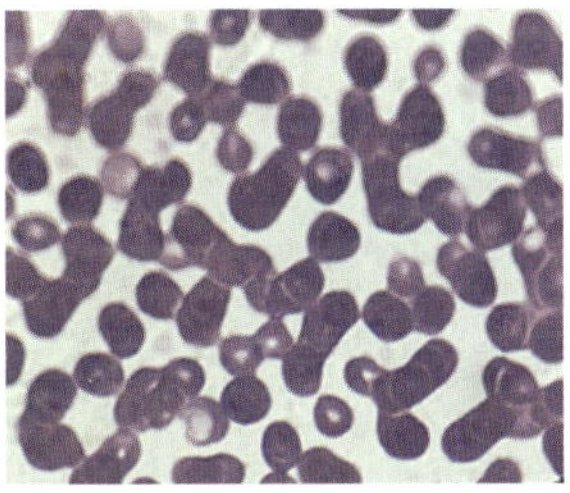 图 3-10 血涂片头部和体部
		血涂片体、尾交界处	血涂片体、尾交界处（图 3-11）是观察细胞的最佳区域，细胞呈单层分布。红细胞被隔开或几乎不接触，少数有重叠，白细胞在这一区域中应呈均匀分布。 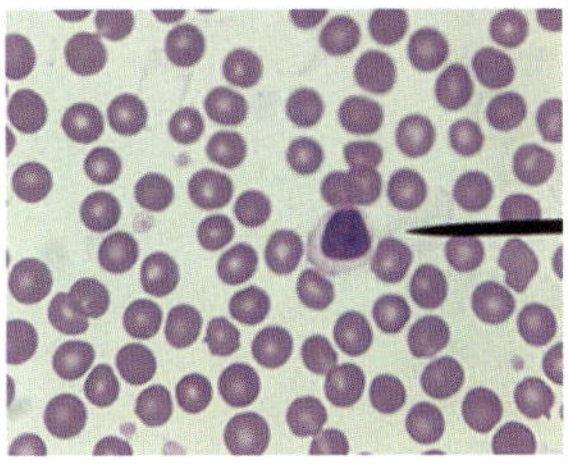 图 3-11 血涂片体、尾交界处
		血涂片边缘	血涂片的尾端呈羽毛状。在低倍镜下观察血小板凝集和微丝蚴，但用高倍镜评估血细胞时应避开。具有诊断价值的异常大细胞多在血涂片边缘（图 3-12）。边缘处的白细胞过度伸展，比正常时更大。红细胞被完全压平，缺少中部苍白区域，酷似球形红细胞。 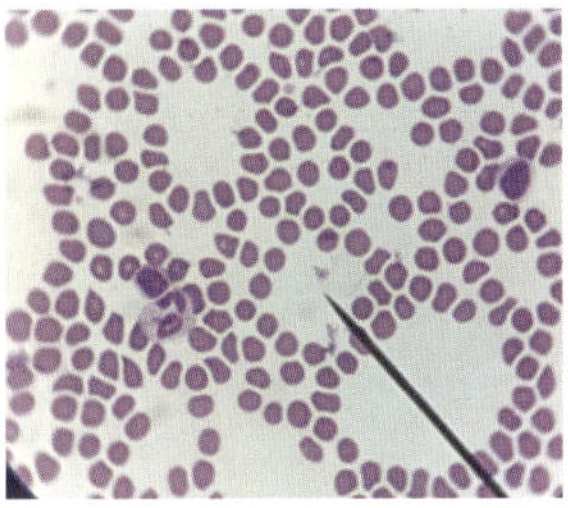 图 3-12 血涂片边缘

续表

序号	内容	方法	
2	镜检顺序	低倍镜（100×）观察	对全部细胞进行总体评价；在整个血涂片中检查是否存在缗钱样红细胞、红细胞、白细胞或血小板聚集状况；估计白细胞总数并形成每种白细胞系（如中性粒细胞、嗜酸性粒细胞、淋巴细胞、单核细胞）典型细胞的印象；检查红细胞是否存在多染性红细胞症、红细胞大小不等症、低色素血症、异形红细胞症等；有无异常细胞、寄生虫等。
		高倍镜（400×）观察	将视野固定在血涂片尾部边缘和单层区域观察。血涂片尾部区域的细胞通常扭曲、分布不规则。单层区域的细胞均匀随机分布，较平整，无扭曲部分。
		油镜（1 000×）观察	一旦确定血涂片尾部边缘和单层区域，将视野固定在紧邻尾部边缘的单层区域，进行白细胞分类计数，检查白细胞形态（如异常状况和包涵体）；检查红细胞以及确认在低倍镜下观察到的结果（如大小、形状、颜色、异常以及任何包涵体）；检查血小板的形态以及分布状况，估计相对数量。 二维码 3-7 血涂片的显微镜检查方法（微课）

四、常见问题

序号	内容	方法
1	染料沉淀	染料陈旧或曾暴露在空气中，会在载玻片上生成沉淀，易被误认为血液寄生虫（图 3-13）。染料不用时应盖紧瓶盖，定期过滤或更新染料以减少沉淀。 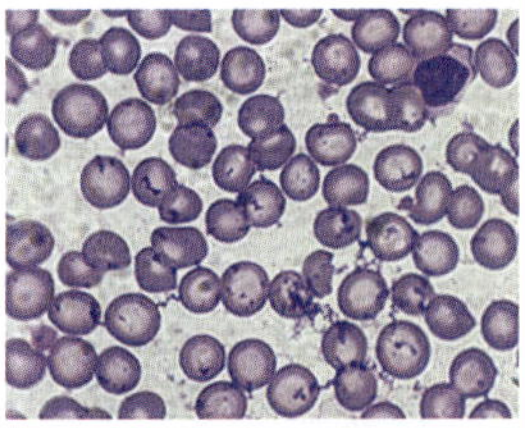 图 3-13 染料沉淀
2	染色过度	在染色过度的玻片上，所有的细胞都呈深染。红细胞与正常着色的细胞相比，密度更大、颜色更蓝（图 3-14）。染色过度会使重要的细胞结构变得模糊。 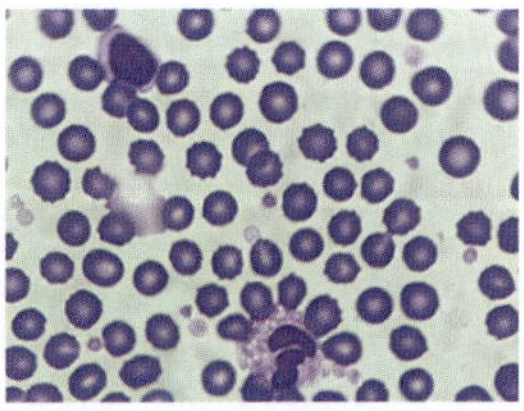 图 3-14 染色过度

续表

序号	内容	方法
3	染色不足	在染色不足的玻片上，所有细胞都呈淡染。几乎不能辨别白细胞的细胞结构，而红细胞显得非常淡，需要注意与低色素血症相区分（图 3-15）。 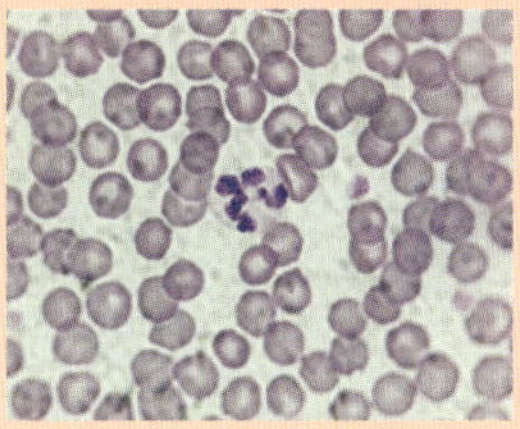 图 3-15 染色不足

课后思考

1. 良好血涂片的判读标准有哪些？
2. 镜检时，血涂片头、体、尾处各有何特点？
3. 简述血涂片的镜检顺序。

任务三 白细胞分类计数

训练目标	1. 掌握白细胞分类计数的临床意义。 2. 能熟练进行白细胞分类计数。 3. 掌握白细胞分类计数中出现的问题并有效解决。
主要仪器设备与场地	1. 制备好的血涂片、洗耳球、Diff-Quik 染液、蒸馏水或去离子水、洗水瓶、染缸、滤纸、计时器、记号笔、白细胞分类计数器、光学显微镜、香柏油、擦镜纸、乙醇-乙醚溶液、利器盒和医疗废弃物收集桶。 2. 宠物疾病临床检验实训室。

训练内容与步骤

一、概述

序号	内容
1	白细胞分类计数（DC）是指将血液制成血涂片，染色后用油镜观察，求出各种白细胞所占百分比。即可计算出每立方毫米血液中各类白细胞的绝对值。白细胞分类计数对疾病的诊断、预后及疗效观察具有重要的意义。

二、血涂片的制作

序号	内容	方法
1	制备	采血，制备血涂片。推片好坏对白细胞分类计数影响很大，应注意推片时角度要适宜，用力要均匀，使血膜厚薄适宜，分布均匀。如推片角度太大，血膜就厚，使细胞重叠，不易识别；推片角度太小，则血膜太薄，约 50％的白细胞集中在边缘和尾部。一张满意的血涂片应是开始稍厚，末端稍薄，其中细胞排列紧密而不重叠。
2	染色	采用 Diff-Quik 染色，镜检。

三、镜检计数

序号	内容	方法
1	镜检顺序	先用低倍镜找到图像；再用高倍镜观察血膜细胞分布情况及染色质量等；最后在油镜下观察，进行计数。
2	细胞分布	比重大的细胞多分布在血涂片的边缘和尾部，如粒细胞、单核细胞等；比重小的细胞则多分布在血涂片的头部和中间，如小淋巴细胞等。
3	分类计数	通常采用“城垛式”计数法(三个视野，即先向上看，再水平看，之后再向下看)(图 3-16)，有顺序地移动血涂片，计数白细胞 100～200 个(白细胞总数在 1 万个/mm^3以下计数 100 个，在 1～2 万个/mm^3以内计数 200 个，在 2 万个/mm^3以上计数 400 个)，分别记录各种白细胞数，最后计算出各种白细胞所占百分比。 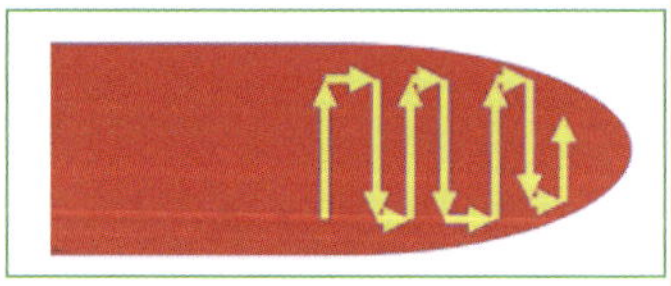 图 3-16 “城垛式”计数法 记录时，可用白细胞分类计数器加以记录。公式如下： 某种白细胞的百分率＝(某种白细胞数/分类计数白细胞总数)×100％。 某种白细胞的绝对值＝白细胞总数×某种白细胞的百分率。 **注意：** (1)为提高其准确性，每张血涂片最少计数 100 个白细胞；计数的数量越大，误差就越小。 (2)避免计数细胞重叠和变形区域。 (3)使用同一种方式观察血涂片，以确保随机取样和避免同一区域重复计数。

课后思考

1. 简述白细胞分类计数的镜检顺序。
2. 简述白细胞分类计数的方法。

真题训练

(1～3 题共用题干)德国牧羊警犬，野外训练半月后，有多只犬发病，尿液呈深红色至酱油色，逐渐消瘦，精神沉郁，喜卧，运动后喘息，间歇性发热，体温 40～41 ℃，可视黏膜苍白、黄染；在病犬耳郭、颈部发现多个蜱虫。【2020 年执业兽医资格考试真题】

1. 该病最可能的诊断是(　　)。

A. 洋葱中毒　　B. 巴贝斯虫病　　C. 弓形虫病
D. 膀胱炎　　E. 肾炎

答案:B

答案解析　根据题意，患犬体表有蜱虫，考虑为由蜱虫传播的疾病。根据尿液呈深红色至酱油色、间歇性发热、可视黏膜苍白、黄染等临床症状，判断可能为巴贝斯虫病。巴贝斯虫在红细胞内繁殖，使红细胞崩解，导致溶血性贫血。

2. 确诊该病的检查方法是(　　)。

A. B 超检查　　B. 血涂片镜检　　C. 血液生化检查
D. 尿常规检查　　E. 血常规检查

答案:B

答案解析　巴贝斯虫寄生于宿主的红细胞内，确诊巴贝斯虫病可以采用血涂片镜检，发现巴贝斯虫虫体即可确诊。

3. 该病红尿类型属于(　　)。

A. 药物性红尿　　B. 肌红蛋白尿　　C. 血尿
D. 血红蛋白尿　　E. 卟啉尿

答案:D

答案解析　巴贝斯虫寄生于红细胞内，可破坏红细胞或其他组织细胞。巴贝斯虫病最明显的症状是出现血红蛋白尿，尿的颜色呈深红色至酱油色。

项目四　血细胞形态学分析

知识目标	1. 掌握血细胞的形态、数量及生理功能等基本知识。 2. 掌握血细胞形态学的分类，能区分正常与异常血细胞的形态特征。 3. 了解血细胞形态学检验的目的。
能力目标	1. 能精确辨识各种血细胞的正常与异常形态特征。 2. 能根据血细胞形态学特征进行疾病诊断与鉴别诊断。 3. 能规范撰写血细胞形态学检验报告。
素质目标	1. 具备敏锐的观察力与综合分析能力，确保结果的准确性与可靠性。 2. 具备规范严谨、精益求精的科学精神。 3. 具有自信自强、守正创新的工作态度。

二维码 4-1　正常红细胞形态及人为伪象分析（微课）

任务一　红细胞形态学分析

训练目标	1. 掌握红细胞的生理功能。 2. 熟练掌握红细胞的正常形态。 3. 能准确识别异常红细胞，并能判断其临床意义。
主要仪器设备与场地	1. 保定用具、工作服、载玻片、盖玻片、EDTA 抗凝血、微量吸管、洗耳球、染液、蒸馏水、吸水滤纸、计时器、记号笔、香柏油、擦镜纸、乙醇-乙醚溶液、光学显微镜、碘伏棉球、75%酒精棉球、压脉带、2 mL 注射器、电剪、治疗盘、利器盒和医疗废弃物收集桶。 2. 实验动物、宠物疾病临床检验实训室。

训练内容与步骤

一、红细胞概述

序号	内容	方法
1	生成	红细胞生成于骨髓(图 4-1)。循环红细胞数量受血浆容量变化、红细胞破坏或丢失速度、脾脏收缩、促红细胞生成素(EPO)分泌及骨髓生成红细胞的速度等影响。 红细胞生成的主要原料:蛋白质和铁。 促进红细胞发育和成熟的主要物质:维生素 B_{12}、叶酸和铜离子。 红细胞生成的调节:促红细胞生成素(EPO)可刺激血小板和红细胞的生成。EPO 主要在肾脏产生(少量在肝脏合成),肾脏受缺氧刺激后生成和释放 EPO。 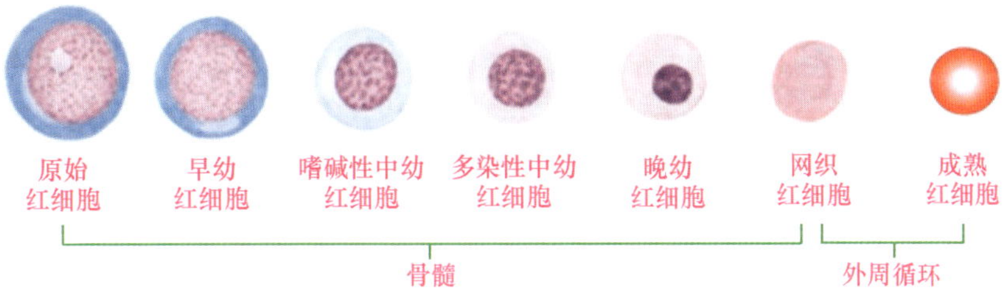 **图 4-1 红细胞的生成**(引自 Margi Sirois,2022)
2	破坏	红细胞具有一定的寿命。犬的红细胞平均寿命为 100~120 d,猫的红细胞平均寿命为 80~90 d;衰老红细胞被脾脏、骨髓和肝脏中的巨噬细胞吞噬和代谢;犬每天大约有 1%的循环红细胞被新生红细胞取代(猫的百分比要稍高),新生细胞都是未成熟、体积大的多染性细胞。
3	功能	运输氧气至组织细胞,运走二氧化碳,并对酸性、碱性物质有缓冲作用。
4	代谢	红细胞的主要代谢途径为无氧糖酵解,糖酵解途径可使红细胞利用最少的氧气产生能量,来维持细胞膜的稳定性。 红细胞还有其他的代谢途径(磷酸己糖支路和高铁血红蛋白还原酶)保护血红蛋白不被氧化。血红蛋白的氧化可导致高铁血红蛋白症与海因茨小体生成;猫的血红蛋白比犬的血红蛋白更易被氧化,引起血液中含有较多易被氧化的含硫氨基酸,因此,猫比犬更容易出现海因茨小体,发生海因茨小体性溶血性贫血。

二、正常红细胞形态

序号	内容	方法
1	犬	形状：哺乳纲动物的正常红细胞呈两面双凹的圆盘状，在染色的血涂片中呈灰红色，细胞边缘着色较深，中央区域淡染呈灰白色。成熟的红细胞无细胞核（图 4-2）。 大小：直径为 6.0～7.0 μm。同一个体的红细胞直径大小应均匀。 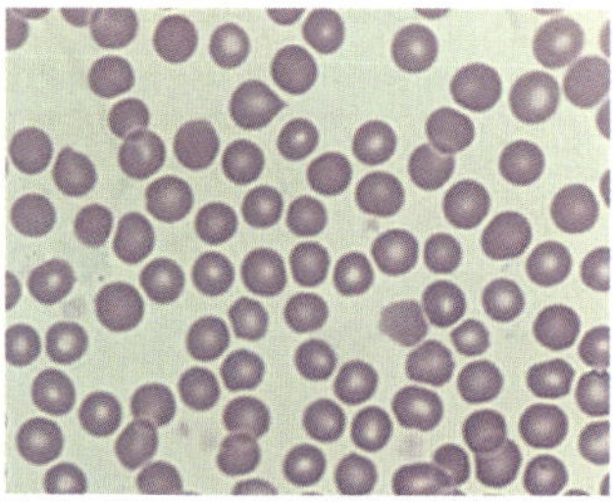 图 4-2　犬正常红细胞
2	猫	形状：正常红细胞呈两面双凹的圆盘状，中央灰白区域很小（图 4-3）。 大小：猫红细胞在初生时直径大，以后逐渐变为直径 5.5～6.0 μm。 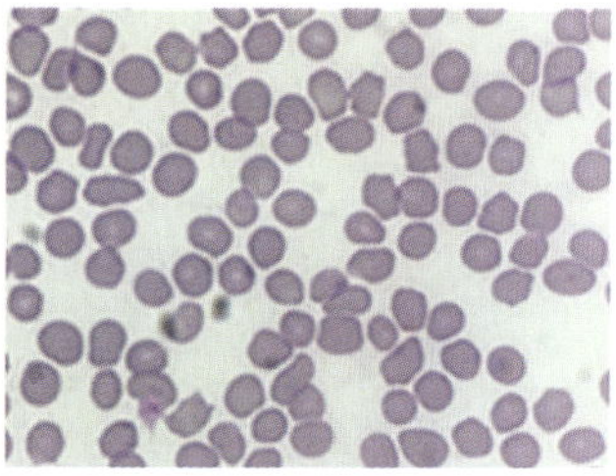 图 4-3　猫正常红细胞

三、异常红细胞形态

（一）细胞排列

序号	内容	方法
1	缗钱样红细胞	红细胞成串排列（图 4-4），可能是红细胞表面电荷发生改变所致。血液中纤维蛋白原和球蛋白浓度升高时，可见缗钱样红细胞增多。缗钱样红细胞与红细胞沉降率成正比。健康犬猫会出现轻度缗钱样红细胞，正常的马血中存在明显的缗钱样红细胞。 二维码 4-2　异常红细胞形态分析（微课） 临床意义： （1）血液中纤维蛋白原和球蛋白浓度升高，中和红细胞表面的负电荷，减少红细胞间的排斥力，使红细胞易于聚集排列呈钱串样。因此缗钱样红细胞显著增多主要由血浆蛋白紊乱所引起，可见于肿瘤和炎性疾病。 （2）准备制片前血样放置时间过长，或血样被冷藏，也可能出现这样的伪影。 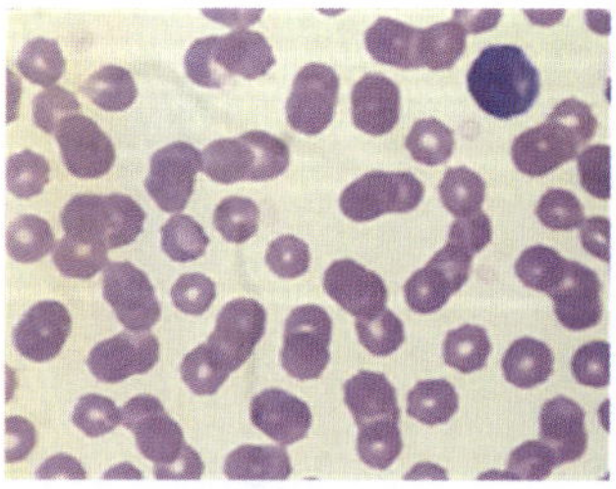 图 4-4　缗钱样红细胞

续表

序号	内容	方法
1	缗钱样红细胞	**注意**：缗钱样红细胞须与红细胞自体凝集相鉴别。红细胞自体凝集是指红细胞互相凝集形成黏合聚合体，用等量生理盐水混合也不能使之分散。免疫介导性疾病时会出现红细胞自体凝集，此时抗体包被红细胞，造成红细胞之间桥连和凝集(图 4-5)。有时通过肉眼观察或显微镜检查都可发现。 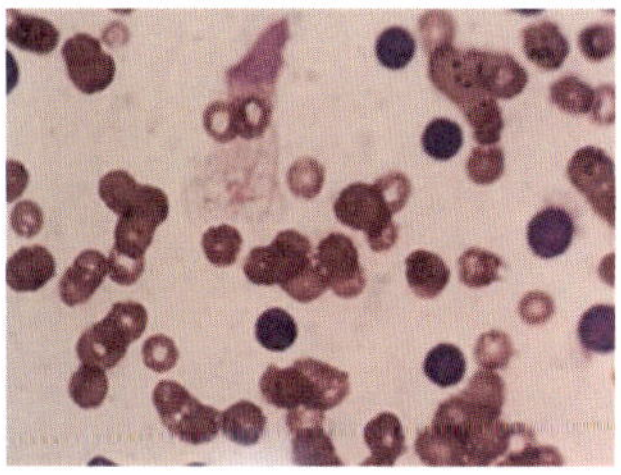 图 4-5　红细胞凝集

(二)大小

序号	内容	方法
1	大红细胞	比正常红细胞个体大，多见于成熟的低色素性红细胞，直径 8～10 μm(图 4-6)；巨幼红细胞直径 11 μm 以上，超巨红细胞直径大于 15 μm，多见于各种增生性贫血(如溶血性贫血和急性失血性贫血)、叶酸缺乏等。小型贵宾犬血涂片正常可见到大红细胞。 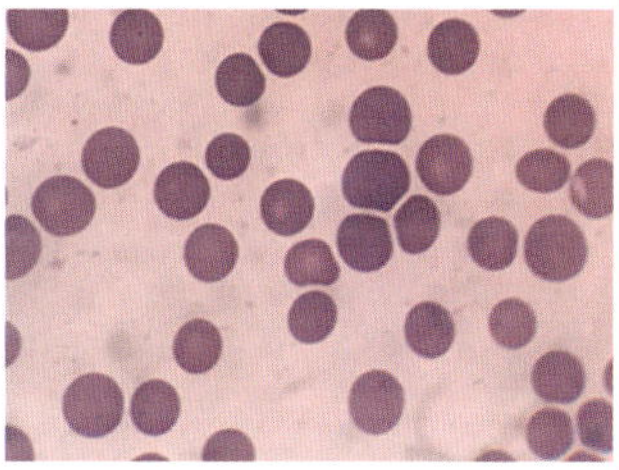 图 4-6　大红细胞 临床意义： (1)溶血性贫血，如免疫介导性溶血性贫血，骨髓活性增强，循环中网织红细胞大量增加。红细胞大小不等，可见大红细胞、有核红细胞、球形红细胞和影细胞等。 (2)红细胞的成熟问题，如维生素 B_{12} 和叶酸缺乏时的巨幼红细胞性贫血。 (3)骨髓增生性疾病，如猫白血病病毒和免疫缺乏病毒感染时大红细胞色素正常。另外，还见于慢性感染、铅中毒和库欣综合征。
2	小红细胞	比正常红细胞个体小，呈正常色素或低色素，直径 2～3 μm(图 4-7)。有时在正常秋田犬和柴犬血液里也能看到，其含血钾水平也高。 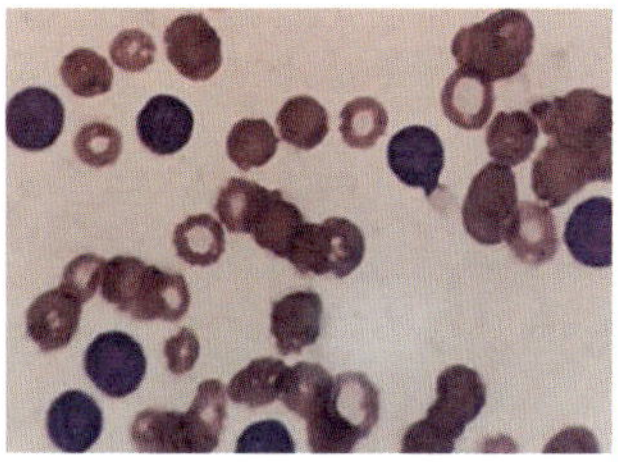 图 4-7　小红细胞 临床意义： (1)缺铁、缺铜、缺维生素 B_6 和慢性失血性贫血，发展为小红细胞，呈现低色素。 (2)慢性肝衰竭时，先天性静脉导管未闭，后天性静脉门腔静脉侧枝沟通，红细胞色素正常。 (3)红细胞老龄时变小，但仍含有正常的血红蛋白，表现嗜酸性深染色。

(三)颜色

序号	内容	方法
1	多染性红细胞	多染性红细胞是用罗曼诺夫斯基染色(如瑞氏-吉姆萨染色、Diff-Quik 染色)时显示淡蓝色的红细胞。淡蓝色是由幼稚细胞胞浆内残存细胞器引起的(图 4-8)。正常犬外周血液里含有 0.5%～1%红细胞,猫多染性红细胞占红细胞总数的 1.5%～2.0%。 临床意义: (1)增加了红细胞生成和年轻红细胞,见于库欣综合征和溶血性贫血,如免疫介导性溶血性贫血、丙酮酸激酶缺乏和果糖磷酸激酶缺乏。 (2)猫多染性红细胞增多不如犬明显,因此其临床意义不如犬大。 这些细胞用新亚甲蓝染色时显示为网织红细胞,是循环中未成熟的无核红细胞。所有的多染性红细胞都是网织红细胞,但不是所有的网织红细胞内都含有足够的网状蛋白而具有多染性,因此多染性红细胞可作为再生性贫血的指标。 犬网织红细胞的类型为聚集状网织红细胞(图 4-9),其胞质内有较多的网状组织聚集。 猫网织红细胞包括点状和聚集状两种类型。猫聚集状网织红细胞外形与犬网织红细胞相似(图 4-10),这种网织红细胞可用于评价骨髓反应。猫点状网织红细胞内含有小的、点状成簇的核糖核酸残体(图 4-11),比聚集状网织红细胞更成熟,因其在循环中存在时间较长,不作为评价骨髓反应的指标。 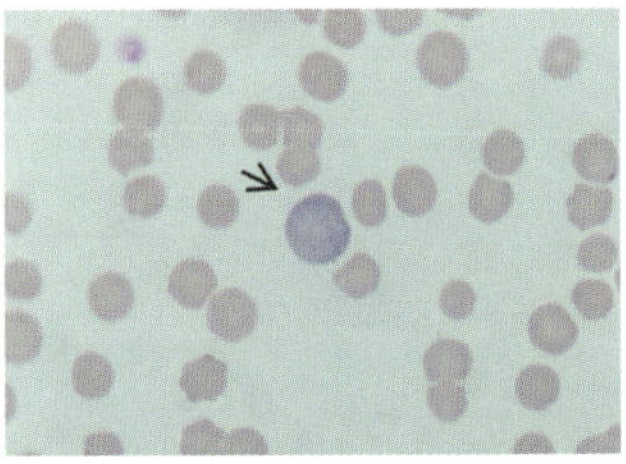 图 4-8　多染性红细胞 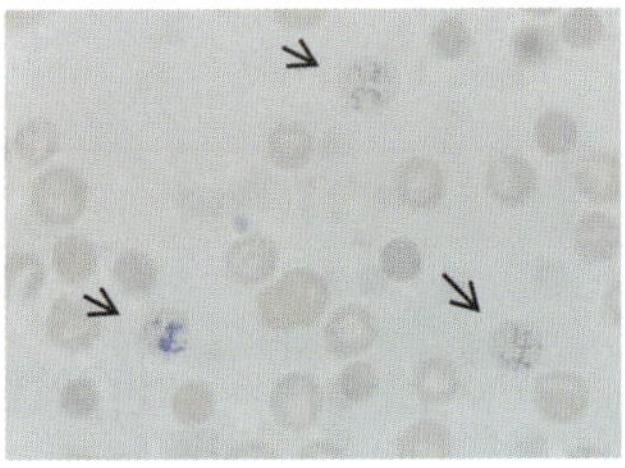 图 4-9　犬网织红细胞 (新亚甲蓝染色) 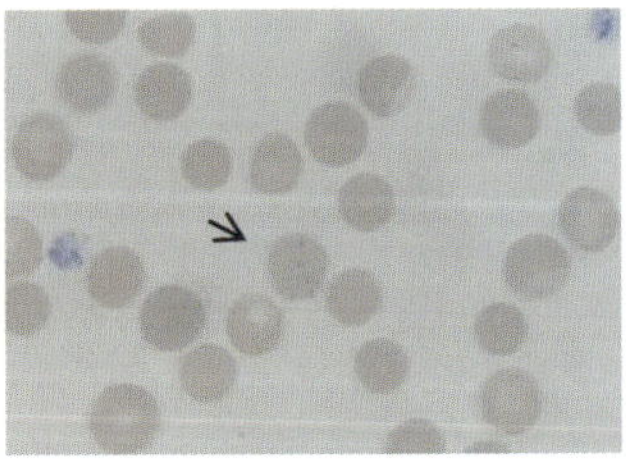 图 4-10　猫聚焦状网织红细胞 (新亚甲蓝染色) 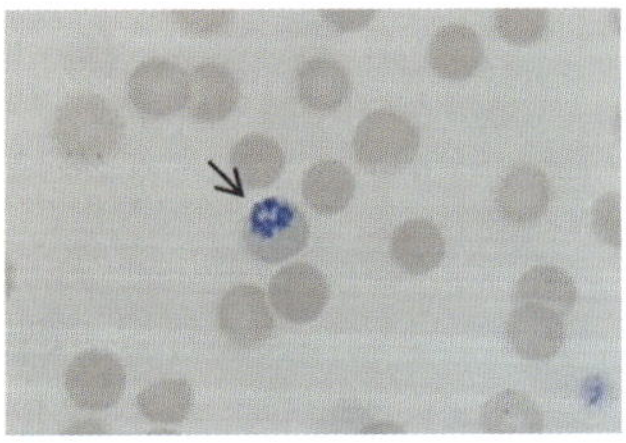 图 4-11　猫点状网织红细胞 (新亚甲蓝染色)

续表

序号	内容	方法
2	低血色素性红细胞	红细胞内血红蛋白不足造成红细胞染色过浅。正常时细胞外周染色较深，向中央逐渐变浅。未着色的红细胞，称为影细胞(图 4-12)；单纯红细胞中心淡染的细胞，称为环状红细胞，可能与缺铁有关(图 4-13)。 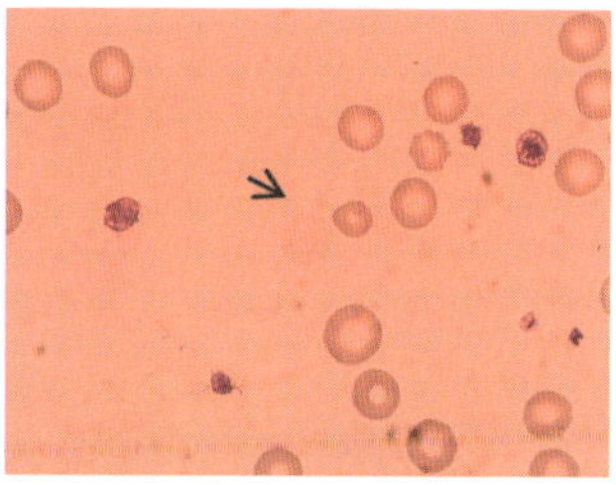 图 4-12 影细胞 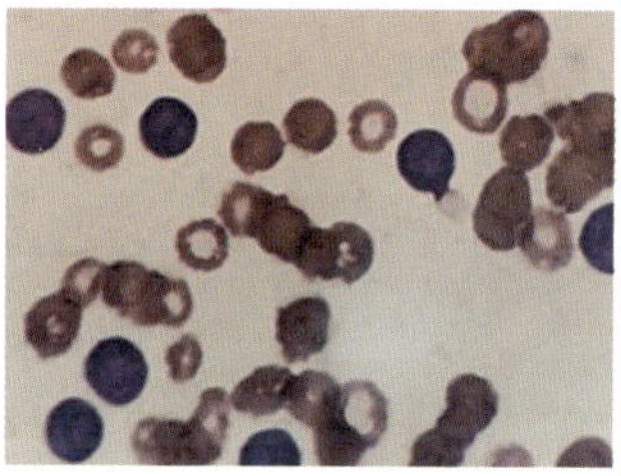 图 4-13 环状红细胞 临床意义： (1)由于代谢或慢性铅中毒影响血红蛋白生成。 (2)缺乏营养或其他原因。①铁缺乏，铜缺乏，或慢性失血；②吡哆醇(维生素 B_6)缺乏，必须有维生素 B_6 的参与，动物才能利用铁合成血红蛋白，维生素 B_6 缺乏多见于犬；③红细胞丙酮酸激酶缺乏，多见于巴辛吉犬(猎犬)。 (3)严重贫血，如免疫介导性溶血、血管内溶血，可见影细胞。

(四)形状

序号	内容	方法
1	球形红细胞	深染，中央淡染区减少或消失。当红细胞表面被覆抗体或补体后，肝脏和脾脏内的巨噬细胞会清除一部分受损的红细胞膜，导致红细胞膜表面积相对胞质容积减小而形成球形红细胞。红细胞类似球形，相对个体小，不足正常红细胞个体的 2/3，镜下呈现出浓染的小红细胞(图 4-14)。 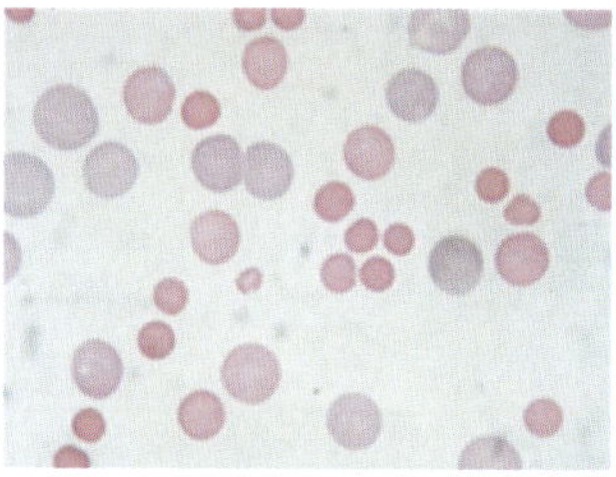 图 4-14 球形红细胞 球形红细胞可见于红细胞的自然衰老过程，衰老的红细胞会在肝脏或脾脏中直接被清除而很少出现在循环血液中，犬猫正常血涂片有时可以看到，但犬少见。球形红细胞的形成与免疫介导性溶血性贫血有关。 临床意义： (1)溶血性贫血。见于犬自体免疫介导性溶血性贫血、新生动物的溶血性贫血和红细胞酶缺乏性溶血性贫血。 (2)球形红细胞存在时，可能脾功能亢进。脾脏负责从血流中移去球形红细胞。

续表

序号	内容	方法
1	球形红细胞	（3）脾功能降低偶尔可见。当红细胞在脾内长期停留时，红细胞变得可渗透钠离子，进而形成球形红细胞。 （4）细菌毒素作用。
2	靶形红细胞	红细胞具有一个圆心色素物质区，环绕色素物质区为一圈清亮的无色素带，在细胞浆外周有一浓环，状似靶标（图 4-15）。靶形红细胞形成的原因是细胞膜表面积增加或胞质体积减小，导致血红蛋白分布于红细胞中央和外周。 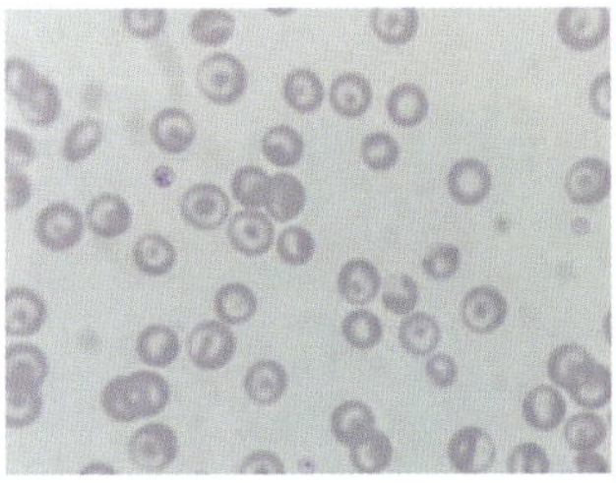 图 4-15 靶形红细胞 临床意义： （1）犬的造血功能加强，靶形红细胞表现多染性。 （2）骨髓抑制，见于严重肾病或肾病末期。 （3）甲状腺功能降低的高胆固醇血症、脾脏疾病或脾切除或脾肿大、缺铁性贫血、铅中毒、肝脏疾病、胆汁淤积等多见。 （4）人为造成高渗血浆，血涂片干燥过慢。
3	口形红细胞	红细胞内有一条形似口状的淡染带（图 4-16）。 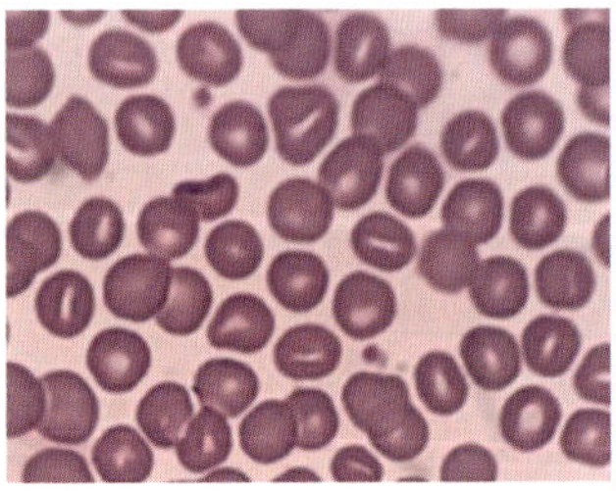 图 4-16 口形红细胞 临床意义： （1）见于各种溶血性贫血、弥散性血管内凝血（DIC）和肝脏疾病。 （2）阿拉斯加雪橇犬和小型雪纳瑞犬的一种染色体隐性遗传性形态学病，表现为先天性软骨发育不良性侏儒。
4	棘形红细胞	红细胞表面有 2～10 个钝的、长度和直径不同的指状突起，分布不均、形态不规则，继发于红细胞膜上脂质和胆固醇含量的改变（图 4-17）。 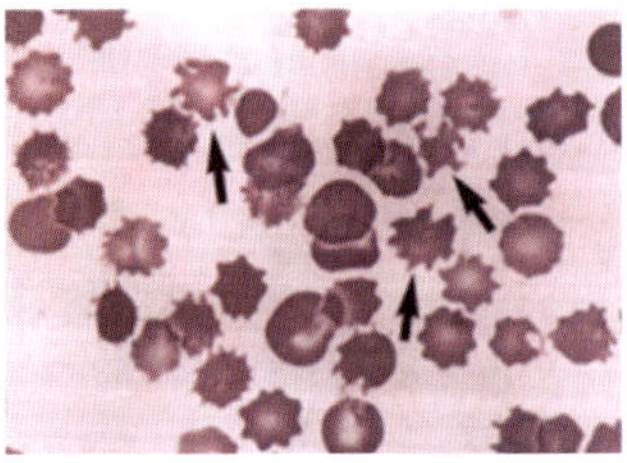 图 4-17 棘形红细胞 （引自 Rebar A. H，MacWilliams P. S，Feldman B. F，等，2007） 临床意义： （1）见于脂肪代谢异常的动物，如患肝脂肪沉积综合征的猫或患肝脏疾病的犬。 （2）在脾脏血管瘤、弥散性肝脏疾病或门静脉堵塞时可见。 （3）患肝脏血管肉瘤的犬多存在这种红细胞异常。患再生性贫血的中老年大型犬出现棘形红细胞时，提示血管肉瘤。

续表

序号	内容	方法
5	角膜细胞	又称角红细胞或头盔细胞。由于一边细胞膜缺损，有两个似角样突出物(图 4-18)；角膜细胞被认为是红细胞在血管内被纤维束切开而形成。切开的边缘相互附着，形成假空泡，角状突起间的细胞膜相对平滑。 临床意义： (1)心脏血流涡流(如房室口狭窄、心丝虫病等)。 (2)毛细血管内纤维素广泛沉积(如 DIC、血管肉瘤)引起的溶血，以及氧化性损伤。 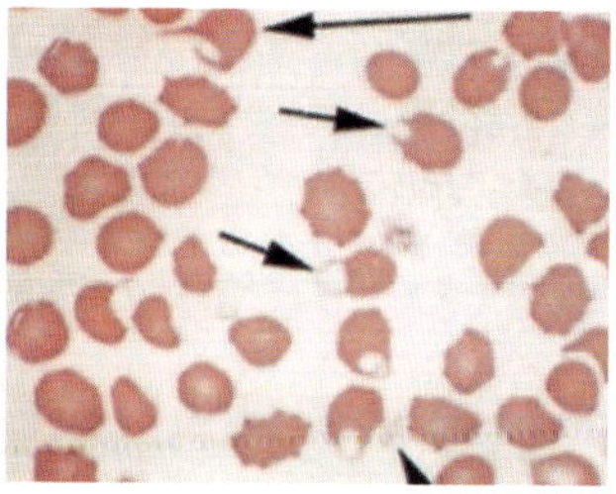 图 4-18 角膜细胞 (引自 Rebar A. H，MacWilliams P. S，Feldman B. F，等，2007)
6	裂红细胞(红细胞碎片)	损伤的红细胞碎片，呈新月形、三角形或其他不规则形状，多因红细胞在血管内受切割而形成(图 4-19)。裂红细胞与纤维蛋白形成性疾病有关。 临床意义： (1)老龄红细胞。 (2)弥散性血管内凝血(DIC)，由红细胞被纤维束破坏所致。 (3)心脏内瓣膜变性，房室口狭窄或心丝虫病等。 (4)锌中毒。 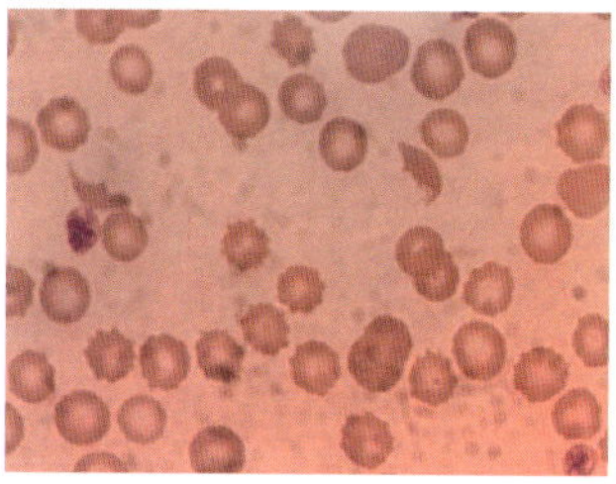 图 4-19 裂红细胞
7	海因茨小体	海因茨(Heinz)小体是氧化、变性的血红蛋白沉积物，通常在红细胞表面呈鼻状突起(图 4-20)。 临床意义： (1)由一些氧化剂药物或化学物质造成的血红蛋白变性而产生的圆形小体。变性血红蛋白与细胞膜附着，在瑞氏染色时表现苍白区。在新亚甲蓝染色时，海因茨小体呈蓝色。犬海因茨小体直径 1～2 μm。与其他动物不同，猫正常的血液中含有多达 5%的海因茨小体。 (2)在猫患某些疾病时，海因茨小体浓度会升高，如淋巴肉瘤、甲状腺功能亢进和糖尿病。 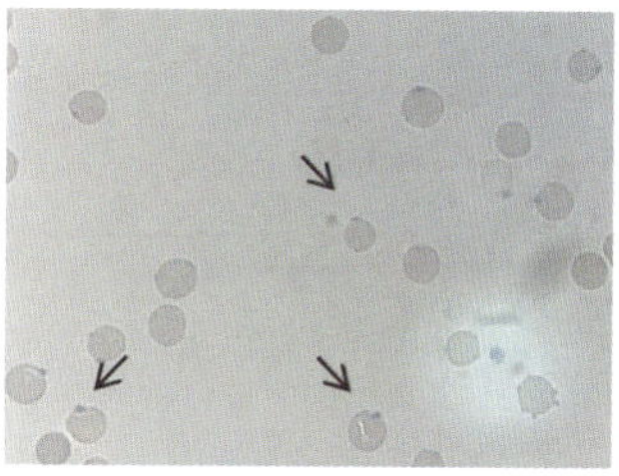 图 4-20 海因茨小体

续表

序号	内容	方法
8	偏心红细胞	红细胞胞浆浓染的同时，仍留有部分淡染区(图 4-21)。这是由于血红蛋白浓度重新分布，导致血红蛋白偏于一侧。 临床意义： 见于外毒素引起的红细胞氧化损伤，如对乙酰氨基酚、洋葱中丙基二硫化合物、卫生球中萘、局部或口服镇痛药和锌等引起的细胞氧化损伤。 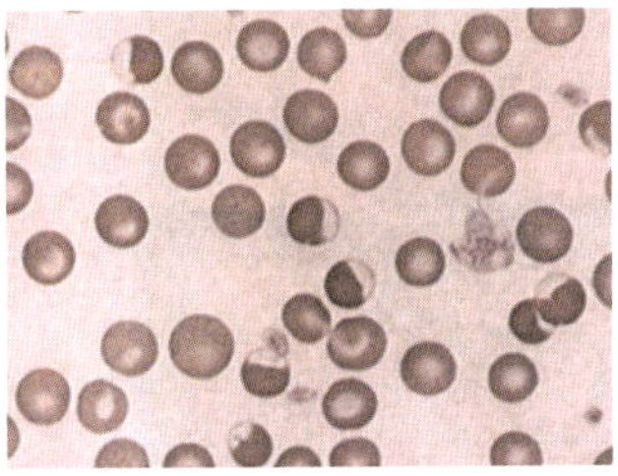 图 4-21　偏心红细胞 (引自 Rebar A. H，MacWilliams P. S，Feldman B. F，等，2007)
9	固缩红细胞	形似球形红细胞，部分固缩红细胞带有膜状尾(图 4-22)。 临床意义： 氧化损伤时可形成致密、不规则的浓缩红细胞，通常与偏心红细胞同时出现。 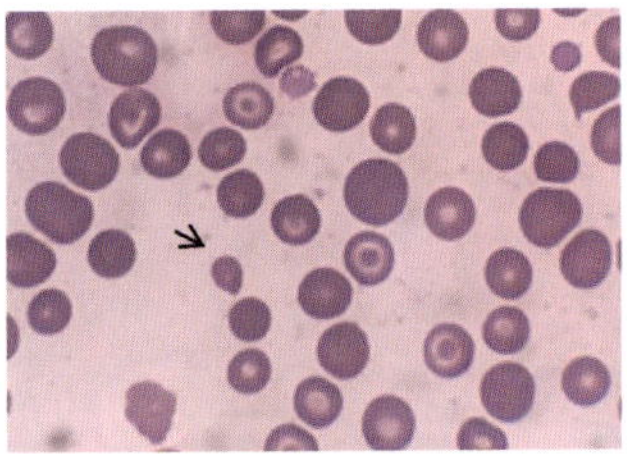 图 4-22　固缩红细胞
10	泪形红细胞	泪滴形状的红细胞(图 4-23)。 临床意义： (1)可见于骨髓纤维化和一些骨髓增生性疾病。 (2)可能是制片造成的伪像。 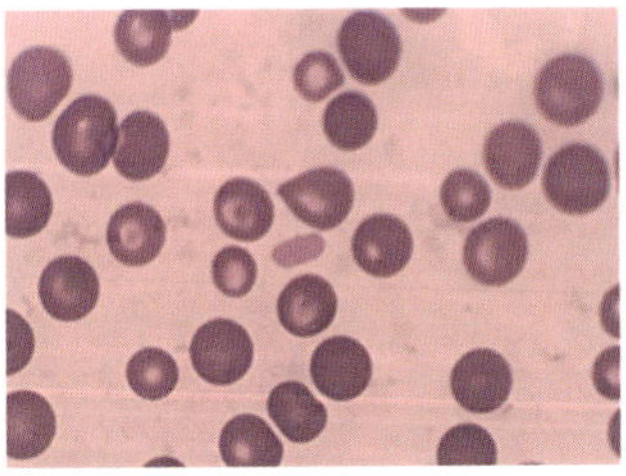 图 4-23　泪形红细胞

(五)结构

序号	内容	方法
1	豪-乔氏小体	豪-乔氏(Howell-Jolly)小体为红细胞内深染的核残体(图 4-24)。这些小体嗜碱性，呈球形，常见于红细胞快速生成期或脾脏摘除后。正常犬红细胞内很少含有，猫约 1%的红细胞含有豪-乔氏小体。 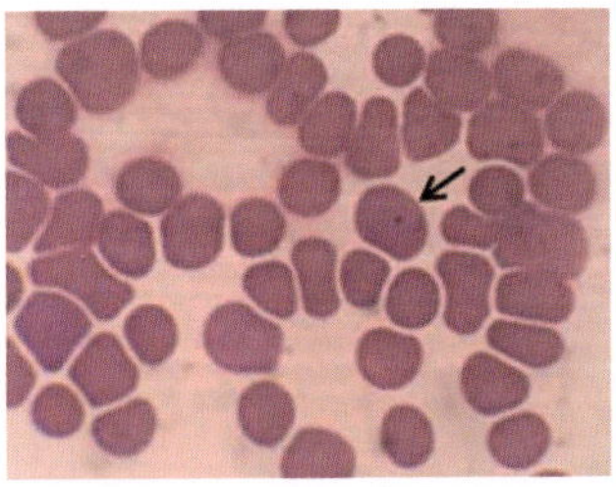 图 4-24　豪-乔氏小体

续表

序号	内容	方法
2	有核红细胞	外周血涂片中所见到的有核红细胞多为中幼或晚幼红细胞(图 4-25)。细胞核小而圆,居于中央,染色质粗糙或呈光滑的固缩样;细胞边缘有一圈完整的细胞质,呈多染性或正色素性。**注意:**要与淋巴细胞相区别,成熟淋巴细胞的细胞核位于一侧,边缘的细胞质不完整。 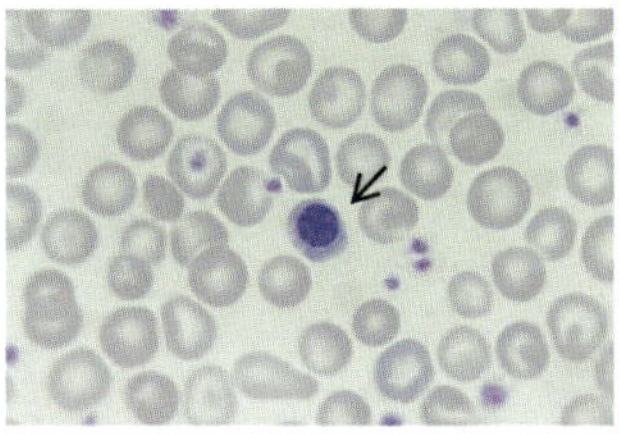 图 4-25 有核红细胞 临床意义: (1)健康犬猫的外周血涂片可见少量有核红细胞。 (2)有核红细胞增多最常见于再生性贫血,也可见于非再生性贫血。由于有核红细胞的出现表明贫血时间已久,不能说明骨髓对贫血有反应,应根据网织红细胞绝对值评估再生反应。 (3)脾脏功能改变。 (4)骨髓缺氧或损伤、铅中毒。
3	巴贝斯虫	巴贝斯虫是寄生于红细胞内的原虫。犬的巴贝斯虫可根据大小分为小巴贝斯虫和大巴贝斯虫。吉氏巴贝斯虫在红细胞内为小型单个或多个印章指环样的结构(图 4-26);犬巴贝斯虫是单个或成对出现的大型巴贝斯虫,呈卵圆形或梨形(图 4-27)。 巴贝斯虫的细胞质均为无色或呈蓝色,细胞核呈红色或紫色。巴贝斯虫在红细胞内繁殖,使红细胞崩解,导致溶血性贫血,常伴发血小板减少症。 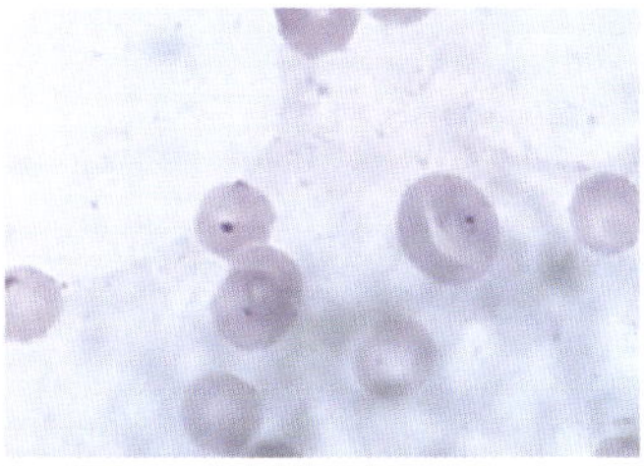 图 4-26 吉氏巴贝斯虫 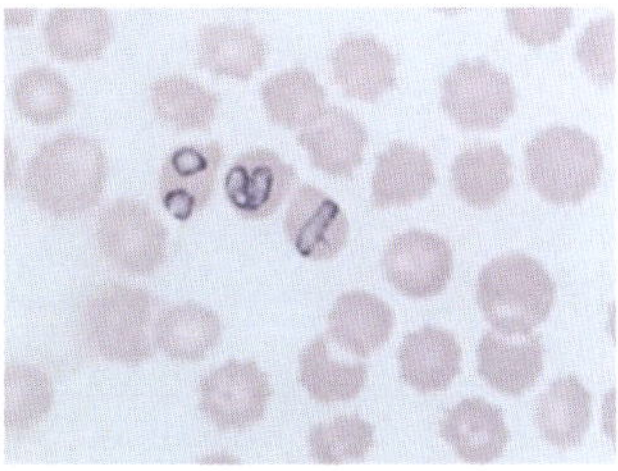 图 4-27 犬巴贝斯虫 (引自 Amy C. Valenciano,Rick L. Cowell,Theresa E. Rizzi,等,2022)
4	嗜碱性颗粒	也称为嗜碱性点彩,由红细胞胞浆中残留的核糖核酸轻度聚集所致(图 4-28)。灰色到蓝黑色嗜碱性颗粒(多核糖体)散布在红细胞内,属于未完全成熟的红细胞。

续表

序号	内容	方法
4	嗜碱性颗粒	临床意义： (1)它们是血红蛋白合成未完全利用的多核糖体。 (2)所有类型的贫血都可看到，如再生性贫血、巨幼红细胞性贫血等。 (3)铅、铋、银、汞、硝基苯、苯胺等中毒时增多。尤其是铅中毒时增多明显，但其病例检出率小于30%。铅中毒时常引起贫血，表现出明显的红细胞再生反应，血涂片上可看到多染性红细胞、有核红细胞和嗜碱性点彩。 (4)表示红细胞生成有缺陷。 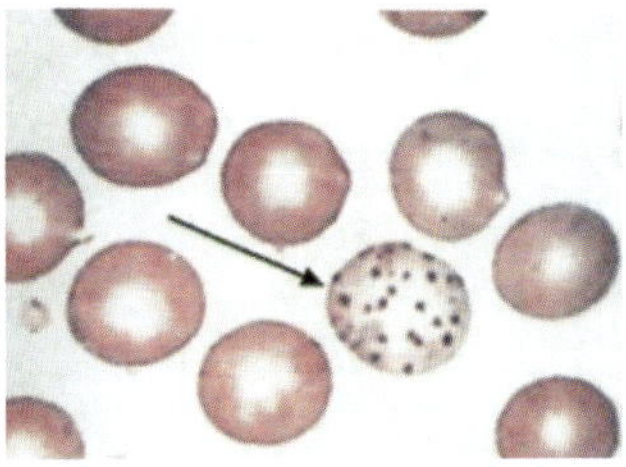 图 4-28　嗜碱性颗粒 (引自 Margi Sirois，2022)
5	嗜血支原体	嗜血支原体(旧称血巴尔通体)寄生于犬或猫红细胞表面。犬嗜血支原体多呈蓝黑色、链状的短杆或斑点状(图 4-29)，猫嗜血支原体可在红细胞表面形成小的蓝黑色圆点或短杆，偶见链状圆点或环形菌体，常见于红细胞边缘(图 4-30)。 **注意：**采血后应立即制备血涂片，以防止嗜血支原体从红细胞膜上脱落。 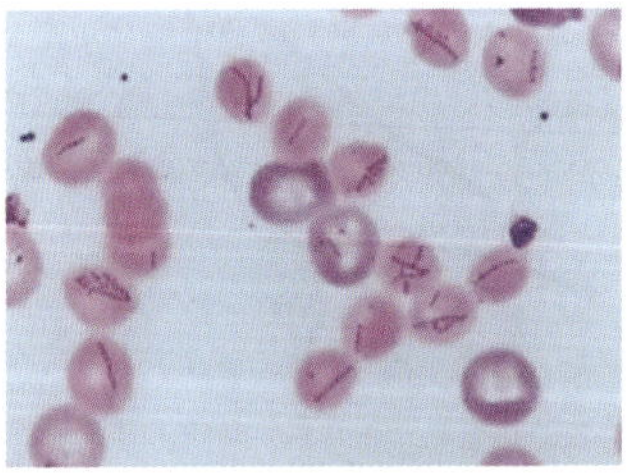 图 4-29　犬嗜血支原体 (引自 Amy C. Valenciano，Rick L. Cowell，Theresa E. Rizzi，等，2022) 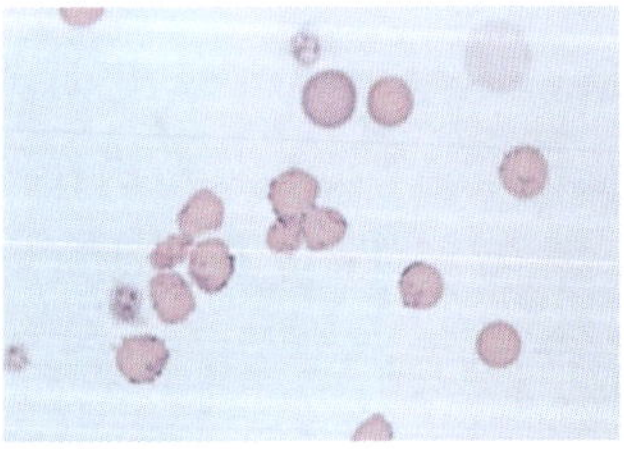 图 4-30　猫嗜血支原体 (引自 Amy C. Valenciano，Rick L. Cowell，Theresa E. Rizzi，等，2022)
6	猫胞簇虫	猫胞簇虫为猫的原虫性血液寄生虫，呈“印章指环”样，少量呈“安全别针”样(图 4-31)。通常每个红细胞内仅含有一个病原，注意与猫嗜血支原体的区别。 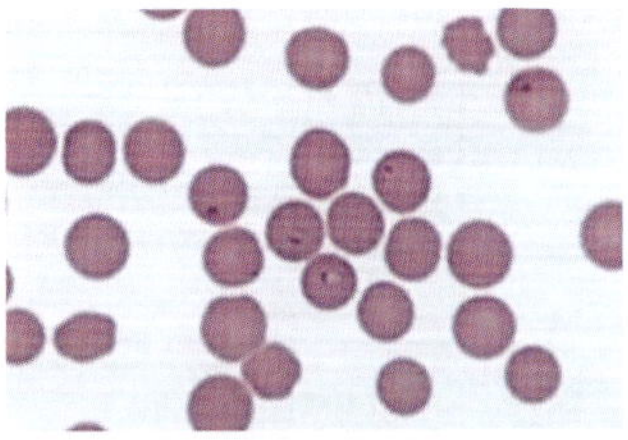 图 4-31　猫胞簇虫 (引自 Amy C. Valenciano，Rick L. Cowell，Theresa E. Rizzi，等，2022)

续表

序号	内容	方法
7	犬瘟热包涵体	犬瘟热包涵体为病毒核衣壳的聚集体(图 4-32),可在红细胞、单核细胞、淋巴细胞、中性粒细胞中见到,形状不规则或呈圆形、卵圆形。在 Diff-Quik 染色时表现为红色,瑞氏-吉姆萨染色时表现为浅蓝色。一旦发现犬瘟热包涵体,即可诊断为感染犬瘟热病毒。 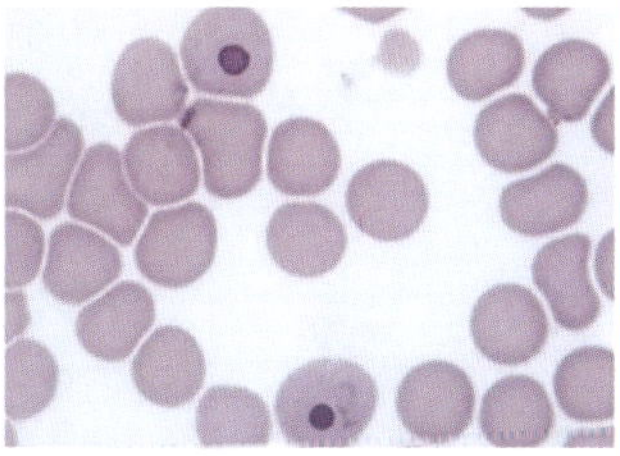 图 4-32 犬瘟热包涵体 (引自 Amy C. Valenciano, Rick L. Cowell, Theresa E. Rizzi,等,2022)

(六)人为异常

序号	内容	方法
1	锯齿状红细胞	红细胞表面带有很多锐性的突出物,形态大小均一,分布均匀(图 4-33)。锯齿状红细胞是血涂片中最常见的人为异常,常见于 EDTA 抗凝血制作的血涂片。锯齿状红细胞易与棘形红细胞混淆。锯齿状红细胞与真正的异形红细胞症不同,锯齿状红细胞会影响血涂片中某一区域内的所有红细胞,而真性异形红细胞只影响血涂片中散在的红细胞。 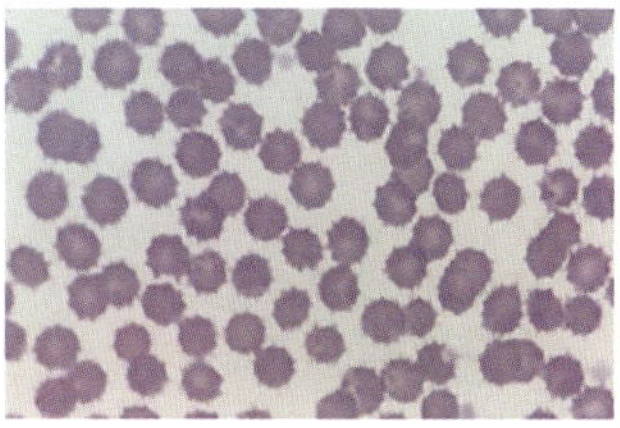 图 4-33 锯齿状红细胞 临床意义: (1)可能是制作血涂片时,风干过慢或血样放置时间过长造成的伪像。 (2)制作血涂片的载玻片不干净。 (3)EDTA 抗凝管中血量过少,导致细胞皱缩。 (4)锯齿状红细胞还可见于犬肾脏疾病、淋巴肉瘤及运动后的马。
2	红细胞表面“泡影”	红细胞表面的“泡影”最常见于未干就染色的血涂片(图 4-34)。这些“泡影”可能是气体从红细胞中溢出时形成的,旋动微调时可看到它位于红细胞膜外。 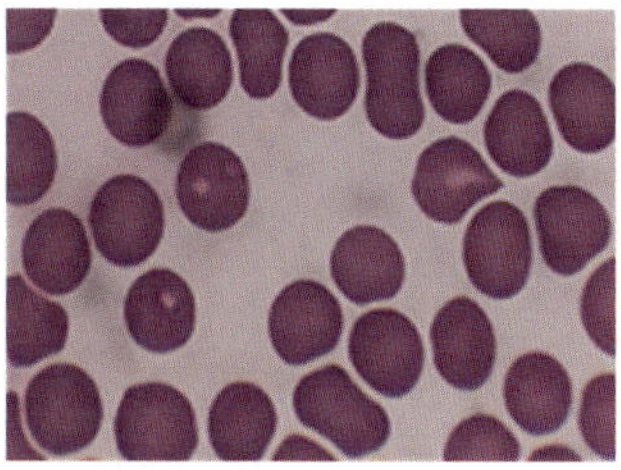 图 4-34 红细胞表面“泡影”
3	染料沉淀	在罗曼诺夫斯基染色的血涂片上,常可观察到染料沉淀的聚集(详见图 3-11)。染料沉淀必须与嗜血支原体和嗜碱性颗粒区分开来。

续表

序号	内容	方法
4	染色过度	血涂片与罗曼诺夫斯基染料的碱性(蓝色)成分接触时间过长，会导致红细胞染色过度，从而很难辨别多染性红细胞症(详见图 3-12)。
5	刮伤血涂片	用薄纸或者擦镜纸擦干或吸干血涂片，或者除去血涂片表面的油会留下刮痕，应避免。刮痕在显微镜下可见细胞呈线状损伤，尤其是红细胞，造成的碎裂红细胞可能会被误认为是裂红细胞。

课后思考

1. 简述红细胞的生成与破坏过程。
2. 犬猫正常红细胞的形态有何不同?
3. 多染性红细胞出现的重要意义有哪些?
4. 如何通过形态学特征区分棘形红细胞与锯齿状红细胞?
5. 导致红细胞异常的人为因素有哪些，应如何避免?

任务二 白细胞形态学分析

训练目标	1. 熟知各种白细胞的生理功能。 2. 熟练掌握各种白细胞的正常形态。 3. 能准确识别异常白细胞，并能判断其临床意义。
主要仪器设备与场地	1. 保定用具、工作服、载玻片、盖玻片、EDTA 抗凝血、微量吸管、洗耳球、染液、蒸馏水、吸水滤纸、计时器、记号笔、香柏油、擦镜纸、乙醇-乙醚溶液、光学显微镜、碘伏棉球、75%酒精棉球、压脉带、2 mL 注射器、电剪、治疗盘、利器盒和医疗废弃物收集桶。 2. 实验动物、宠物疾病临床检验实训室。

二维码 4-3 粒细胞形态分析(微课)

二维码 4-4 非颗粒细胞形态分析(微课)

训练内容与步骤

一、白细胞概述

序号	内容
1	白细胞可分为两组，分别是颗粒白细胞（被染色后的白细胞含有吸收染色剂的颗粒）和非颗粒白细胞（被染色后的白细胞并没有明显的颗粒，且只有一个细胞核）。其中颗粒白细胞还可进一步分为中性粒细胞、嗜酸性粒细胞和嗜碱性粒细胞。非颗粒白细胞可分为淋巴细胞和单核细胞。

二、中性粒细胞

（一）概述

<table>
<tr><th>序号</th><th>内容</th><th>方法</th></tr>
<tr><td>1</td><td>功能</td><td>中性粒细胞的主要功能是防御微生物入侵组织。中性粒细胞可杀死细菌，还能破坏或者参与破坏霉菌、藻类以及病毒。急性炎症时，血中中性粒细胞进入组织进行防御。中性粒细胞通过定向转移或者趋化作用，在炎症部位或者细菌感染部位聚集。</td></tr>
<tr><td>2</td><td>分布</td><td>中性粒细胞在骨髓内生成，释放进入血液，经短暂地循环后，转移至各组织间隙或呼吸道、消化道和泌尿道的上皮表面。骨髓内生成中性粒细胞的时间，需要 4～6 d，贮存在骨髓内的成熟中性粒细胞能持续供应 5 d。中性粒细胞在血液中大约循环 10 h，可分为中性粒细胞增殖池、贮存池、边缘池和循环池，见表 4-1。

表 4-1 中性粒细胞的分布
<table>
<tr><th>名称</th><th>细胞分布</th></tr>
<tr><td>增殖池</td><td>在骨髓中心，包括原粒细胞、早幼粒细胞和中幼粒细胞。</td></tr>
<tr><td>贮存池</td><td>在骨髓中，包括晚幼中性粒细胞、杆状核中性粒细胞和分叶核中性粒细胞。</td></tr>
<tr><td>边缘池</td><td>在毛细血管中，主要是分叶核中性粒细胞，还有杆状核中性粒细胞。</td></tr>
<tr><td>循环池</td><td>主要包括分叶核中性粒细胞和杆状核中性粒细胞，犬、猫偶尔可见晚幼中性粒细胞。犬的边缘池和循环池的大小几乎相等，但猫的边缘池是循环池的 2～4 倍大。</td></tr>
</table>
循环池内的中性粒细胞与其他血细胞一起循环，可在全血细胞计数中测定。边缘池内的中性粒细胞是那些暂时附着于血管内皮，尤其是小静脉和毛细血管内皮上的中性粒细胞，这些细胞不能被全血细胞计数计算在内。犬边缘池与循环池内的中性粒细胞数量大致相等，比例为 1∶1；猫边缘池所含中性粒细胞是循环池的 3 倍，比例为 3∶1。</td></tr>
</table>

(二)正常形态

<table>
<tr><th>序号</th><th>内容</th><th>方法</th></tr>
<tr><td>1</td><td>大小</td><td>正常的中性粒细胞直径 10～12 μm,或者是红细胞直径的 2～2.5 倍。</td></tr>
<tr><td rowspan="2">2</td><td rowspan="2">形态</td><td>中性粒细胞呈圆形,胞质淡红色,内含一些不明显的淡粉色颗粒和/或小空泡,细胞核致密。中性粒细胞来源于骨髓的造血干细胞,在骨髓中分化发育后,进入血液或组织。</td></tr>
<tr><td>细胞核染成深紫色,其形状不一。
胞核幼稚型的细胞呈杆状或马蹄形,边缘平滑,称为杆状核中性粒细胞(图 4-35)。
成熟的中性粒细胞核呈分叶状,分成 2～4 叶(3 叶的较多见),每叶之间有一细丝相连,称为分叶核(图 4-36)。
正常动物的大部分中性粒细胞的细胞核都是分叶状的,杆状较少见。
细胞核径最窄处小于最宽处 1/3 者为分叶核中性粒细胞。
细胞核径最窄处大于最宽处 1/3 者为杆状核中性粒细胞。
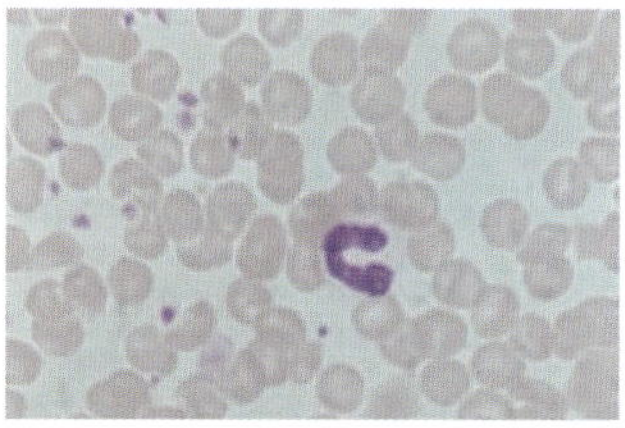
图 4-35　杆状核中性粒细胞
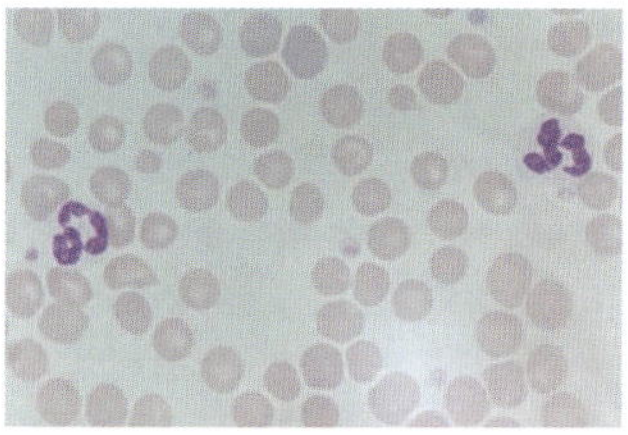
图 4-36　分叶核中性粒细胞</td></tr>
</table>

(三)异常形态

<table>
<tr><th>序号</th><th>内容</th><th colspan="2">方法</th></tr>
<tr><td rowspan="3">1</td><td rowspan="3">毒性变化</td><td colspan="2">犬猫发生严重的炎性疾病和毒血症时,中性粒细胞的形态学变化十分明显。形态学变化的程度与炎症和毒血症的强度成比例。中毒性中性粒细胞可发生大小不均、中毒颗粒、空泡化、杜勒小体、退行性变等形态特征,有时细胞核会出现环形核。</td></tr>
<tr><td>中毒颗粒</td><td>在严重化脓性感染及大面积烧伤等情况下,中性粒细胞的胞质中出现比正常中性颗粒粗大、大小不等、分布不均的紫黑色或深紫褐色颗粒,这种颗粒称为中毒颗粒,分为轻度中毒颗粒(图 4-37)、中度中毒颗粒(图 4-38)和重度中毒颗粒(图 4-39)。</td></tr>
<tr><td colspan="2">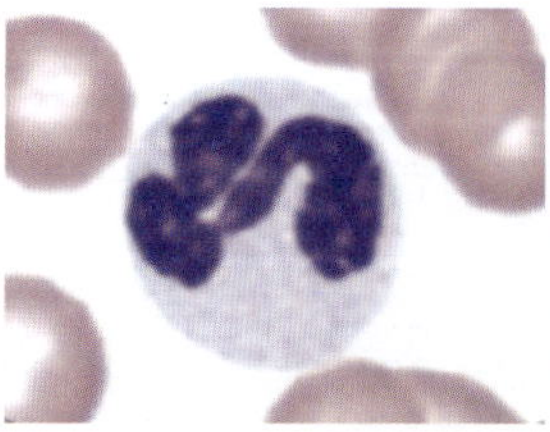
图 4-37　轻度中毒颗粒
(引自 IDEXX 血细胞指南)
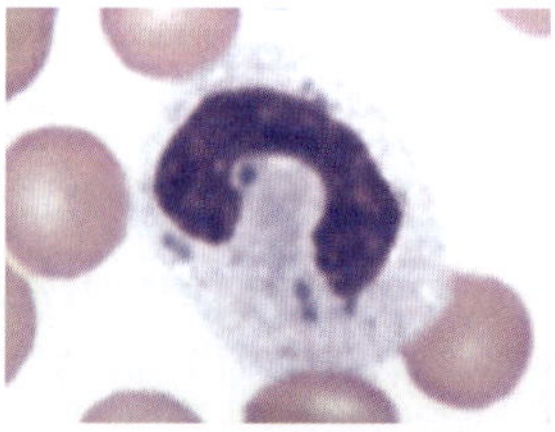
图 4-38　中度中毒颗粒
(引自 IDEXX 血细胞指南)
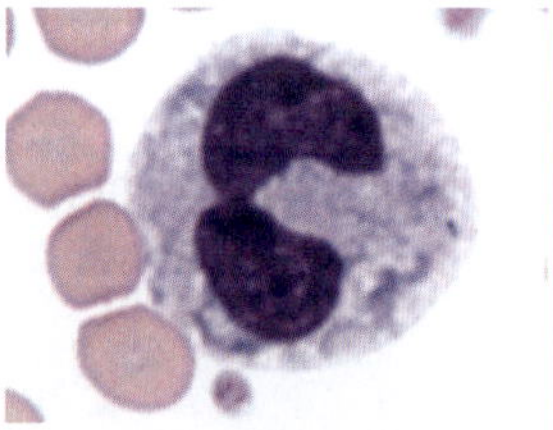
图 4-39　重度中毒颗粒
(引自 IDEXX 血细胞指南)</td></tr>
</table>

续表

<table>
<tr><th>序号</th><th>内容</th><th colspan="2">方法</th></tr>
<tr><td rowspan="3">1</td><td rowspan="3">毒性变化</td><td>空泡化</td><td>中性粒细胞的胞质或胞核出现不规则的空泡，是细胞发生脂肪变性或颗粒缺失的结果，常见于严重感染等。EDTA 抗凝贮存血液中的细胞也可出现退行性空泡（图 4-40）。
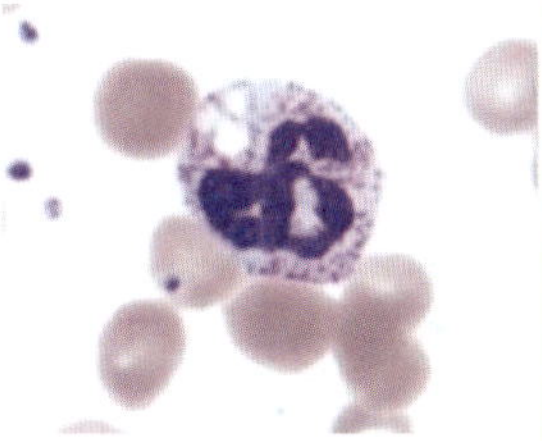
图 4-40　空泡化
（引自 Margi Sirois，2022）</td></tr>
<tr><td>杜勒小体</td><td>杜勒小体（Dohle 小体）是一个或者多个不规则的嗜碱性细胞质包涵体，呈深蓝色或灰色，直径大小为 1～2 μm（图 4-41）。杜勒小体是胞质局部不成熟的表现。常见于严重感染，如肺炎、败血症等。
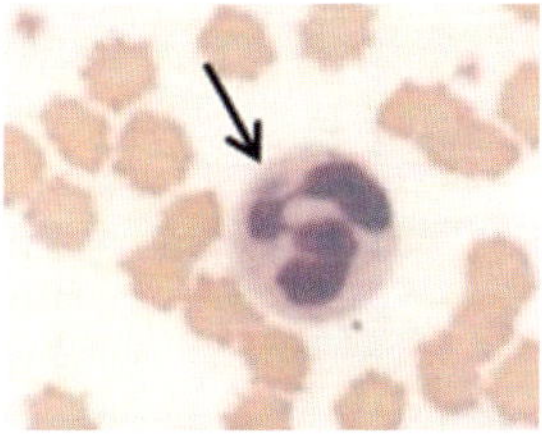
图 4-41　杜勒小体
（引自 Margi Sirois，2022）</td></tr>
<tr><td>退行性变</td><td>细胞发生胞体肿大、结构模糊、边缘不清晰、核固缩、核肿胀和核溶解（如染色质模糊、疏松）等现象（图 4-42）。常见于衰老和病变的细胞。
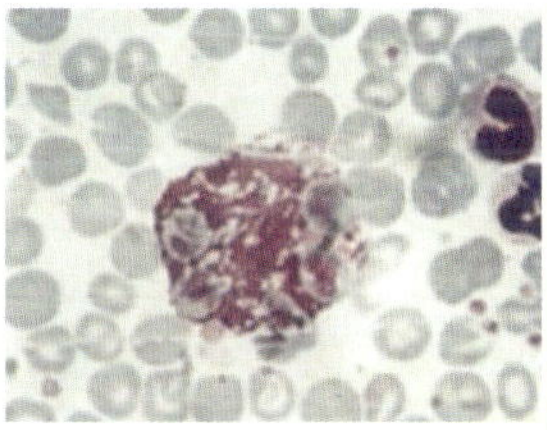
图 4-42　退行性变
（引自 Margi Sirois，2022）</td></tr>
<tr><td rowspan="2">2</td><td rowspan="2">核象变化</td><td colspan="2">中性粒细胞的核象变化是指其细胞核的分叶状态，它反映白细胞的成熟程度，而核象变化又可反映某些疾病的病情和预后（表 4-2）。正常时，外周血中性粒细胞的分叶是以 2～3 叶为多，也可见少量杆状核中性粒细胞。</td></tr>
<tr><td>核左移</td><td>外周血液中未成熟的中性粒细胞增多，即中性幼年核和杆状核粒细胞的比例升高，称为核左移，是急性炎症的标志。
核左移可分为再生性核左移和退行性核左移。再生性核左移以成熟的中性粒细胞为主，仅出现少量杆状中性粒细胞，是对炎症的正常反应，提示骨髓造血功能和释放能力旺盛，机体抵抗力强。多见于急性化脓性感染、急性中毒、急性溶血和急性失血等。退行性核左移是指杆状中性粒细胞及更幼稚的中性粒细胞数量超过成熟的中性粒细胞，多伴随中性粒细胞减少。提示骨髓释放功能受到抑制，机体抵抗力差，预后谨慎或不良。见于再生障碍性贫血、粒细胞缺乏症等。</td></tr>
</table>

续表

序号	内容	方法	
2	核象变化	核右移	分叶核中性粒细胞大量增加，核的分叶数目增多(≥5 个)，称为核右移。当中性粒细胞在血液中循环时间过长时，过度分叶的中性粒细胞会伴随衰老而出现。糖皮质激素会抑制中性粒细胞从血管内迁移并延长其循环时间，因此核右移常发生在使用糖皮质激素或肾上腺皮质功能亢进的动物。造血物质缺乏或造血功能减退所致的核右移较少见，如巨幼细胞贫血、骨髓性白血病、动物骨髓发育不良等。

表 4-2　中性粒细胞的核象变化

	未成熟中性粒细胞				过渡期	分叶核中性粒细胞			
细胞类型	原粒	早幼粒	中幼粒	晚幼粒	杆状核	2 叶	3 叶	4 叶	5 叶
	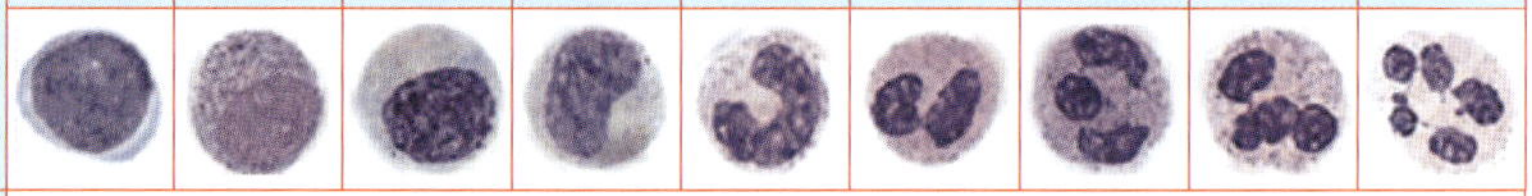								
分布曲线	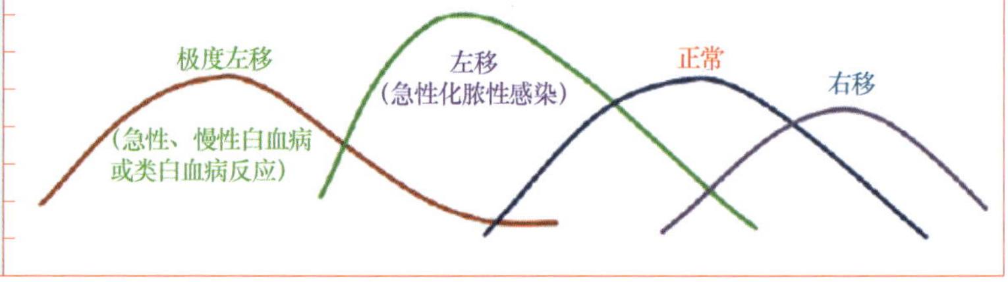								

三、嗜酸性粒细胞

(一)概述

序号	内容	方法
1	生成	嗜酸性粒细胞生成于骨髓，其过程与中性粒细胞相似，有循环池和边缘池，但无骨髓贮存池。
2	功能	嗜酸性粒细胞的主要功能是缓解过敏反应和限制炎症过程。当寄生虫抗原或过敏原与肥大细胞上的特定 IgE 结合时，肥大细胞发生脱粒并释放能产生嗜酸性粒细胞的组胺。嗜酸性粒细胞具有有限的吞噬功能。嗜酸性粒细胞对蠕虫感染尤为重要，但难以吞噬这些寄生虫，主要通过释放细胞毒性介质分布在虫体周围。

(二)正常形态

序号	内容	方法
1	大小	犬猫嗜酸性粒细胞直径 12～20 μm，与中性粒细胞相似或者稍大。
2	形态	嗜酸性粒细胞胞质中含有明显的嗜酸性颗粒，核分叶，分叶数少于中性粒细胞。不同动物嗜酸性粒细胞胞质内的颗粒形态存在差异。 犬嗜酸性粒细胞细胞核分叶或者部分分叶，染色质浓密、深紫色；细胞质内含有大小和数量不等的圆形橙红色颗粒(图 4-43)。 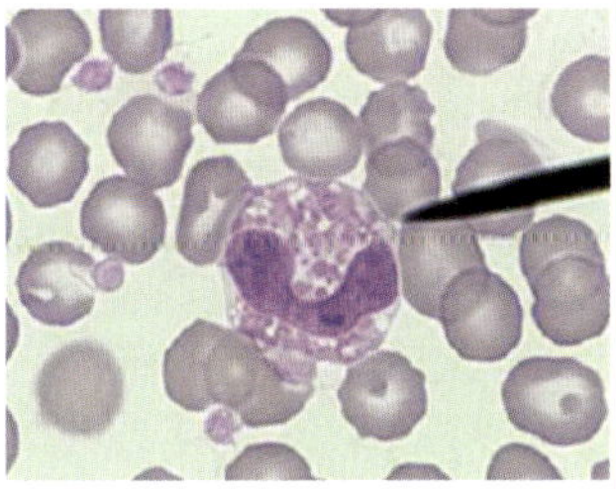 图 4-43 犬嗜酸性粒细胞 猫嗜酸性粒细胞细胞核分叶或者部分分叶，染色质深紫色；细胞质内含有大量淡粉色的棒状颗粒(图 4-44、图 4-45)。 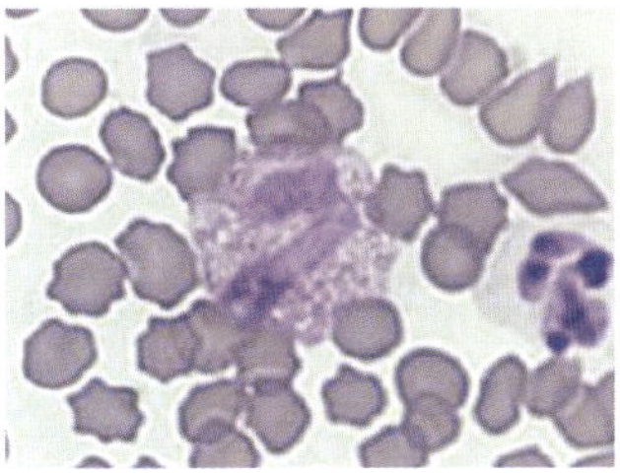 图 4-44 猫嗜酸性粒细胞 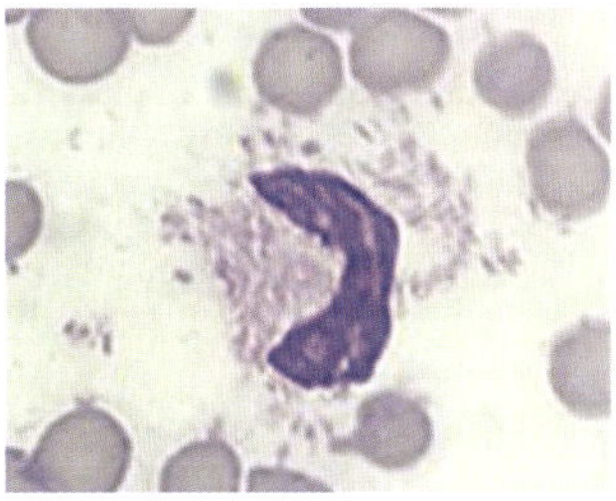 图 4-45 猫嗜酸性粒细胞在细胞膜制备涂片中破裂，可清晰看到棒状颗粒

四、嗜碱性粒细胞

(一)概述

序号	内容	方法
1	生成	嗜碱性粒细胞生成于骨髓，与组织肥大细胞都源于骨髓造血干细胞。嗜碱性粒细胞不会发育成肥大细胞，但两者功能相似。嗜碱性粒细胞只在血液循环中存在几个小时，之后转移进入组织，可在组织内停留数周。
2	功能	嗜碱性粒细胞表面具有 IgE 受体，与 IgE 抗体介导的超敏反应有关，细胞本身不具吞噬能力。与嗜碱性粒细胞和肥大细胞有关的超敏反应常位于皮肤、肠道和呼吸道。 嗜碱性颗粒中含有组胺和肝素。嗜碱性粒细胞和肥大细胞释放的组胺，在一些速发型过敏反应中起着重要作用，如荨麻疹、急性过敏。组胺增加局部炎症区域的通透性，有利于其他白细胞的游走和吞噬活动。释放肝素与抗凝血酶相互作用而抑制局部凝血，在炎症反应中起着重要作用。

(二)正常形态

序号	内容	方法
1	大小	嗜碱性粒细胞直径 12～20 μm。
2	形态	细胞核与单核细胞类似,与嗜酸性粒细胞大小相似,细胞核为分叶核。 犬细胞质内颗粒很少或完全没有,呈紫色或蓝黑色(图 4-46)。 猫嗜碱性粒细胞中含有大量圆形、淡紫色或灰色的颗粒(图 4-47)。 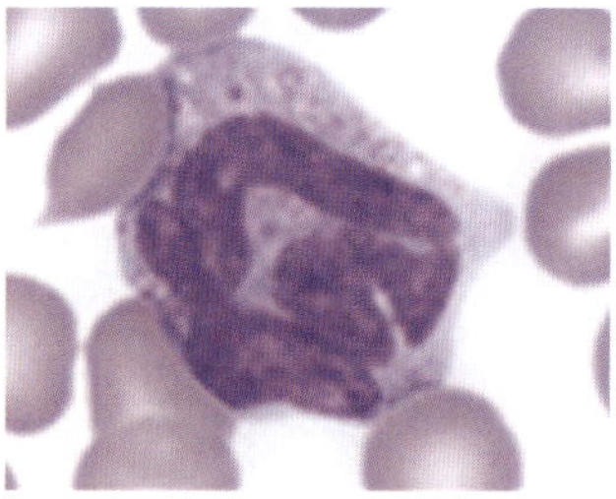 图 4-46 犬嗜碱性粒细胞 (引自 IDEXX 血细胞指南) 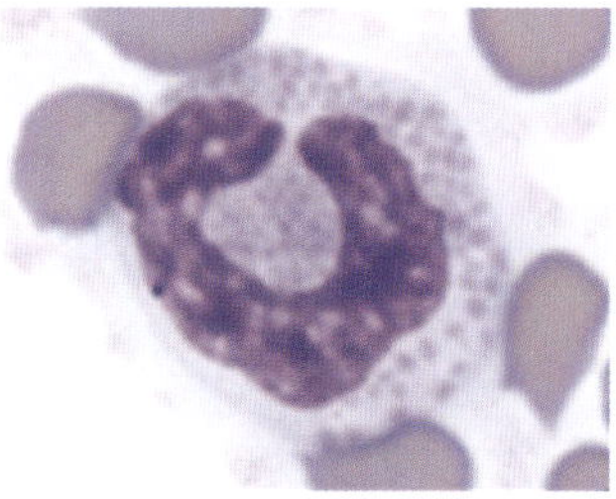 图 4-47 猫嗜碱性粒细胞 (引自 IDEXX 血细胞指南)

五、单核细胞

(一)概述

序号	内容	方法
1	生成	单核细胞起源于骨髓。单核细胞不同于粒细胞,它们以未成熟的形态释放进入外周血液,然后转运至各个组织,在组织内分化形成巨噬细胞、上皮细胞或者多核型炎性巨细胞。循环中的单核细胞与骨髓内中性中幼粒细胞的分化程度相当。单核细胞有循环池和边缘池,但没有骨髓贮存池,很少在骨髓涂片上发现或评价单核细胞。
2	功能	单核细胞具有变形能力和吞噬能力,可以渗出血管变成巨噬细胞,与组织中的巨噬细胞构成单核-吞噬细胞系统,这是循环吞噬系统的第二大分支(中性粒细胞是第一大分支)。 特异的巨噬细胞的功能包括:吞噬作用(如吞噬炎症部位的凋亡细胞和细胞碎片);通过释放炎性介质来调节炎症反应(如趋化因子、前列腺素、补体片段);进行抗原处理以提呈给淋巴细胞;参与激活免疫应答;参与调节机体的铁存贮;通过释放肿瘤坏死因子参与抗体介导的细胞毒性反应以对抗肿瘤细胞。

(二)正常形态

序号	内容	方法
1	大小	单核细胞较大,直径 15～20 μm。
2	形态	细胞核形状不规则,有时呈肾形、花边状网状染色质,胞浆呈蓝灰色,可能含有空泡或细小的粉色颗粒(图 4-48)。 在使用新鲜未抗凝血液制备的血涂片中,单核细胞通常呈圆形,没有细胞质空泡;使用 EDTA 抗凝血制备的血涂片中,单核细胞呈现具有伪足的不规则边缘。通常含有细胞质空泡。单核细胞的细胞核形状不一,可以通过细胞质特点和细胞大小加以区分。 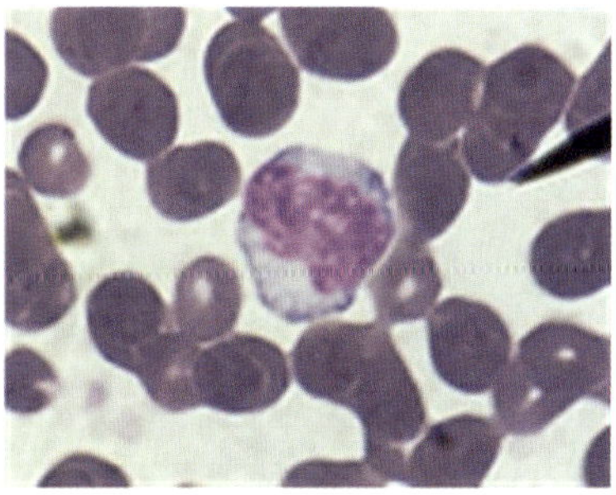 图 4-48 单核细胞

(三)异常形态

序号	内容	方法
1	分化为巨噬细胞	若血液中需要吞噬作用,循环单核细胞即可分化为巨噬细胞。常驻的巨噬细胞包括:浆膜腔巨噬细胞、肝脏枯否细胞、肺泡巨噬细胞以及脾与淋巴结内的巨噬细胞。 分化时,细胞核变为圆形或椭圆形(图 4-49),细胞质变得更加丰富,细胞质空泡更加显著,还可能含有一些被吞噬的具有诊断意义的物质。如免疫介导性溶血性贫血时,巨噬细胞内吞噬有红细胞。 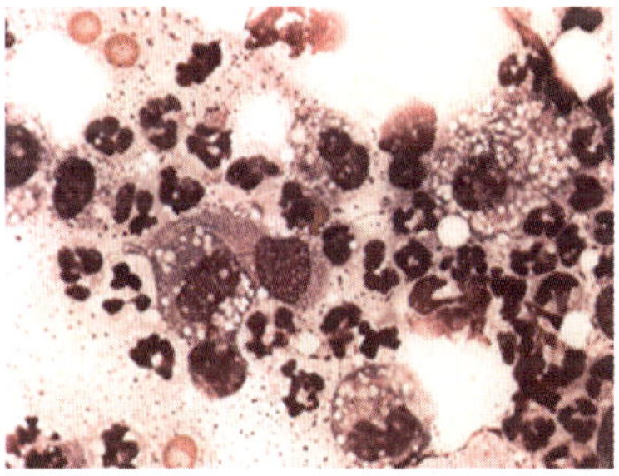 图 4-49 异常形态 (引自 Rebar A. H,MacWilliams P. S,Feldman B. F,等,2007)

六、淋巴细胞

(一)概述

序号	内容	方法
1	生成	外周血液淋巴细胞起源于骨髓或胸腺,主要贮存于淋巴组织中。健康犬猫循环淋巴细胞,大约有 70%来源于胸腺(T 淋巴细胞),大约有 30%来源于骨髓(B 淋巴细胞)。抗原决定簇是鉴别不同类型血液淋巴细胞的重要标志。

续表

序号	内容	方法
2	功能	淋巴细胞是特异性免疫系统细胞。B淋巴细胞在抗原刺激下可分化形成能产生抗体的浆细胞，参与体液免疫，T淋巴细胞通过形成并释放一些细胞因子来参与细胞免疫。 淋巴细胞在不同的淋巴组织之间来回移动，监视抗原并对抗原做出应答反应。血中的淋巴细胞通过识别内皮细胞上的特异性黏附分子以移动至淋巴组织中；随后淋巴细胞进入淋巴管，最终进入胸导管，胸导管回收淋巴细胞入血，可数次反复循环。每次循环，在血液中停留8～12 h，淋巴细胞可在血液中存活数月至数年。

(二)正常形态

序号	内容	方法
1	大小	正常淋巴细胞直径大小为9～20 μm。
2	形态	犬、猫的正常淋巴细胞形态相似。细胞核为圆形、椭圆形或轻微锯齿状，偏于细胞的一侧，染色质成块，细胞质为淡蓝色(图4-50)。由于细胞质较少，淋巴细胞的核/质的值(N/C)较高。 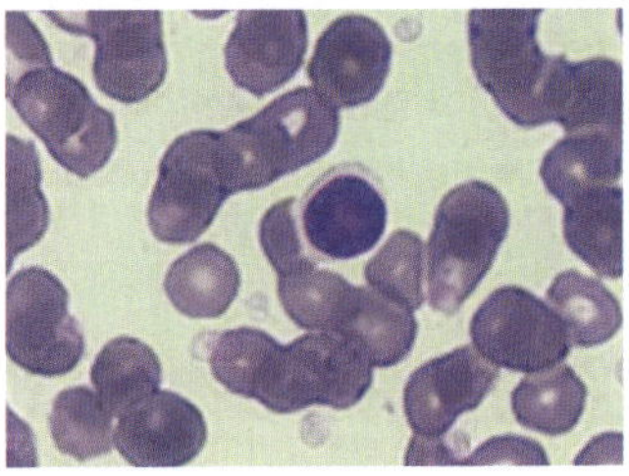 图4-50　正常淋巴细胞

(三)异常形态

序号	内容	方法
1	颗粒性淋巴细胞	颗粒性淋巴细胞大小不一，细胞核轻度增大，细胞质含量适中，呈轻度或中度嗜碱性，含有少量大小不等的嗜酸性颗粒，可能分散于细胞质内或者聚集分布于细胞核周围(图4-51)。这些细胞通常较大，称为“大颗粒性淋巴细胞”。健康动物体内含有少量颗粒性淋巴细胞，与细胞毒性T淋巴细胞或自然杀伤性(NK)淋巴细胞的功能相似。 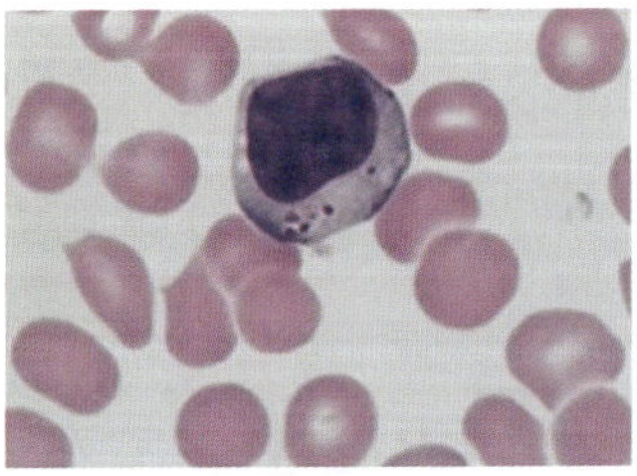 图4-51　颗粒性淋巴细胞 (引自Amy C. Valenciano，Rick L. Cowell，Theresa E. Rizzi，等，2022) 颗粒性淋巴细胞通过释放诱导细胞溶解的蛋白质发挥细胞毒性作用，以对抗肿瘤细胞或被病原微生物感染的细胞。颗粒性淋巴细胞增多，可见于肿瘤性疾病和非肿瘤性炎症(慢性免疫性刺激如犬慢性埃利希体病等)。

续表

序号	内容	方法
2	异型淋巴细胞	异型淋巴细胞是一种异常现象，可见于传染病和肿瘤疾病。异型淋巴细胞通常体积巨大，细胞核呈锯齿状或者有裂缝，细胞质内嗜苯胺蓝大颗粒不常见(图 4-52)。 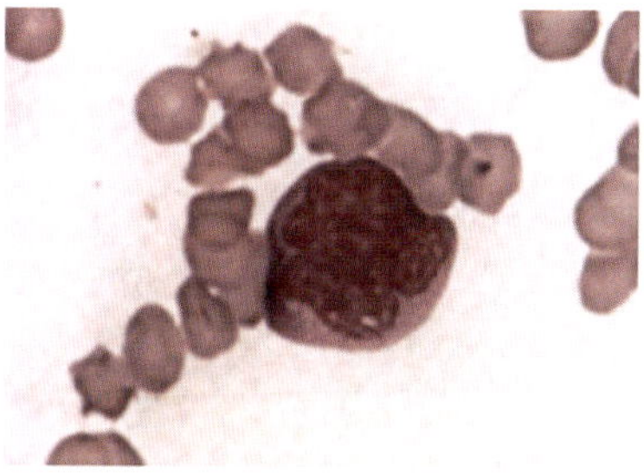 图 4-52 犬异型淋巴细胞 (引自 Rebar A. H，MacWilliams P. S，Feldman B. F，等，2007)
3	反应性淋巴细胞	受抗原刺激的淋巴细胞也称为反应性淋巴细胞、免疫细胞或者转化型淋巴细胞。反应性淋巴细胞代表机体对抗原刺激产生了适当反应。反应性淋巴细胞之间存在很大的形态差异。直径大小常在 15～20 μm，一般大于中性粒细胞，通常大小不一，细胞核大、具有网状染色质，细胞质呈淡蓝色至深蓝色，可分为轻微反应性淋巴细胞(图 4-53)、中度反应性淋巴细胞(图 4-54)和显著反应性淋巴细胞(图 4-55)。 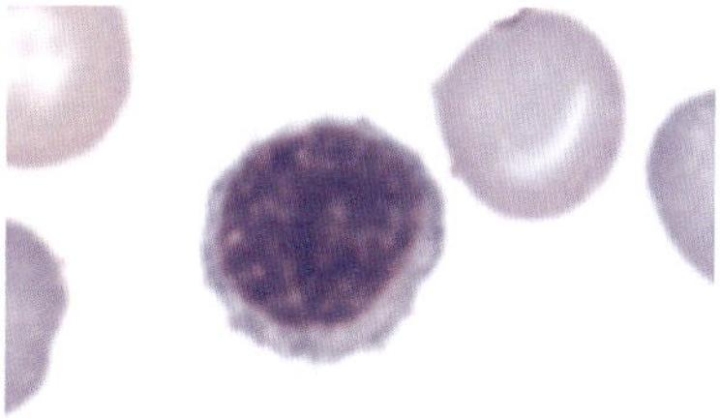 图 4-53 轻微反应性淋巴细胞 (引自 IDEXX 血细胞指南) 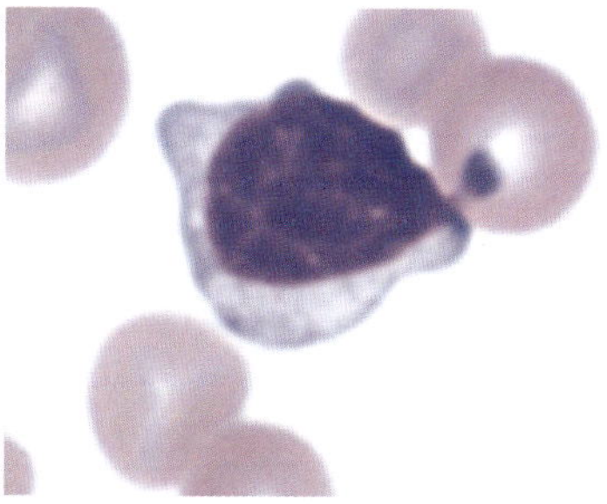 图 4-54 中度反应性淋巴细胞 (引自 IDEXX 血细胞指南) 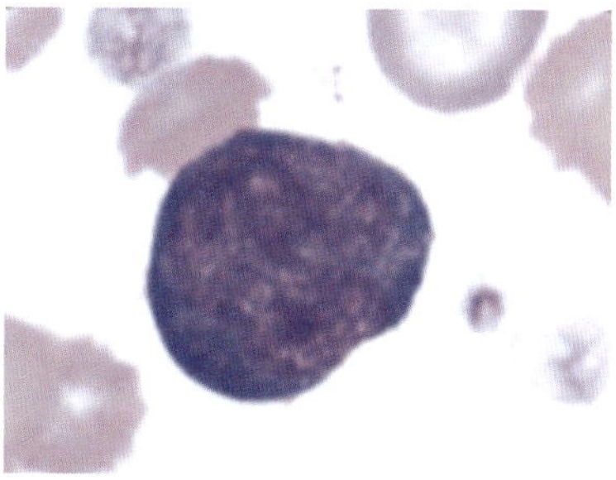 图 4-55 显著反应性淋巴细胞 (引自 IDEXX 血细胞指南)

课后思考

1. 何为核左移、核右移？其临床意义有哪些？
2. 如何通过形态学特征区分中性粒细胞与单核细胞？
3. 如何通过形态学特征区分有核红细胞与淋巴细胞？

任务三 血小板形态学分析

训练目标	1. 熟知血小板的生理功能。 2. 熟练掌握血小板的正常形态。 3. 能准确识别异常血小板形态，并能判断其临床意义。
主要仪器设备与场地	1. 保定用具、工作服、载玻片、盖玻片、EDTA 抗凝血、微量吸管、洗耳球、染液、蒸馏水、吸水滤纸、计时器、记号笔、香柏油、擦镜纸、乙醇-乙醚溶液、光学显微镜、碘伏棉球、75%酒精棉球、压脉带、2 mL 注射器、电剪、治疗盘、利器盒和医疗废弃物收集桶。 2. 实验动物、宠物疾病临床检验实训室。

二维码 4-5　血小板形态分析(微课)

训练内容与步骤

一、白小板概述

序号	内容	方法
1	生成	血小板来源于骨髓巨核细胞，是外周血中最小的有形成分。
2	破坏	犬、猫血小板在血管内的寿命一般为 3～7 d。衰老的血小板可在脾、肝、肺组织中被吞噬。
3	功能	血小板最重要的功能是参与止血，通过封住较小的内皮缺损来维持血管的完整性；参与初期伤口修复；在炎症反应中发挥重要作用。

二、正常血小板形态

序号	内容	方法
1	犬	大小：直径为 2.2～3.7 μm，厚 0.5 μm，约为红细胞大小的 1/10（图 4-56）。 形状：盘状、椭圆形，两面稍凸或扁平，边缘平滑。淡蓝色、无核。 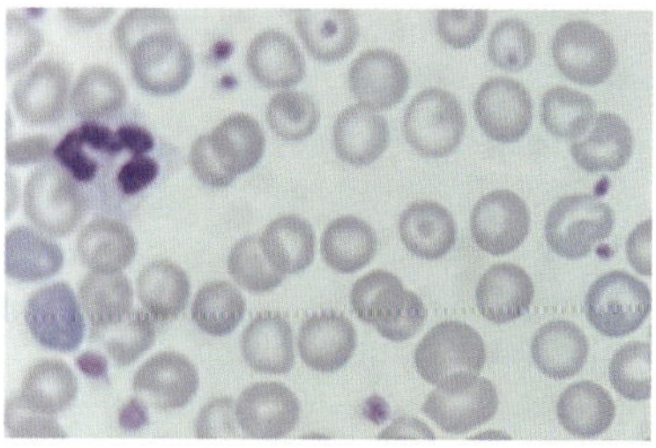 图 4-56　犬正常血小板
2	猫	大小：通常大小不一，大的和红细胞一样大小（图 4-57）。 形状：球体小，有时会稍显拉长；猫的血小板在样本采集和处理过程中容易活化，常聚集成簇，形成一些无定形的团块，造成血小板计数假性降低。 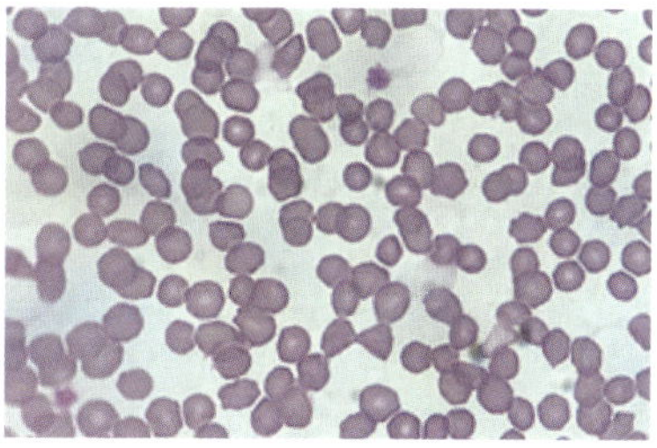 图 4-57　猫正常血小板

三、异常血小板形态

序号	内容	方法
1	凝集簇	由一群血小板组成，形成小团块或者聚集块（图 4-58）。血小板凝集簇体积偏大，常聚集在羽状缘，也有小的凝集簇分散在单细胞层。血小板凝集通常由人为原因造成，血小板在样本采集和处理时活化，从而发生凝集。活化的血小板（图 4-59）外观呈蜘蛛状，应避免与感染性病原体相混淆。 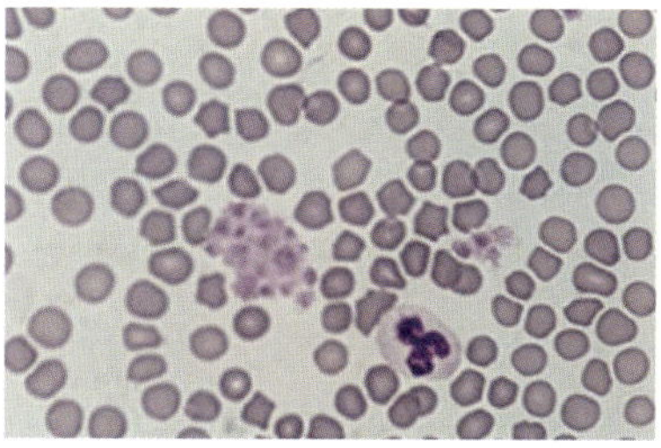 图 4-58　血小板聚集块 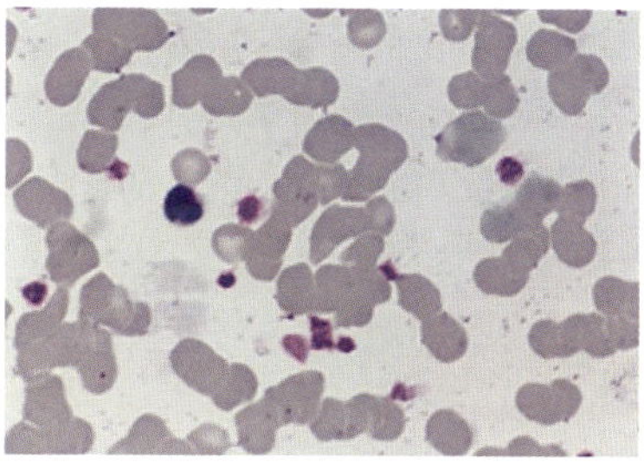 图 4-59　活化血小板

续表

序号	内容	方法
2	微血小板	当出现大量微血小板时，多意味着免疫介导性疾病处于早期（图 4-60）。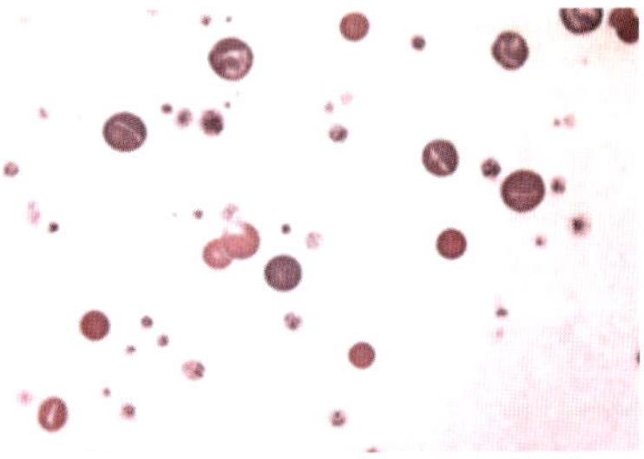 **图 4-60　微血小板**（引自 Rebar A. H，MacWilliams P. S，Feldman B. F，等，2007）
3	大小不等	血小板大小不等和出现大量的巨型血小板时，表示骨髓释放幼稚血小板。通常见于反应性血小板减少症（图 4-61）。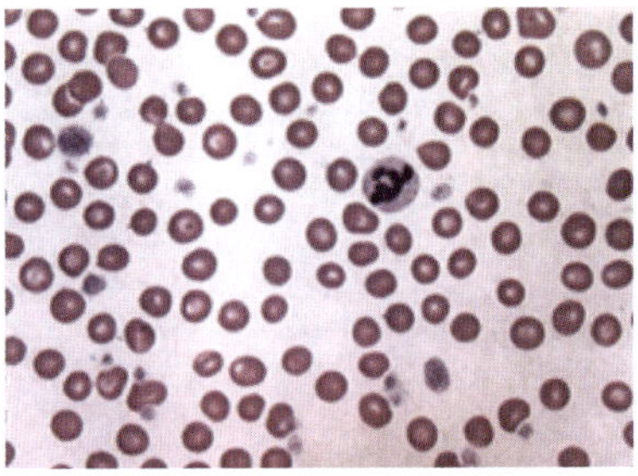 **图 4-61　血小板大小不等**（引自 Rebar A. H，MacWilliams P. S，Feldman B. F，等，2007）
4	雪茄状	出现拉长的、雪茄状的血小板时，表示有局灶性或全身性出血。
5	大颗粒	出现含有少量大颗粒的血小板或者颗粒较少的血小板时，表明骨髓发育异常，建议进行骨髓检查。

课后思考

1. 简述血小板的生成与破坏过程。
2. 简述犬、猫血小板的正常形态。
3. 试述异常血小板形态的临床意义。

真题训练

1. 犬巴贝斯虫寄生于犬的（　　）。【2012 年执业兽医资格考试真题】

A. 红细胞　　B. 淋巴细胞　　C. 巨噬细胞
D. 中性粒细胞　　E. 浆细胞

答案：A

答案解析 巴贝斯虫是寄生于红细胞内的原虫，导致患病宠物出现贫血、黄疸和血红蛋白尿。

2. 过渡型中性粒细胞是指(　　)。【2012 年执业兽医资格考试真题】

A. 原粒细胞　　B. 中幼粒细胞　　C. 杆状核粒细胞

D. 3 叶核粒细胞　　E. 5 叶核粒细胞

答案：C

答案解析 外周血中中性粒细胞核象指的是中性粒细胞细胞核的形态变化，分为未成熟中性粒细胞(如原粒细胞、早幼粒细胞、中幼粒细胞、晚幼粒细胞)、过渡型中性粒细胞(如杆状核粒细胞)、分叶核中性粒细胞。

3. 犬，2 岁，近期未外出，突然发病，精神沉郁，不愿活动，眼结膜黄染，心跳增快，气喘，尿液呈红棕色；体温 38.1 ℃。血细胞镜检可见红细胞表面海因茨小体。抗菌药治疗无效。最可能的致病原因是(　　)。【2018 年执业兽医资格考试真题】

A. 附红细胞体感染　　B. 巴贝斯虫感染　　C. 钩端螺旋体感染

D. 农药中毒　　E. 洋葱中毒

答案：E

答案解析 犬、猫采食洋葱后易引起红细胞氧化损伤，表现为以血红蛋白尿、贫血为临床特征的一种中毒病。

(4～6 题共用备选答案)【2020 年执业兽医资格考试真题】

A. 晚幼中性粒细胞　　B. 杆状核中性粒细胞　　C. 分叶核中性粒细胞

D. 淋巴细胞　　E. 单核细胞

4. 犬，血液学检查，细胞大小约为红细胞 2 倍；细胞浆呈粉红色，其中有粉红色或蓝色微细颗粒；细胞核呈马蹄形或腊肠形，染色呈淡紫蓝色，核染色质细致。该类细胞是(　　)。

答案：B

答案解析 根据题意，细胞浆呈粉红色，其中有粉红色或蓝色微细颗粒，可确定为中性粒细胞。细胞核呈马蹄形或腊肠形，可判断为杆状核中性粒细胞。

5. 猫，血液学检查，细胞浆呈蓝色或粉红色，其中含有红色或蓝色颗粒。细胞核呈椭圆形，紫红色，染色质细致，该类细胞是(　　)。

答案：A

答案解析 根据题意，细胞浆呈蓝色或粉红色，其中含有红色或蓝色颗粒，可确定为中性粒细胞。细胞核呈椭圆形，可判断为晚幼中性粒细胞。

6. 猫，血液学检查，细胞如红细胞大小；细胞浆少，呈天蓝色，其中有少量嗜天青颗粒；细胞核呈圆形，核染色质致密。该类细胞是(　　)。

答案：D

答案解析 根据题意，细胞呈天蓝色，可以排除中性粒细胞。单核细胞较大，该细胞如红细胞大小，可判断为淋巴细胞。

7. 用于防治巨幼红细胞性贫血症的药物是(　　)。【2021年执业兽医资格考试真题】

A. 维生素 B_{12}　　B. 维生素 C　　C. 硫酸亚铁

D. 促红细胞生成素　　E. 维生素 B_6

答案:A

答案解析 维生素 B_{12} 是红细胞生成所必需的重要营养素,缺乏维生素 B_{12} 会导致 DNA 合成障碍,红细胞无法正常分裂和增殖,进而引发巨幼红细胞性贫血。

8. 血液涂片镜检,胞核呈分叶状,胞质内含有多量橘红色颗粒的白细胞为(　　)。【2021年执业兽医资格考试真题】

A. 单核细胞　　B. 嗜碱性粒细胞　　C. 嗜酸性粒细胞

D. 中性粒细胞　　E. 淋巴细胞

答案:C

答案解析 嗜酸性粒细胞,其胞核多分为两叶,呈眼镜状,胞质内充满粗大、均匀、鲜红色的嗜酸性颗粒,这些颗粒有时可聚集成堆,将核掩盖。

9. 缺铁性贫血的红细胞形态特点是(　　)。【2022年执业兽医资格考试真题】

A. 小细胞,低色素　　B. 大细胞,低色素　　C. 小细胞,正色素

D. 大细胞,正色素　　E. 正细胞,正色素

答案:D

答案解析 铁是合成血红蛋白的重要原料,当铁元素不足时,血红蛋白的合成受阻,新生成的红细胞体积就会减小,从而表现出小细胞性贫血。另外,铁缺乏会导致血红素含量降低,进而使红细胞中的血红蛋白含量降低,红细胞呈现出低色素性。

10. 胞核呈圆形或卵圆形,细胞质淡染或无色的白细胞是(　　)。【2022年执业兽医资格考试真题】

A. 淋巴细胞　　B. 单核细胞　　C. 嗜碱性粒细胞

D. 嗜酸性粒细胞　　E. 中性粒细胞

答案:A

答案解析 淋巴细胞的胞核通常呈圆形或卵圆形,有的可呈不规则形,核染色质较疏松,着色偏深。细胞质较少,呈淡染或无色的透明状,有时可含有少量的嗜天青颗粒。

5

项目五　血液分析仪检验

知识目标	1. 了解血液分析仪的运行原理。 2. 了解血液分析仪的质量控制、故障排除方法。 3. 掌握血液分析仪检验的常规项目及临床意义。
能力目标	1. 熟练掌握血液分析仪的操作流程。 2. 能处理血液分析仪检验异常情况并采取相应解决措施。 3. 能准确解读血液分析仪的检验结果，进行综合分析与判断。 4. 能规范撰写血液分析检验报告。
素质目标	1. 具备高度的责任心和综合分析能力，确保检验结果的准确性和可靠性。 2. 培养创新思维与解决问题的能力，有效应对检验中的关键问题。 3. 提高持续学习与自我提升的意识，不断掌握新的检验技术和方法。

二维码 5-1　红细胞参数临床意义（微课）

任务一　红细胞参数临床意义

训练目标	1. 掌握红细胞参数的临床意义。 2. 能根据红细胞参数的变化进行判读。
主要仪器设备与场地	1. EDTA 采血管、血液分析仪、保定用具、工作服、治疗盘、碘伏棉球、75%酒精棉球、压脉带、2 mL 注射器、电剪、记号笔、利器盒和医疗废弃物收集桶。 2. 实验动物、宠物疾病临床检验实训室。

训练内容与步骤

一、红细胞计数(RBC)

(一)增多

序号	内容	临床意义
1	相对增多	由于血浆容量降低导致的血液浓缩，动物机体内红细胞总数不变。可见于： (1)脱水。呕吐、腹泻、多尿、水分摄取减少等。 (2)休克。外伤性休克、过敏性休克和急腹症性休克等。 (3)脾脏收缩。肾上腺素释放引起脾脏收缩，释放脾内的贮存血细胞，继而导致一过性轻度或中度红细胞增多症。 (4)大面积烧伤。
2	绝对增多	红细胞生成增加导致红细胞总数增多。动物表现为全身无力，运动耐受性降低，可视黏膜呈赤红色或发绀。可见于： (1)原发性红细胞绝对增多。又称真性红细胞增多症或原发性红细胞增多症。患病动物的 EPO 水平一般正常或降低，见于骨髓增生等原发性疾病。 (2)继发性红细胞绝对增多。EPO 水平升高，多见于非造血系统疾病。 ①慢性缺氧、心脏疾病、肺脏疾病或两者同时存在而继发的缺氧，或处于高海拔地区，使 EPO 分泌增加，导致红细胞生成增加。 ②红细胞生成素分泌异常。见于肾肿瘤、肝细胞瘤、肾囊肿、肾上腺皮质功能亢进等，这些疾病可在不缺氧的条件下导致促红细胞生成素分泌增加。

(二)减少

序号	内容	临床意义
1	正常减少	(1)年龄因素。正常幼龄犬猫红细胞数较成年犬猫少 10%～20%，其血红蛋白含量和红细胞比容相对较小。老年犬猫红细胞计数减少。 (2)生理因素。妊娠期红细胞数减少。
2	相对减少	积极的补液治疗或其他原因使血浆容量增加，而导致血液稀释，红细胞总数并未减少。
3	生成减少	一般为非再生性贫血，临床上见于下列情况。 (1)促红细胞生成素分泌抑制。 ①慢性疾病性贫血：又称炎性贫血。炎症导致细胞因子过量释放，

续表

序号	内容	临床意义
3	生成减少	EPO 生成减少、作用降低，贮存铁利用率降低等。各种感染性、炎性和肿瘤性疾病都可导致慢性贫血。 ②慢性肾衰：肾小管周围细胞功能丧失导致 EPO 生成减少；尿毒症可抑制红细胞生成，造成血管内溶血。 ③营养代谢性疾病：甲状腺功能减退造成代谢速度降低、需氧量下降，导致轻度非再生性贫血；肾上腺皮质功能减退导致 EPO 活性下降，引发轻度贫血；营养不良性贫血，如缺乏铁、铜、维生素 B_{12} 及叶酸。 ④药物和毒物：雌激素、氯霉素、保泰松、磺胺嘧啶及化疗药物等。 (2)多种感染。犬细小病毒病、猫泛白细胞减少症、猫白血病病毒感染、猫免疫缺陷病毒感染、犬埃利希体病等。 (3)骨髓疾病(发育不全或再生障碍)。骨髓纤维化、骨髓坏死、恶性肿瘤、纯红细胞再生障碍等。 (4)辐射。
4	丢失增加	一般为再生性贫血，通常是红细胞丢失或破坏增加，临床上见于下列情况。 (1)出血或失血。分为急性出血和慢性出血，内出血和外出血。当失血少于 3 d 时，表现为非再生性贫血(因再生性贫血未表现出再生性反应)。 (2)溶血。 ①血管内溶血：指红细胞在血管内破裂。见于氧化损伤(如洋葱和大葱中毒、对乙酰氨基酚中毒、锌中毒)、细菌感染、红细胞内外寄生虫病(如巴贝斯虫病、嗜血支原体)、免疫介导性疾病(如不相称的输血、新生幼犬溶血和自身免疫溶血性贫血)、遗传性溶血性贫血(如丙酮酸激酶缺乏、果糖磷酸激酶缺乏)、化学和植物毒物损伤、代谢紊乱、腔静脉综合征(如红细胞碎裂)等。 ②血管外溶血：指红细胞在脾脏和肝脏内被巨噬细胞清除和分解。见于脾脏功能亢进、红细胞变形性下降、球蛋白合成异常等。

二、红细胞比容(HCT)

序号	内容	临床意义
1	概述	红细胞比容又称为血细胞比容或红细胞压积(PCV)。HCT 是抗凝血在离心管内离心后获得的，红细胞是血细胞中比重最大的成分，离心后沉入管底，呈暗红色。

续表

序号	内容	临床意义
2	增高	见于原发性红细胞增多症、大面积烧伤以及各种因脱水引起的血液浓缩的疾病，如急性胃肠炎、渗出性胸膜炎和腹膜炎、呕吐、肠便秘等。血液样本放置过久会造成红细胞肿胀，引起 HCT 升高。 红细胞比容增高数值与脱水程度成正比，根据这一指标的变化可以判断补液的效果。
3	降低	主要见于各种贫血。 发生急性失血性贫血时，因为细胞成分和血浆等量丢失，红细胞比容最初处于正常参考值范围内。体液流失可能需要 12 h，才能造成 HCT 降低。发生急性溶血性贫血时，可立即出现 HCT 下降。

三、血红蛋白含量(HGB)

序号	内容	临床意义
1	增多	临床意义基本上同红细胞。 血红蛋白含量增多常见于机体脱水而血液浓缩的各种疾病，如腹泻、呕吐、大出汗、多尿等，也见于肠便秘、某些中毒病、真性红细胞增多以及心肺疾病时，由于代偿作用所致的红细胞增多，血红蛋白含量也相应增高。高脂血会导致血红蛋白含量升高的假象。
2	减少	血红蛋白含量减少，见于各种贫血、血孢子虫病、急性钩端螺旋体病、胃肠道寄生虫病及毒物中毒。 宠物贫血时，血红蛋白和红细胞减少程度不一样，临床上同时检验红细胞和血红蛋白，对贫血类型鉴别较有意义。如严重低色素性贫血时，血红蛋白减少比红细胞更明显；而红细胞性贫血时，红细胞减少比血红蛋白明显。在高脂血症时，常引起血红蛋白值增加。犬猫吃洋葱或大葱引起的溶血，病初血红蛋白增多，几天后减少。如果发生体腔内出血，血红蛋白前体可被循环再利用，血红蛋白水平不会出现明显下降。

四、平均红细胞体积(MCV)

序号	内容	临床意义
1	概述	每个红细胞的平均体积,表示平均红细胞的大小,单位为 10^{-15} L(fL)。计算方法: $$MCV(fL)=\frac{血细胞比容}{红细胞数}\times 10^{15}$$
2	增多	见于大细胞性贫血。正常幼犬猫比成年犬猫相对较大,MCH 也相对较多。 (1)再生性贫血时,骨髓活性增加,外周血液中未成熟红细胞增多,见于急性出血和溶血性贫血。 (2)维生素 B_{12} 和叶酸缺乏,引起巨幼红细胞性贫血。 (3)某些肝脏疾病、骨髓痨(全骨髓萎缩)、一些骨髓增殖性疾病,以及猫白血病病毒引起的非再生性贫血。 (4)健康迷你型和玩具型贵宾犬有正色素性大红细胞。 (5)人为因素(如凝血)。
3	减少	见于小细胞性贫血。 (1)铁、铜和维生素 B_6 缺乏症;慢性失血引起的小细胞低色素性贫血。 (2)尿毒症、慢性炎症或疾病(轻度减少)引起单纯性小细胞性贫血。 (3)门腔静脉分流。 (4)亚洲犬种(如松狮犬、秋田犬和柴犬)正常情况下有正色素性小红细胞。

五、平均红细胞血红蛋白含量(MCH)

序号	内容	临床意义
1	概述	每个红细胞内所含血红蛋白的平均量,单位为 10^{-12} g(pg)。计算方法: $$MCH(pg)=\frac{血红蛋白}{红细胞数}\times 10^{12}$$
2	增多	见于巨幼细胞性贫血(如维生素 B_{12} 和叶酸缺乏)和溶血,溶血性增多为假性增多。
3	减少	小细胞性贫血,见于铁、铜和维生素 B_6 缺乏,慢性失血,慢性炎症和尿毒症。

六、平均红细胞血红蛋白浓度(MCHC)

序号	内容	临床意义
1	概述	每升或每分升红细胞中所含血红蛋白克数，表示平均血细胞比容中血红蛋白浓度，单位为克/升(g/L)或克/分升(g/dL)。计算方法：$$\text{MCHC(g/L)}=\frac{\text{血红蛋白}}{\text{血细胞比容}}$$
2	增多	免疫介导性溶血性贫血（如球形红细胞增多症）和一些溶血症，由于增加了细胞外血红蛋白，产生假性增多，见于高脂血症、海因茨小体增多时，以及人为溶血时。 MCHC 绝对升高或红细胞内血红蛋白浓度绝对升高较少见，通常是人为因素造成的假性升高；高脂血症或海因茨小体由于干扰作用而引起血红蛋白浓度升高，也会造成 MCHC 假性升高。
3	减少	铁缺乏和网织红细胞增多，见于慢性失血性贫血。

根据红细胞指数(MCV、MCH、MCHC)的贫血分类，见表 5-1。

表 5-1　根据红细胞指数的贫血分类

贫血分类	MCV	MCH	MCHC	病因
正细胞正色素性贫血	正常	正常	正常	急性失血、急性溶血、再生性造血功能低下
大细胞正色素性贫血	>	>	正常	缺乏维生素 B_{12} 和叶酸，引起巨幼红细胞性贫血
小细胞正色素性贫血	<	<	正常	尿毒症、慢性炎症、严重肿瘤
小细胞低色素性贫血	<	<	<	慢性失血性贫血，铁、铜或维生素 B_6 缺乏症

再生性贫血和非再生性贫血的区别，见表 5-2。

表 5-2　再生性贫血和非再生性贫血的区别

检验方法	检验项目	再生性贫血	非再生性贫血
罗曼诺夫斯基染色	多染性红细胞	增多	无
	红细胞大小不均	增多	正常或增多
	晚幼红细胞	常能看到	有时看到
	嗜碱性颗粒	有时看到	有时看到
新亚甲蓝染色	网织红细胞	增多	极少或没有
红细胞指数	MCV	增大	随病因而变化
	MCHC	正常到减少	随病因而变化

续表

人为因素等导致红细胞参数变化，见表 5-3。

表 5-3 人为因素等导致红细胞参数变化

影响因素	PCV	HGB	MCV	MCHC	原因
样本陈旧	升高	/	升高	降低	红细胞肿胀
样本量少	降低	/	降低	升高	抗凝剂过多导致红细胞皱缩
样本溶血	降低	/	/	升高	样本采集不当导致红细胞大量被破坏
高脂血症	/	升高	/	升高	血液中脂类含量较高

七、红细胞体积分布宽度(RDW)

<table>
<tr><th>序号</th><th>内容</th><th>临床意义</th></tr>
<tr><td>1</td><td>概述</td><td>红细胞体积分布宽度用于反映红细胞体积大小不等程度的客观指标。红细胞体积分布宽度增大说明红细胞体积大小变化较大，如再生性贫血、缺铁性贫血等。缺铁性贫血时有明显增大，RDW 值对贫血诊断有重要意义，用于贫血形态学分类及缺铁性贫血的诊断和疗效评价。</td></tr>
<tr><td>2</td><td>增大</td><td>(1)贫血形态学分类：不同病因引起的贫血，其红细胞形态学特点不同。Bessman 按 MCV 和 RDW 两项参数将贫血分成六类，其分类法对贫血鉴别诊断有一定意义，见表 5-4。

表 5-4 贫血形态学分类
<table>
<tr><th>MCV</th><th>RDW</th><th>贫血类型</th><th>多见疾病</th></tr>
<tr><td rowspan="2">正常</td><td>正常</td><td>正常红细胞均一性贫血</td><td>急性失血性贫血</td></tr>
<tr><td>增大</td><td>正常红细胞非均一性贫血</td><td>再生障碍性贫血</td></tr>
<tr><td rowspan="2">增大</td><td>正常</td><td>大红细胞均一性贫血</td><td>部分再生障碍性贫血</td></tr>
<tr><td>增大</td><td>大红细胞非均一性贫血</td><td>巨幼红细胞性贫血、骨髓增生异常综合征</td></tr>
<tr><td rowspan="2">减小</td><td>正常</td><td>小红细胞均一性贫血</td><td>珠蛋白生成障碍性贫血、球形红细胞增多症</td></tr>
<tr><td>增大</td><td>小红细胞非均一性贫血</td><td>缺铁性贫血</td></tr>
</table>

(2)缺铁性贫血的诊断和疗效观察：缺铁性贫血，即使早期 MCV 值仍在参考值范围，RDW 值变大。当 MCV 值变小时，RDW 值变得更大。给铁治疗有效后，RDW 值增大，之后降到参考值范围。RDW 值变得更大的原因是补铁后网织红细胞和正常红细胞，以及给铁前小红细胞并存。随着正常红细胞增多，网织红细胞和小红细胞减少，逐渐变得正常。另外，缺铁性贫血与珠蛋白生成障碍性贫血的区别在于前者 RDW 值变大，后者 RDW 值基本正常，但两者的 MCV 值均变小。</td></tr>
</table>

八、网织红细胞计数

序号	内容	临床意义
1	概述	正常情况下，骨髓中有核红细胞并不释放至血液循环，只有网织红细胞和成熟的红细胞释放入血液中。网织红细胞是循环中未成熟的无核红细胞，胞质内含有残留的核糖核酸（RNA）、线粒体和细胞器，通过新亚甲蓝染色可见。通过网织红细胞计数可以区分再生性贫血和非再生性贫血，是反映骨髓造血功能的重要指标。贫血时网织红细胞生成并从骨髓释放需要 2～3 d，网织红细胞数量达到峰值需要 5～7 d，网织红细胞的计数对于临床评估犬或者猫生成全新红细胞的能力至关重要。
2	方法	网织红细胞计数的方法包括网织红细胞百分数、校正网织红细胞百分数和绝对网织红细胞数。网织红细胞百分数往往会高估骨髓反应，校正网织红细胞百分数和绝对网织红细胞数可以校正贫血时减少的红细胞总数的影响，但不能消除未成熟红细胞的影响。计算方法： 绝对网织红细胞数＝网织红细胞百分数×每微升红细胞总数 校正网织红细胞百分数＝网织红细胞百分数×（患病动物 PCV/正常平均 PCV*） **注：** *表示不同动物种类正常平均 PCV：犬为 45%，猫为 37%。
3	增多	表示骨髓生成红细胞旺盛，常见于溶血性贫血、急性失血等。 指示再生性反应的数值范围： 犬网织红细胞数＞80 000 个/μL，猫网织红细胞数＞60 000 个/μL。 犬校正网织红细胞百分数＞1%，猫校正网织红细胞百分数＞0.4%。
4	减少	见于骨髓造血功能减弱，如再生障碍性贫血。

课后思考

1. 试述红细胞计数增多与减少的临床意义。
2. 根据红细胞指数，贫血可分为哪几类？
3. 试述网织红细胞计数的临床意义。

任务二　白细胞参数临床意义

训练目标	1. 掌握白细胞参数的临床意义。 2. 能根据白细胞参数的变化进行判读。
主要仪器设备与场地	1. EDTA 采血管、血液分析仪、保定用具、工作服、治疗盘、碘伏棉球、75%酒精棉球、压脉带、2 mL 注射器、电剪、记号笔、利器盒和医疗废弃物收集桶。 2. 实验动物、宠物疾病临床检验实训室。

二维码 5-2　白细胞参数临床意义(微课)

训练内容与步骤

一、白细胞(WBC)

序号	内容	临床意义
1	概述	血液内红细胞的数量比白细胞多，血液样本中每个白细胞大约对应 500 个红细胞。白细胞包括中性粒细胞、嗜酸性粒细胞、嗜碱性粒细胞、单核细胞和淋巴细胞 5 种，其主要作用是保护机体免受诸如细菌、病毒和真菌等侵入性微生物的破坏。
2	增多	(1)假性增多。红细胞内海因茨小体、血小板或血小板聚集、脂血症等会导致白细胞假性增多。有核红细胞也会影响白细胞计数。大多数细胞计数法把有核红细胞计为白细胞。通过血涂片镜检进行白细胞分类计数时，需要单独记录有核红细胞数量。如果每 100 个白细胞中有超过 5 个有核红细胞，初始白细胞浓度应下调，以消除被计入的有核红细胞。当存在有核红细胞时，可校正白细胞计数，公式如下： 校正白细胞计数＝(白细胞计数×100)/(100＋有核红细胞) (2)生理性增多。以中性粒细胞增多为主，有时淋巴细胞也稍增多。常见于兴奋、疼痛、强烈运动、使役、采食、妊娠等。 (3)病理性增多。主要受中性粒细胞数增多的影响，常见于病原菌引起的局部或全身急性或慢性炎症和化脓性疾病、中毒、组织坏死、肾上腺皮质类固醇作用、骨髓增生性疾病等。

续表

序号	内容	临床意义
3	减少	(1)假性减少。大的血小板团块结合白细胞,使白细胞无法被识别;白细胞成簇或聚集,无法计为单个白细胞。 (2)病理性减少。见于病毒感染、休克、骨髓异常、淋巴肉瘤、药物等化学因素作用。另外,因脾功能亢进或肿大,也会增加血细胞的破坏和贮留。

二、中性粒细胞(NEU)

序号	内容	临床意义
1	增多	(1)生理性反应。由肾上腺素介导,见于兴奋、害怕、疼痛、焦虑、分娩、抽搐等。因心输出量和血流增加使成熟的中性粒细胞暂时从边缘池释放到循环池,一般在 30 min 内恢复,不出现核左移。此外,淋巴细胞增多,单核细胞、嗜酸性粒细胞和嗜碱性粒细胞变化较小,这种由肾上腺素介导的白细胞变化称为生理性白细胞象。 (2)应激或糖皮质激素治疗。受内源性和外源性类固醇激素影响,骨髓贮存池释放分叶中性粒细胞增多,同时边缘池的中性粒细胞释放到循环池,导致分叶中性粒细胞增多。此外还会出现单核细胞增多,淋巴细胞和嗜酸性粒细胞减少。这种由糖皮质激素诱导的白细胞变化称为应激性白细胞象。 (3)炎症。①感染,如细菌、病毒、真菌、寄生虫等。②溶血、出血、组织损伤或坏死、血栓形成、肿瘤等。③免疫介导性疾病,如免疫介导性溶血性贫血、多发性关节炎等。 (4)急性或慢性粒细胞性白血病(少见)。 (5)骨髓增生性疾病,如红细胞真性增多症、骨髓纤维化症初期等。 (6)杆状中性粒细胞增多。见于肝胆炎、出血性胃肠炎、急性大出血、脓胸、急性子宫炎、胆汁性腹膜炎和子宫蓄脓。 当外周血和骨髓贮存池中大量的分叶中性粒细胞迁移至炎症部位而大量消耗时,就会导致发生核左移。如果成熟的中性粒细胞的数量超过杆状中性粒细胞,表明再生性核左移;如果更多的杆状中性粒细胞生成,超过成熟的中性粒细胞数量,表明退行性核左移,一般提示预后不良。 (7)铁缺乏。可引起红细胞生成素分泌增多,使血小板增生、中性粒细胞增多,可能出现核左移。

续表

序号	内容	临床意义
2	减少	（1）炎症。组织的急性需求或剧烈消耗。中性粒细胞可快速聚集在发生急性炎症或腐败的、血管丰富的组织中。当中性粒细胞转移到组织的速度超过骨髓贮存池容量时，就会导致中性粒细胞减少症的发生。急性炎症或严重炎症时，机体来不及生成粒细胞以补充成熟中性粒细胞的供给。骨髓释放杆状中性粒细胞和晚幼粒细胞，从而导致严重的核左移。 （2）骨髓生成中性粒细胞减少。骨髓发生严重的中毒性损伤时，会导致中性粒细胞生成减少，红细胞以及血小板的生成也会受到影响。例如，细小病毒、猫白血病病毒、埃利希体感染；骨髓抑制如淋巴肉瘤、骨髓纤维变性、肉芽肿性疾病；灰黄霉素以及一些化疗药物。中性粒细胞严重减少的动物有可能出现败血症。 （3）破坏增多或无效生成。见于免疫介导性中性粒细胞减少症。 中性粒细胞核左移与核右移的临床意义见表5-5。

表 5-5　中性粒细胞核左移与核右移的临床意义

核象变化	NEU	临床意义
核左移	WBC与NEU增多	机体造血功能增强，表明动物机体在积极防病抗病，也是免疫介导性溶血性贫血的一个特征。
	NEU减少	骨髓造血功能降低，动物抗病能力减弱。
核右移	NEU增多	骨髓造血功能经过调整，能满足患病机体的需要，是预后良好的表现。
	NEU减少	见于严重性疾病，一般预后不良。

三、嗜酸性粒细胞（EOS）

序号	内容	临床意义
1	增多	（1）超敏反应（过敏性疾病）。包括皮肤、呼吸道、消化道或雌性生殖道过敏等，表现为轻度或中度增多。 （2）寄生虫感染。见于寄生在皮肤、呼吸道、肠道等体内外寄生虫引起的动物反应，尤其是内寄生虫表现明显。 （3）炎症引起的肥大细胞脱颗粒。 （4）肾上腺皮质功能减退。 （5）特发性嗜酸性疾病。嗜酸性肉芽肿性复合物、嗜酸性肠炎、嗜酸性粒细胞增多综合征、肥大细胞瘤等。

续表

序号	内容	临床意义
2	减少	嗜酸性粒细胞在生理状态下数量较少，因此如果出现嗜酸性粒细胞数量减少，其临床意义有限。可能伴随急性炎症或类固醇性白细胞象，或是使用了糖皮质激素治疗后造成的降低，也可能是本来基础值就偏低的结果。因此发现病例出现嗜酸性粒细胞数量低于参考范围的情况，一般不需要做特别的判读。

四、嗜碱性粒细胞(BASO)

序号	内容	临床意义
1	增多	常与嗜酸性粒细胞增多同时发生。见于过敏、寄生虫感染、肥大细胞瘤、嗜酸性肉芽肿、骨髓增生性疾病等。
2	减少	一般无临床意义。外周血液中很少能观察到嗜碱性粒细胞，因此很难判断嗜碱性粒细胞减少症。

五、单核细胞(MONO)

序号	内容	临床意义
1	增多	(1)皮质类固醇诱导。①应激。单核细胞从边缘池转移至循环池导致数量增多。②肾上腺皮质功能亢进。③糖皮质激素治疗。 (2)急性和慢性炎症。①传染性，见于细菌、真菌、原虫等感染。②非传染性，见于坏死、溶血、烧伤、肿瘤、无菌性炎症、出血、免疫介导性疾病等。 (3)单核细胞性或骨髓单核细胞性白血病。
2	减少	无临床意义。

六、淋巴细胞(LYM)

序号	内容	临床意义
1	增多	(1)生理性淋巴细胞增多。见于运动、兴奋等释放肾上腺素，引起淋巴细胞从淋巴组织转移(淋巴细胞能在动物机体血液中运动，通过淋巴管和血液循环后环绕体内循环)；正常幼犬、幼猫的淋巴细胞可能高达正常值的2倍。 (2)疫苗。抗原刺激，见于疫苗免疫注射后。

续表

序号	内容	临床意义
1	增多	(3)慢性感染。炎症诱导的抗原刺激，见于埃利希体病、立克次体病、结核病、布鲁氏菌病、自体免疫性疾病(如自身免疫性贫血、系统性红斑狼疮)等。常伴随中性粒细胞增多，可能出现核左移，单核细胞增多，球蛋白和血纤维蛋白原增多。 (4)淋巴细胞增生性肿瘤。如白血病(骨髓中的淋巴细胞增生)、淋巴瘤(淋巴组织中的淋巴细胞增生)。此时淋巴细胞增多，形态多变(小淋巴细胞、中淋巴细胞或大淋巴细胞)。 (5)肾上腺皮质功能减退。糖皮质激素缺乏，主要见于犬。 (6)某些血液寄生虫感染，如巴贝斯虫病、锥虫病。
2	减少	(1)内源性糖皮质激素影响。①应激。淋巴细胞从淋巴组织到静脉血的再循环减少，导致淋巴细胞减少。见于外伤、手术、疼痛、休克、冷热刺激。②肾上腺皮质功能亢进。 (2)外源性糖皮质激素影响。长期使用糖皮质激素，可能会出现淋巴细胞溶解。 (3)急性炎症。淋巴细胞迁移到发生炎症的组织。 (4)病毒感染。如犬瘟热、细小病毒病、猫传染性腹膜炎、猫白血病、免疫缺陷病毒病、犬传染性肝炎等。 (5)淋巴损失。见于淋巴管扩张、由乳糜渗漏而排出(如乳糜胸)等。 (6)淋巴细胞的产生受到损害。见于淋巴发育不全或发育缺失(如淋巴瘤时淋巴结破坏导致淋巴细胞生成异常)、化学疗法、X线照射和幼猫白血病时胸腺丧失功能。 (7)先天性免疫缺陷。如T细胞免疫缺乏。

课后思考

1. 导致白细胞生理性增多的原因有哪些？
2. 试述应激性白细胞象出现时白细胞的变化。
3. 试述嗜酸性粒细胞增多的临床意义。
4. 试述单核细胞增多的临床意义。
5. 试述淋巴细胞增多与减少的临床意义。

任务三 血小板参数临床意义

训练目标	1. 掌握血小板参数的临床意义。 2. 能根据血小板参数的变化进行判读。
主要仪器设备与场地	1. EDTA采血管、血液分析仪、保定用具、工作服、治疗盘、碘伏棉球、75%酒精棉球、压脉带、2 mL注射器、电剪、记号笔、利器盒和医疗废弃物收集桶。 2. 实验动物、宠物疾病临床检验实训室。

二维码 5-3 血小板参数临床意义(微课)

训练内容与步骤

一、血小板(PLT)

(一)增多

序号	内容	临床意义
1	生理性增多	兴奋可使猫正常形态血小板的数量突然增加。运动或者注射肾上腺素可引起暂时性血小板增多。
2	原发性增多	见于骨髓增生性疾病,以持续性的原发性血小板增多为特点。
3	反应性增多	以暂时性血小板计数升高为特征。见于肿瘤、免疫介导性疾病、失血、出血、骨折以及糖皮质激素和抗肿瘤药物治疗。

(二)减少

序号	内容	临床意义
1	生成异常	常见于骨髓发育不良、药物(如雌激素、磺胺嘧啶)使用诱发、病毒(如猫白血病病毒、猫免疫缺陷病毒)感染。

续表

序号	内容	临床意义
2	清除加快	常见于原发性免疫介导性血小板减少症，可卡犬、贵宾犬等具有品种易感性。继发性免疫介导性血小板减少症，常与全身自体免疫性疾病如免疫介导性溶血性贫血、肿瘤、病毒感染等有关，是犬最常见的凝血功能障碍。继发性非免疫性血小板减少症，常与弥散性血管内凝血（DIC）有关。
3	分布异常	与脾脏功能亢进和内毒素血症有关。
4	药物诱发	血小板生成减少、清除加快等，都有可能与使用抗生素、化疗药、抗惊厥药、抗病毒药等有关。

二、平均血小板容积(MPV)

序号	内容	临床意义
1	概述	用于评价血小板的大小，类似于红细胞大小与平均红细胞体积（MCV）。
2	增多	意味着反应性血小板生成。见于继发性血小板破坏、一些骨髓增生性疾病和甲状腺功能亢进。当使用 EDTA 抗凝，温度降至室温或冷藏，或与抗凝剂接触时间过长，没有及时检测时，会造成人为的 MPV 升高；采集的血液用柠檬酸抗凝并保存于 37 ℃待检，可减少 MPV 的变化。
3	减少	见于犬免疫介导性血小板减少症早期、骨髓功能衰竭等。MPV 和血小板同时减少，表明骨髓造血功能衰竭。

三、血小板分布宽度(PDW)

序号	内容	临床意义
1	概述	血小板大小的差异指数，与红细胞体积分布宽度（RDW）相似，有助于分析血涂片中的血小板。
2	增多	表示血小板体积大小悬殊。从血小板体积分布直方图上可以显示是否有异常大小的血小板存在。

四、血小板比容(PCT)

序号	内容	临床意义
1	增多	表明血小板或大血小板增多。
2	减少	表明血小板减小。

五、大血小板比率(P-LCR)

序号	内容	临床意义
1	增多	见于骨髓反应性增加了血小板的生成。
2	减少	见于缺铁性贫血。

课后思考

1. 导致血小板生理性增多的原因有哪些?
2. 试述血小板增多的临床意义。
3. 试述血小板减少的临床意义。

任务四 血液分析仪的使用

训练目标	1. 熟练掌握血液样本的处理措施。 2. 熟练掌握干式血液分析仪与全自动血液分析仪的操作步骤。 3. 了解血液分析仪的工作原理，掌握其常见故障及排除方法。
主要仪器设备与场地	1. EDTA 采血管、干式血液分析仪、全自动血液分析仪、适配器、保定用具、工作服、治疗盘、碘伏棉球、75%酒精棉球、压脉带、2mL 注射器、电剪、记号笔、利器盒和医疗废弃物收集桶。 2. 实验动物、宠物疾病临床检验实训室。

二维码 5-4 血液分析仪的检测原理(微课)

训练内容与步骤

一、干式血液分析仪的使用

(一)血液样本的处理

序号	内容	方法
1	抗凝管的选择	选择紫头管(EDTA 管或 CBC 管)(图 5-1),含有抗凝剂 EDTA-K_2或 EDTA-K_3。 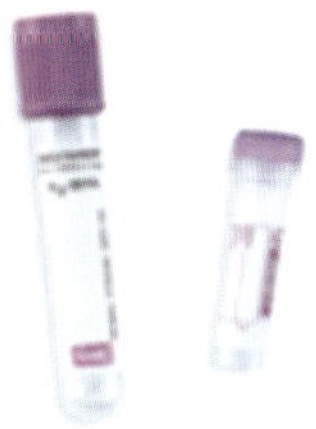 图 5-1 紫头管
2	血液样本的制备	采血后将注射器针头卸下,打开抗凝管(紫头管)盖子,快速缓和地将样本与管壁的 EDTA 混合(血量为 EDTA 管的 1/2～3/4)(图 5-2)。 样本转入紫头管后需立刻混合 30 s(将紫头管轻轻上下倒置至少 10 次)(图 5-3),应轻柔混合不要用力摇晃,因为细胞经碰撞易破损、溶血。 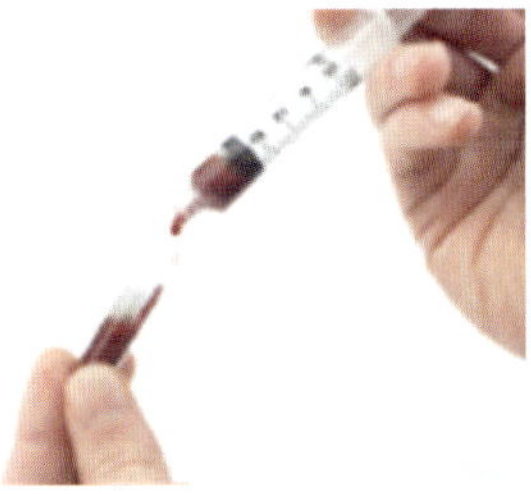 图 5-2 样本转入紫头管  图 5-3 混匀血液样本
3	血液样本的处理	(1)用镊子取出一支新的离心管,将离心管装到微量滴管上。安装方法:将微量滴管管口远离自己,把底部的管子顺时针旋松(图 5-4),把离心管有绿色标线的一端塞进微量滴管,塞到底。然后逆时针拧紧微量滴管底部的管子(图 5-5)。 **注意:**在打开装有血液的 EDTA 抗凝管吸取血液之前,须缓缓地将抗凝管上下倒置 10 次。 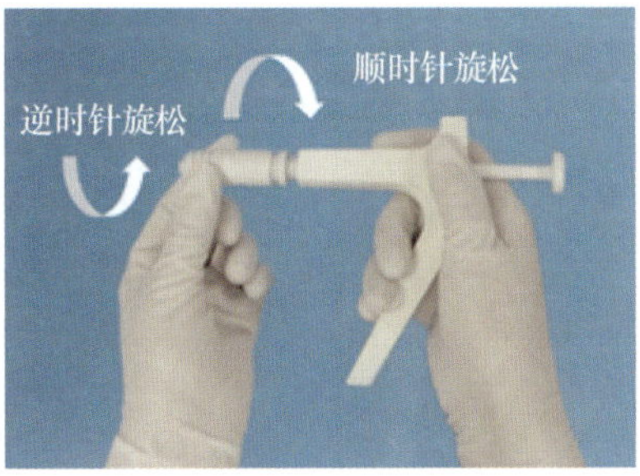 图 5-4 旋松微量滴管 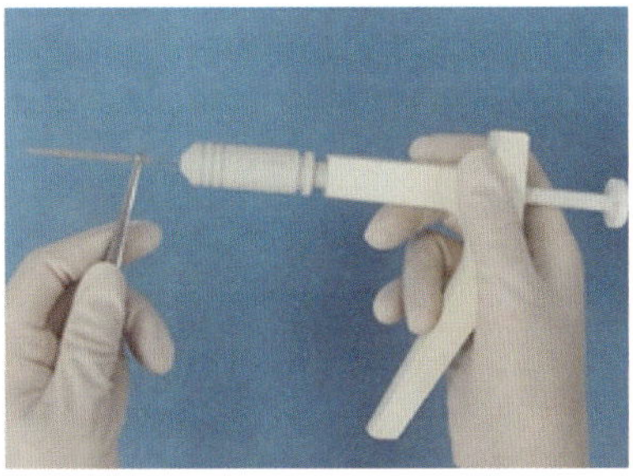 图 5-5 将离心管安装到微量滴管上

续表

<table>
<tr><th>序号</th><th>内容</th><th>方法</th></tr>
<tr><td>3</td><td>血液样本的处理</td><td>
(2)压下微量滴管的活塞，将离心管末端(有橙啶呈色剂的一端)深入样本液面下，轻轻释放活塞，将样本吸入离心管中(图 5-6)。务必确定血液达到 111 μL 的黑色标线。
(3)将微量滴管拿起来，用无尘纸小心擦拭离心管外部(图 5-7)，把离心管的底端插入软塞中，旋转半圈以确保软塞已牢固地拴上(图 5-8)。稍稍抬起微量滴管检查底部是否密封。若血液渗入软塞或者漏出，须用新的离心管重新操作。
(4)水平地持握微量滴管，小心地以往前转动的方式取出离心管(图 5-9)。
(5)以手指水平转动离心管至少 30 s，确定呈色剂和样本均匀混合(图 5-10)。
(6)水平拿着离心管，用镊子夹持一根浮标，让浮标完全塞入管子中(图 5-11)。
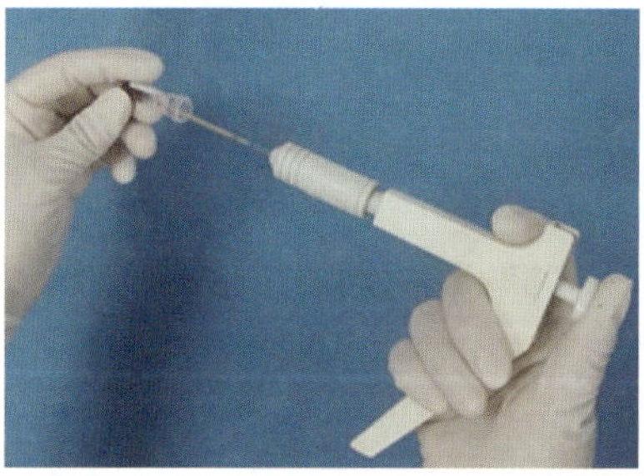
图 5-6　吸入样本
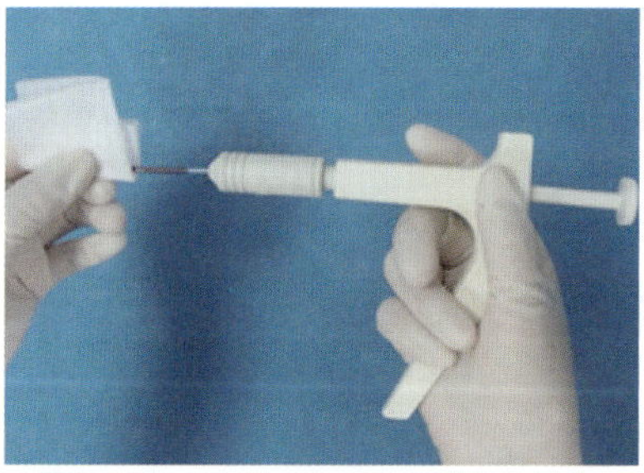
图 5-7　用无尘纸擦拭离心管外部
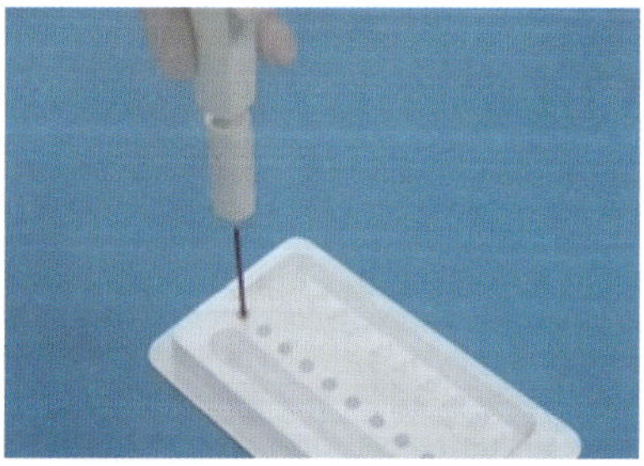
图 5-8　安装软塞
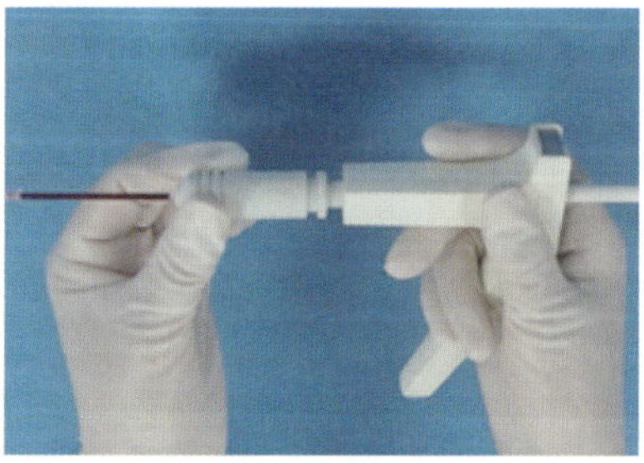
图 5-9　取出离心管
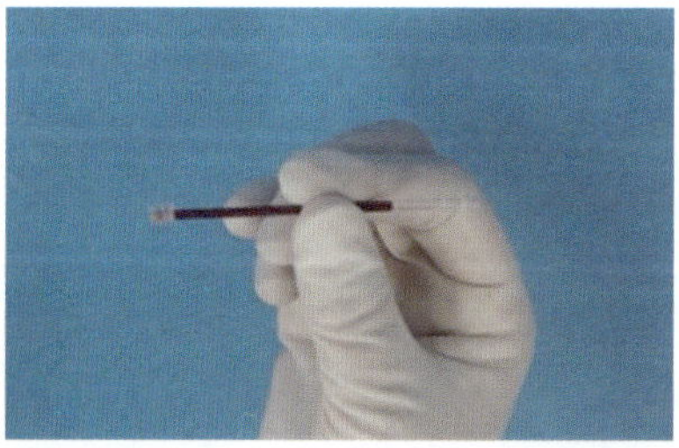
图 5-10　水平转动离心管
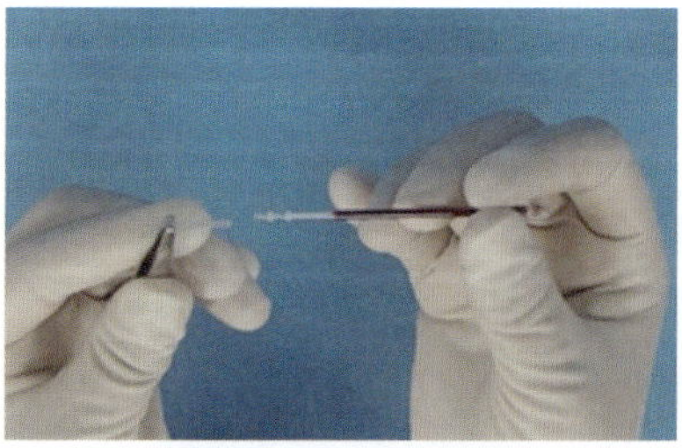
图 5-11　塞入浮标
</td></tr>
</table>

续表

<table>
<tr><th>序号</th><th>内容</th><th>方法</th></tr>
<tr><td>4</td><td>离心</td><td>
(1)打开离心机，逆时针拧开盖子，将离心管放入槽内。为维持平衡，务必在对侧用另一支管子维持平衡(图 5-12)。放置时注意将离心管的底端朝外。
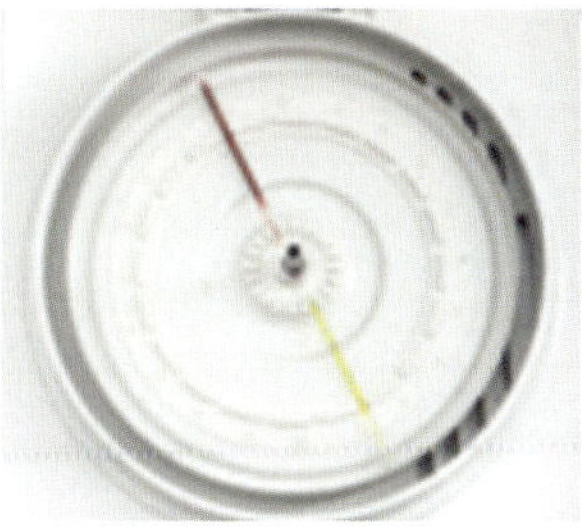
图 5-12 放入离心管
(2)顺时针拧紧旋钮，确定已经确实地拴紧盖子。关上最上层的掀盖。
(3)按“ON”键，开始离心。离心时间固定为 5 min。
(4)离心后马上取出离心管，检查外部是否有血渍或指纹污染，以及血浆层是否在两绿线之间(图 5-13)。若血浆层超出或达不到两标线，须依照以上过程重新制备。
离心后，离心管中液体会分成 3 层：细胞密度最大的红细胞层、肤色层以及血浆层(图 5-14)。由于浮标密度刚好介于红细胞和血浆之间，离心后，肤色层(图 5-15)将会被放大到整个浮标的长度。由于离心管内部管壁涂了一层橙啶(荧光染料)，可使细胞等生物物质发出不同的荧光，仪器利用光学原理测量其荧光强度，软件会界定每一细胞层的分界，计算出各项数据。
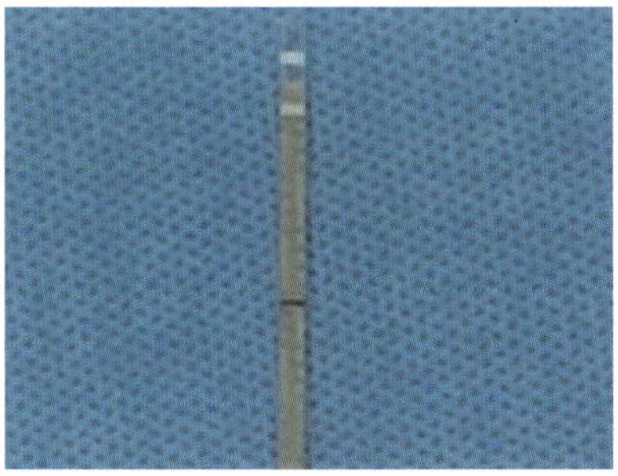
图 5-13 血浆层在两绿线之间
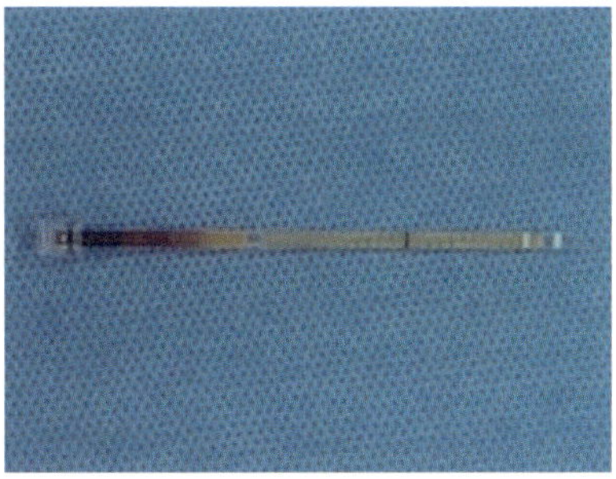
图 5-14 离心后血液分层
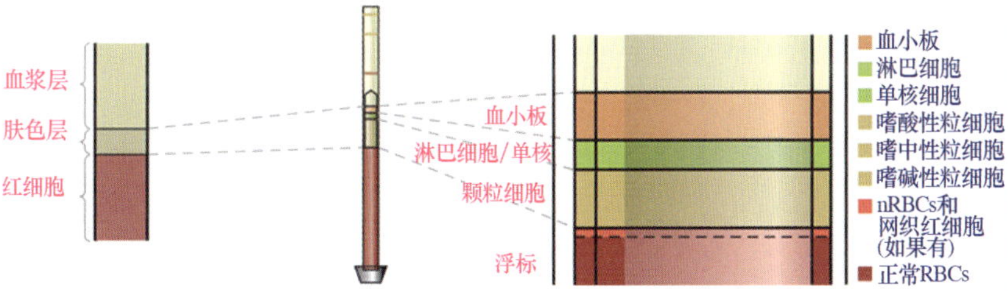

图 5-15 肤色层
</td></tr>
</table>

续表

序号	内容	方法
5	肤色层轮廓图判读	在肤色层轮廓图(图 5-16)中细胞荧光用两条线表示,粗线表示DNA 荧光,细线表示 RNA 和脂蛋白荧光;*Y* 轴表示每个细胞群的荧光强度,要注意的是淋巴细胞和单核细胞是高 DNA 荧光强度;*X* 轴表示每个细胞群的开始与结束,根据 DNA 曲线斜率的变化来绘制曲线,曲线的变化表示新的颜色(新的细胞群)已经开始,每个细胞群的宽度表示细胞数量的多少,越宽表示细胞数越多。 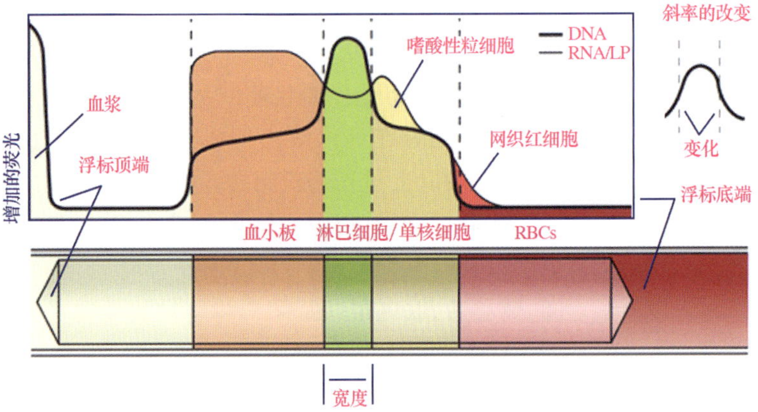 图 5-16　肤色层轮廓图

(二)干式血液分析仪的操作

序号	内容	方法
1	校正	(1)按“MODE”键(位于操作按钮最右边)(图 5-17),屏幕出现“Insert Cal Rod”。 (2)打开装载台盖子,从装载台后方的凹槽内取出校正管,用无尘纸将校正管表面的脏污及指纹彻底清除(图 5-18)。 (3)擦拭干净后,将校正管放到装载台上(图 5-19)。 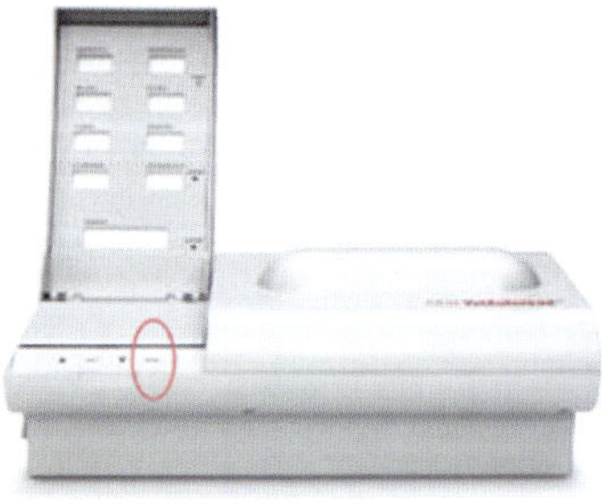 图 5-17　按“MODE”键 (4)盖上装载台盖子,机器开始运转。 (5)自行分析后,系统自动打印结果,检查校正值是否在正常范围之内。 (6)将校正管放回凹槽内,校正完成。 **注意:**血液分析仪每天使用之前先校正。

续表

序号	内容	方法
1	校正	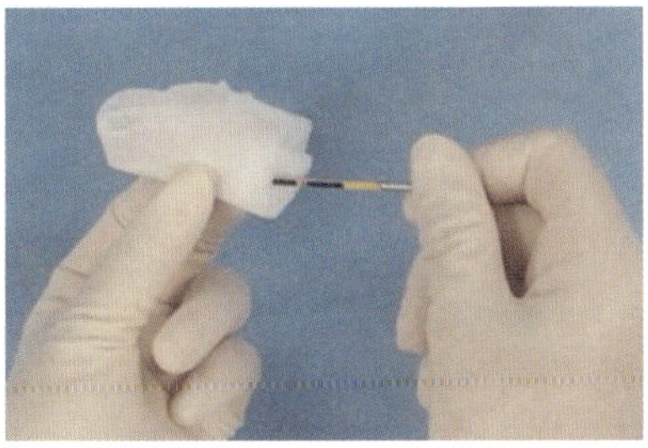 图 5-18 擦拭校正管 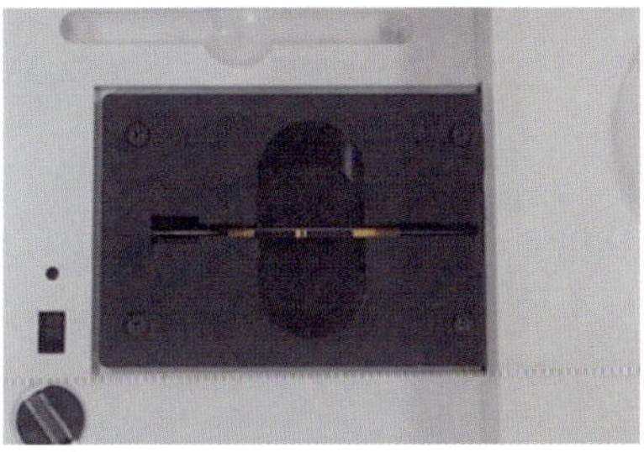 图 5-19 放入校正管
2	检测	(1)按“MODE”键选择合适的物种。 (2)用无尘纸将离心管上的脏污和指纹擦去，将离心管放到装载台上(底座朝左放置，用镊子将离心管顶至左侧)(图 5-20)。 (3)关上盖子，系统自动开始检测。 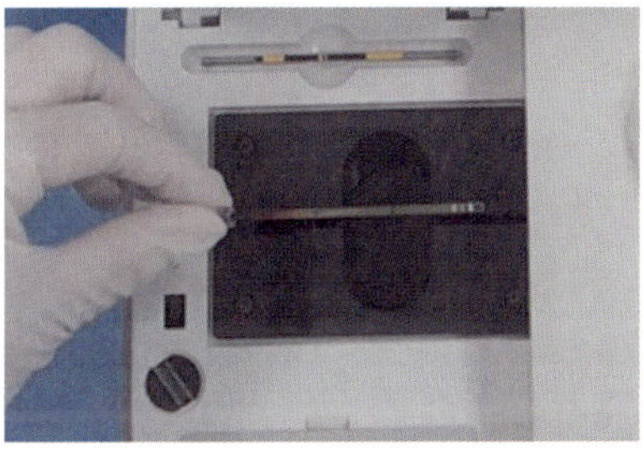 图 5-20 放入离心管 **注意**：若在中途把盖子打开，检验会停止，若要继续检测，把盖子关上，等待装载台回到原位，取下离心管，重新装回去，再把盖子关上即可。

二、全自动血液分析仪的使用

(一)血液样本的处理

序号	内容	方法
1	抗凝管的选择	选择 0.5 mL 紫头管(EDTA 管或 CBC 管)，含有抗凝剂 EDTA-K_2。
2	血液样本的制备	采血后将注射器针头卸下，尽快转移到紫头管中(无须打开抗凝管的盖子)(图 5-21)。建议采血量在 0.3 mL 左右。若采血不当造成溶血或抗凝不完全，须重新采血；采血后建议 4 h 内进行分析。 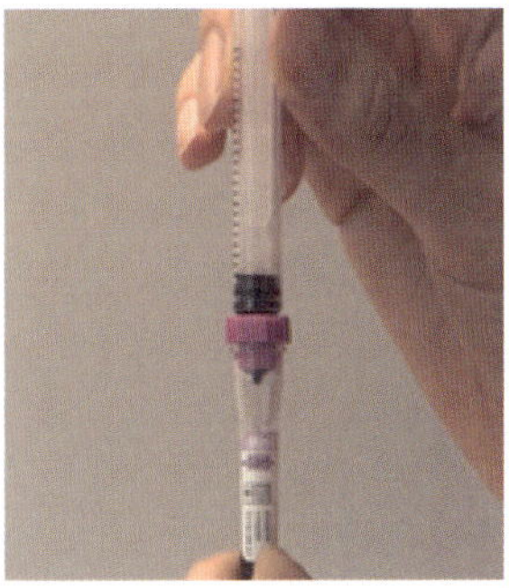 图 5-21 将全血注入紫头管(0.5 mL)

二维码 5-5　全自动血液分析仪的操作(微课)

二维码 5-6　全自动血液分析仪的操作(实操视频)

二维码 5-7　Procyte Dx 演示及技术(动画)

(二)全自动血液分析仪的操作

序号	内容	方法
1	开机	(1)确认实验室管理系统 IVLS 已开机(图 5-22),屏幕上显示已进入首页。如有需要点选屏幕左上角的"Home"进入首页。血液分析仪小图标显示脱机(灰色离线)。 (2)开启 IPU 计算机(图 5-23)。 (3)当首页的血液分析仪小图示从脱机(灰色)转成忙碌(黄色)时(图 5-24),利用分析仪右侧电源开关开启血液分析仪。分析仪会进行 8 min 的自动检测。(如果检测失败,实验室管理系统 IVLS 首页上会出现警示信息。) 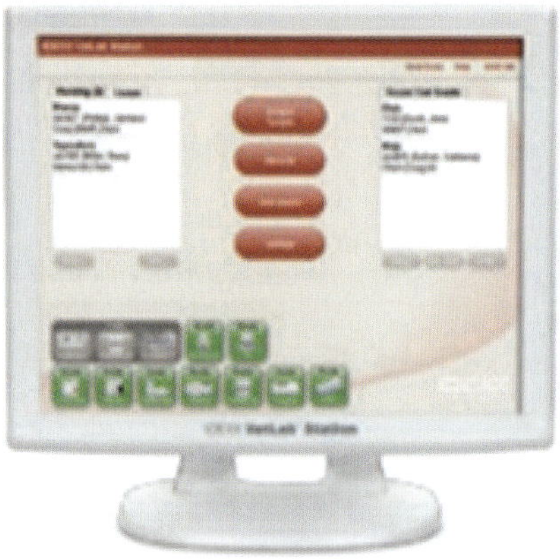 图 5-22　实验室管理系统 IVLS (4)检测成功后,首页的血液分析仪小图示会转成待机状态(绿色)(图 5-25),血液分析仪上的 LED 灯会亮起绿灯(持续)。  图 5-23　IPU 计算机 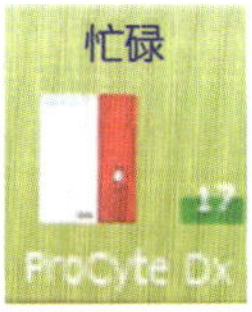 图 5-24　图标显示"忙碌"  图 5-25　图标显示"待机"
2	检测	(1)点选实验室管理系统 IVLS 首页上的检测样本(图 5-26)。 (2)输入畜主及病畜数据(必填字段以 * 号标示)后(图 5-27),点选"Next"。 (3)在选择仪器分页上的下拉框中选择检测理由;点选血液分析仪图示,将它加入当前工作列表中;点选执行。病畜数据即传送到血液分析仪,系统出现 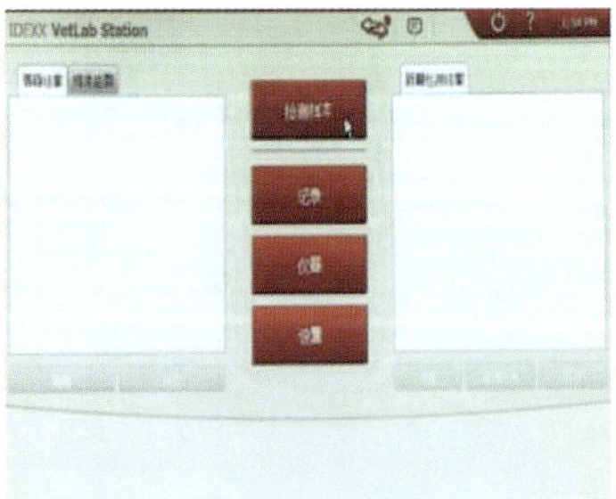 图 5-26　点选"检测样本"

续表

序号	内容	方法
2	检测	一个对话框，里面列出病畜数据及操作步骤(图 5-28)。阅读完毕后点选“OK”。血液分析仪的图示会出现在实验室管理系统 IVLS 首页下方欲检查病畜的工作列表里，并显示在处理中。 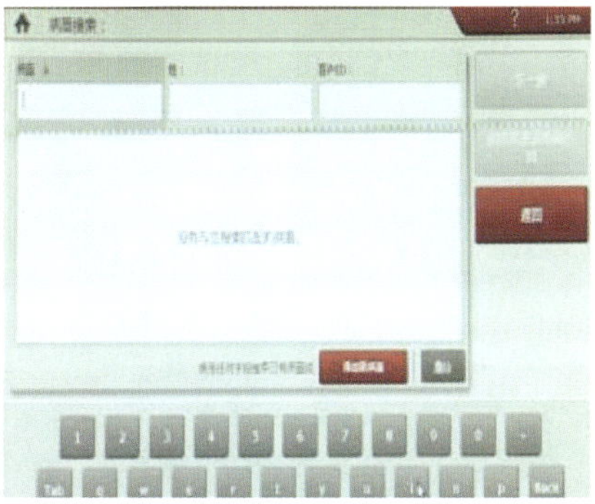 图 5-27 输入病畜数据 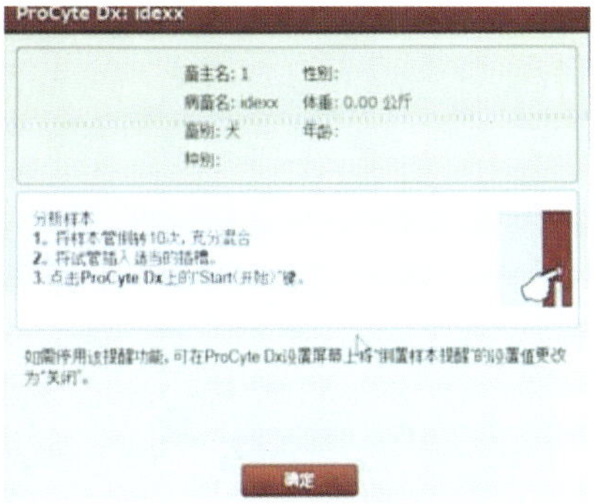 图 5-28 病畜数据及操作步骤 (4)确认血液分析仪的样本放置槽已开启。如有需要，按下“Open/Close”键(图 5-29，红色框内按钮)可开启样本放置槽。 (5)将合适的适配器放在样本放置槽里的样本位置：将适配器的红点对齐样本放置槽上的红点(图 5-30)，将适配器顺时针转动直到听到“咔嚓”声(约 45°角时)，表示适配器安装成功。 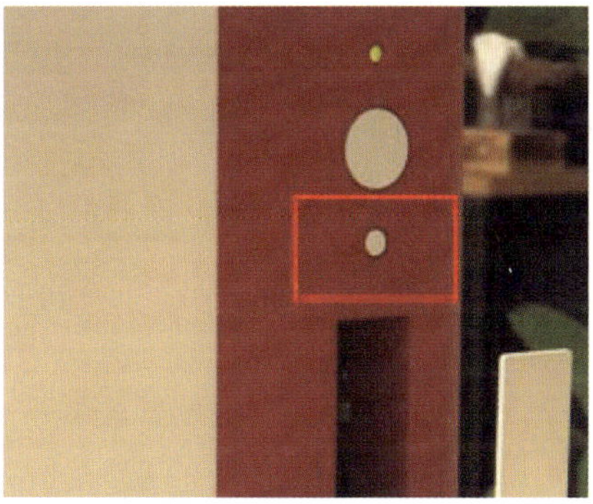 图 5-29 开启样本放置槽 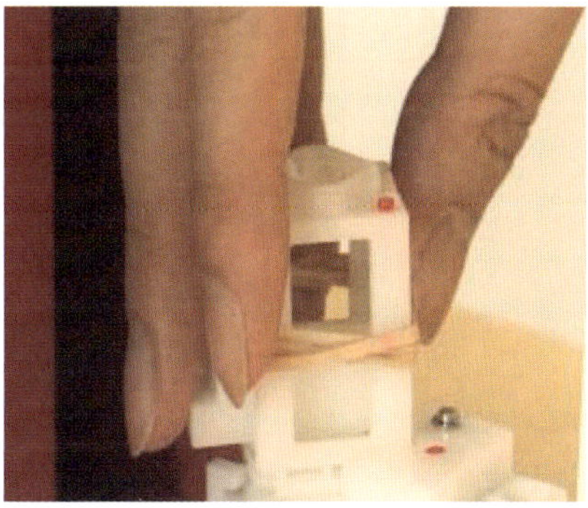 图 5-30 适配器与放置槽上的红点对齐 (6)拿起放置在采血管混匀仪上的样本，上下颠倒 10 次(图 5-31)。 (7)立刻将样本放入样本槽的适配器中(图 5-32)。 (8)按下“Start”键(图 5-33)。样本放置槽会自动关闭进行分析。样本检测时间约 2 min。待 Pro Cyte Dx 图标变绿之后，检测完成，结果会自动传回电脑。 (9)吸完样本后，样本槽会自动弹出，取出样本(图 5-34)。 (10)手动轻按开始键下方按钮，关闭样本放置槽(图 5-35)。 (11)从“近期检测结果”中浏览、打印结果(图 5-36)。

续表

序号	内容	方法
2	检测	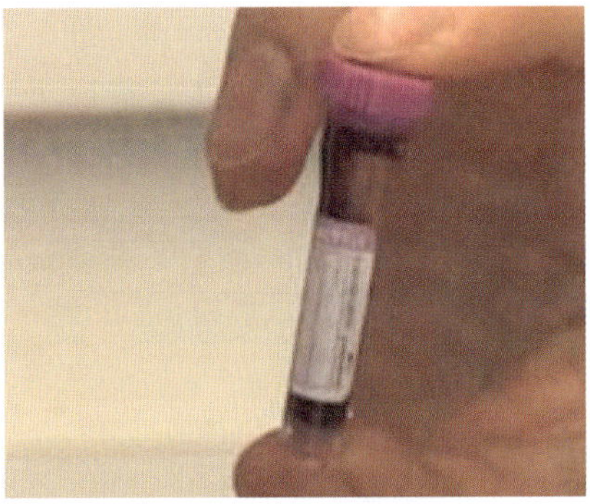 图 5-31　混匀样本  图 5-32　将样本放入适配器  图 5-33　按下“Start”键 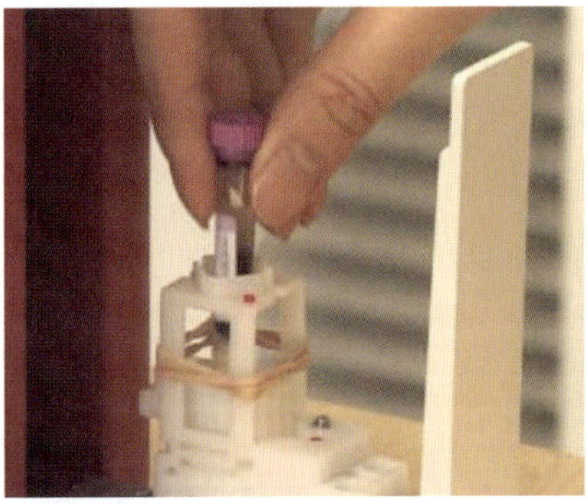 图 5-34　取出样本 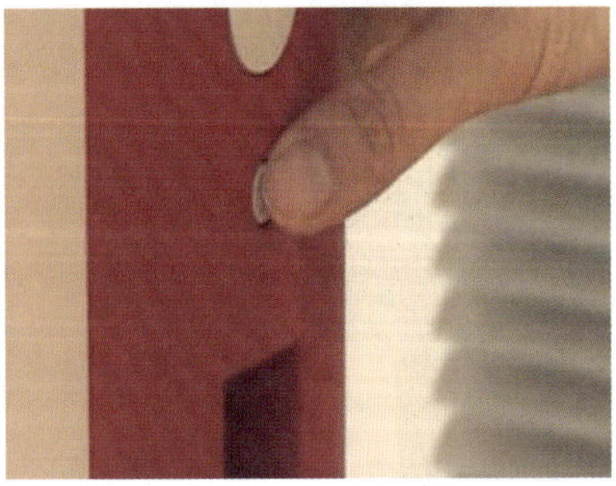 图 5-35　关闭样本放置槽 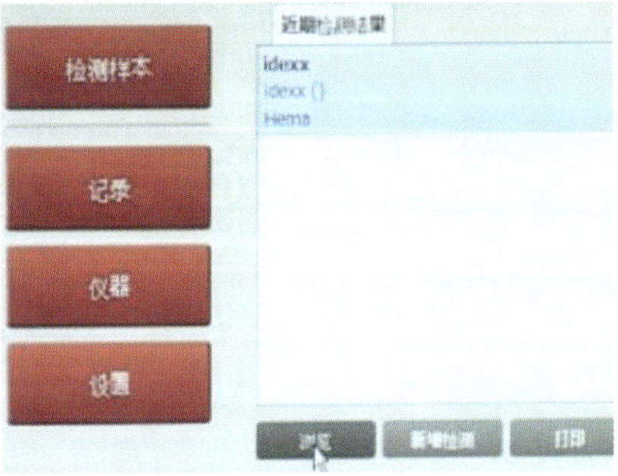 图 5-36　浏览、打印结果
3	关机	(1)点选实验室管理系统 IVLS 首页上的“仪器”键选项(图 5-37)。 (2)点选血液分析仪分页。点选关闭分析仪(图 5-38)。出现关闭分析仪的对话框。点选“OK”,IPU 会自动关机。此过程大概需要 3 min。当关机程序执行完毕,分析仪会发出警示音,此时利用分析仪右侧电源开关关闭 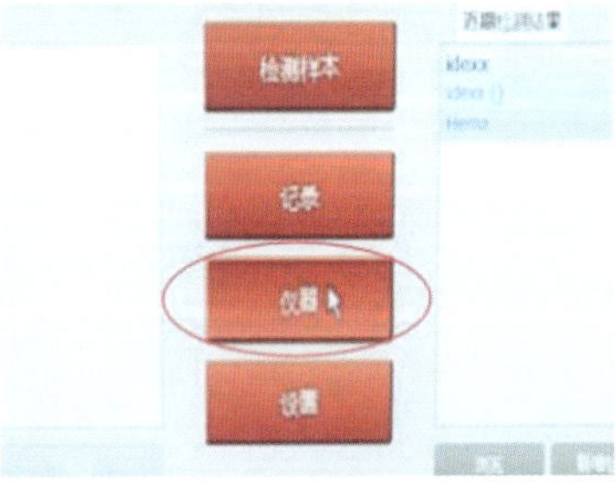 图 5-37　点选“仪器”

续表

序号	内容	方法
3	关机	ProCyte Dx 主机。仪器关机完成。 (3)轻按 IPU 电源键,关闭 IPU(图 5-39)。 (4)点选实验室管理系统 IVLS 首页上的关机键进行关机。 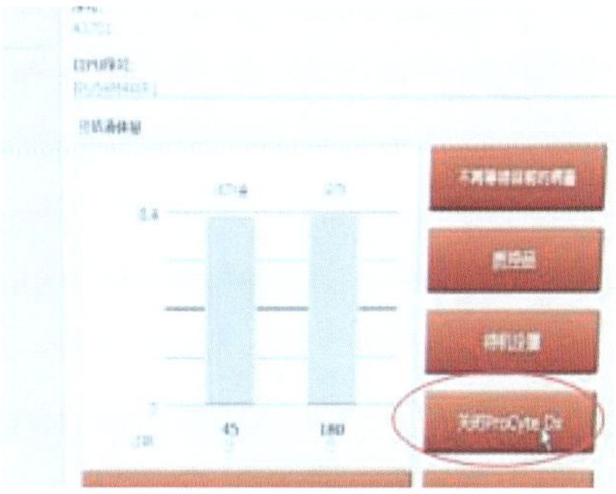 图 5-38　关闭血液分析仪  图 5-39　轻按 IPU 电源键

课后思考

1. 试述激光流式细胞计数法的检测原理。
2. 进行血液分析仪检验时,常用的采血管是哪几种?
3. 试述进行血液分析仪检验时血液样本的制备方法。

真题训练

(1～2 共用备选答案)【2009 年执业兽医资格考试真题】

A. 淋巴细胞　　B. 单核细胞　　C. 中性粒细胞
D. 嗜酸性粒细胞　　E. 嗜碱性粒细胞

1. 在病毒性脑炎时渗出的炎性细胞主要是(　　)。

答案:A

答案解析　病毒性脑炎多见于病毒性传染病。临诊上,在慢性炎症、急性炎症的恢复期及病毒性炎症和迟发性变态反应过程中,渗出的炎性细胞主要为淋巴细胞。

2. 在寄生虫性炎症或变态反应性炎症时,引起渗出的白细胞主要是(　　)。

答案:D

答案解析　嗜酸性粒细胞增多常见于寄生虫感染和过敏反应性炎症,如哮喘、过敏性鼻炎等。

3. 犬发生急性支气管炎时，血液学检查可见（　　）。【2009年执业兽医资格考试真题】

A. 白细胞总数正常　　B. 白细胞总数下降　　C. 白细胞总数升高

D. 中性粒细胞数下降　　E. 嗜酸性粒细胞数升高

答案：C

答案解析 支气管的急性炎症，机体释放炎症介质，吸引白细胞特别是中性粒细胞到炎症部位，以消灭病原体和修复受损组织，因此白细胞总数会升高。

4. 猫兴奋性白细胞增多，除淋巴细胞增多外，还表现为（　　）。【2011年执业兽医资格考试真题】

A. 单核细胞增多　　B. 嗜碱性粒细胞增多　　C. 嗜酸性粒细胞增多

D. 分叶核中性粒细胞增多　　E. 杆状核中性粒细胞增多

答案：D

答案解析 猫兴奋时，白细胞象表现为分叶核中性粒细胞增加或无变化，杆状核中性粒细胞无变化，淋巴细胞增多，单核细胞和嗜酸性粒细胞无变化。

5. 7月份的一天，户外活动的犬突然表现精神沉郁，四肢无力，共济失调，体温41.5 ℃。血液检查时，红细胞比容为60%。该犬最可能出现（　　）。【2012年执业兽医资格考试真题】

A. 黄疸　　B. 脱水　　C. 血尿

D. 腹泻　　E. 咳嗽

答案：B

答案解析 根据题意，初步诊断为日射病及热射病。机体因体温升高反射性地引起大量出汗，致使病畜脱水，犬红细胞比容增多。因此该犬最可能出现脱水。

6. 萨摩耶犬，3月龄，2 d前突发呕吐，不食，少饮。昨日上午大便稀薄，下午便血，昨晚至今日上午呕吐7次，腹泻6次，体温38.9 ℃，血液检查：白细胞数11.8×10^{9}个/L，红细胞数8.6×10^{12}个/L，血红蛋白浓度179 g/L，血小板数241×10^{9}个/L，二氧化碳结合力20 mmol/L。血液检查还发现该犬的红细胞比容增至63.1%，其原因最可能是（　　）。【2012年执业兽医资格考试真题】

A. 脾血进入血液循环　　B. 红细胞产生增加　　C. 出血

D. 水肿　　E. 脱水

答案：E

答案解析 红细胞比容是指红细胞在全血中所占的容积百分比，红细胞比容升高多见于患畜脱水等。根据患犬的临床表现和血液检查结果，考虑患犬出现脱水。

7. 判断体液平衡恢复的最佳血常规指标是（　　）。【2012年执业兽医资格考试真题】

A. 红细胞比容　　B. 白细胞总数　　C. 红细胞总数

D. 血小板总数　　E. 血红蛋白浓度

答案：A

答案解析 一般根据红细胞比容的变化来帮助诊断贫血及其程度或测知血浆容量是否丢失。

8. 犬,3 岁,2 d 前精神沉郁,被毛粗乱,食欲下降,可视黏膜苍白,体温 38 ℃,为确诊该病的类型,应进一步检查(　　)。【2013 年执业兽医资格考试真题】

A. 红细胞数、白细胞数、血小板数

B. 淋巴细胞数、红细胞数、单核细胞数

C. 单核细胞数、淋巴细胞数、血红蛋白含量

D. 血小板数、红细胞数、红细胞比容

E. 红细胞比容、红细胞数、血红蛋白含量

答案:A

答案解析 红细胞数可反映贫血的程度,白细胞数和血小板数则可提供关于机体是否存在感染或其他炎症性疾病的线索。

9. 动物慢性铅中毒的血常规检查可见(　　)。【2013 年执业兽医资格考试真题】

A. 红细胞数增多　　B. 红细胞数正常　　C. 红细胞数减少

D. 白细胞数增多　　E. 白细胞数减少

答案:C

答案解析 铅会使红细胞膜的脆性增加,导致红细胞形成障碍和破坏过多,引发贫血。

10. 血小板减少且分布异常见于(　　)。【2014 年执业兽医资格考试真题】

A. 骨折　　B. 肝炎　　C. 胰腺炎

D. 白血病　　E. 支气管肺炎

答案:D

答案解析 临床上血小板减少且分布异常多见于血液系统疾病(如白血病)、脾功能亢进、自身免疫性疾病、感染性疾病等。

11. 母犬 6 岁未绝育,一个月来腹部逐渐变大,常有尿意,食欲不振,饮水增加,体温 39.1 ℃,腹部 B 超检查,发现膀胱不膨隆,腹部内有多个大的液性暗区,有些暗区以管腔壁样结构分隔。血常规检查时,最可能的变化是(　　)。【2016 年执业兽医资格考试真题】

A. 白细胞增加、核左移　　B. 白细胞增加、核右移　　C. 白细胞减少、核左移

D. 白细胞减少、核右移　　E. 中性粒细胞增加、核右移

答案:A

答案解析 可初步诊断该犬为子宫蓄脓。子宫蓄脓时,机体存在感染,会出现白细胞增多,且由于炎症过程较短,白细胞以分叶核粒细胞为主,并可见核左移现象,即杆状核粒细胞增多,甚至可出现中毒颗粒、空泡等中毒变性现象。

12. 过敏性疾病白细胞分类计数显示(　　)。【2017 年执业兽医资格考试真题】

A. 中性粒细胞增加　　B. 中性粒细胞减少　　C. 嗜酸性粒细胞增加

D. 嗜酸性粒细胞减少　　E. 嗜碱性粒细胞减少

答案:C

答案解析 白细胞分为中性粒细胞、嗜酸性粒细胞、嗜碱性粒细胞、单核细胞和淋巴细胞。嗜酸性粒细胞增多常见于过敏性疾病和寄生虫病等。

13. 犬瘟热血常规检查的特征为(　　)。【2017 年执业兽医资格考试真题】

A. 白细胞总数增多　　B. 白细胞总数减少　　C. 中性粒细胞增加

D. 血小板减少　　E. 嗜酸性粒细胞增多

答案:B

答案解析 白细胞总数减少,是犬瘟热病毒感染时的典型血常规变化,病毒对白细胞,特别是淋巴细胞的破坏作用,导致白细胞总数下降。

14. 犬,3 岁,雄性,主诉发病 2 周,精神沉郁、脉搏微弱,血常规检查发现血细胞压积为 20%,说明该犬(　　)。【2018 年执业兽医资格考试真题】

A. 血小板减少　　B. 红细胞数减少　　C. 白细胞数减少

D. 血细胞比容升高　　E. 血红蛋白含量升高

答案:B

答案解析 血细胞压积即红细胞比容或血细胞比容,是指压紧的血细胞在全血中所占的容积百分比。健康犬血细胞压积为 37%～55%,该犬血细胞压积为 20%,说明血细胞比容降低,见于各种贫血。

15. 临床诊断意义不大的血白细胞计数结果是(　　)。【2022 年执业兽医资格考试真题】

A. 中性粒细胞增多　　B. 嗜酸性粒细胞增多　　C. 单核细胞减少

D. 嗜碱性粒细胞减少　　E. 嗜酸性粒细胞减少

答案:D

答案解析 外周血液中很少能观察到嗜碱性粒细胞,因此很难判断嗜碱性粒细胞减少症,一般无临床意义。

(16～17 题共用题干)

比熊犬,4 岁,雄性,已去势,精神沉郁,皮肤黏膜黄染,红尿。血液学检查发现红细胞比容为 13%,网织红细胞为 65×1 000 个/μL,参考范围为(0～40)×1 000 个/μL。镜检红细胞大小不一,大量球形红细胞,未见任何血液寄生虫。【2022 年执业兽医资格考试真题】

16. 该病最可能的诊断是(　　)。

A. 骨髓抑制　　B. 缺铁性贫血　　C. 慢性肾病

D. 溶血性贫血　　E. 急性失血性贫血

答案:D

答案解析 球形红细胞的形成与免疫介导性溶血性贫血有关。

17. 该犬的血液学异常为(　　)。

A. 白细胞减少症　　B. 再生性贫血　　C. 血小板减少症

D. 非再生性贫血　　E. 红细胞增多症

答案：B

答案解析 该犬的红细胞比容显著降低，表明红细胞数量减少。其次，网织红细胞数量显著增加，其数量的增加表明骨髓正在加速生成红细胞，以试图补偿外周血中红细胞的减少。这种红细胞减少而骨髓代偿性增生的现象，符合再生性贫血的特征。

6

项目六　血液生化检验

知识目标	1. 了解血液生化检验的基本原理。 2. 掌握血液生化检验的常用项目。 3. 理解血液生化指标的临床意义。
能力目标	1. 能正确进行血液生化检验的样本采集、处理和保存。 2. 能准确执行血液生化检验操作。 3. 能准确解读血液生化检验结果并进行综合分析。 4. 能规范撰写血液生化检验报告。
素质目标	1. 具备高度责任心与综合分析能力，能准确解读血液生化指标的变化。 2. 树立关注宠物健康的价值观，关注宠物整体健康状况。 3. 具备良好的沟通能力和团队协作能力。

二维码 6-1　生化检验项目概述（微课）

任务一　血液生化检验临床意义

训练目标	1. 掌握血液生化检验不同群组的检测项目。 2. 能够掌握血液生化检验中不同群组的变化所代表的临床意义。 3. 能够熟练进行生化检验结果的判读，为诊断治疗提供依据。
主要仪器设备与场地	1. 血液生化分析仪、血液生化检验化验单。 2. 宠物疾病临床检验实训室。

训练内容与步骤

一、肝脏群组

二维码 6-2 肝酶检验临床意义(微课)

二维码 6-3 肝功能检验临床意义(微课)

(一)丙氨酸氨基转移酶(ALT)

序号	内容	临床意义
1	概述	丙氨酸氨基转移酶也称为谷氨酸丙氨酸氨基转移酶(GPT),ALT广泛分布在动物肝脏、肾脏、心脏等器官中,尤其在肝细胞中的含量最高;当肝细胞受损害时,细胞膜通透性增加或细胞破裂,肝细胞内的ALT大量逸入血液,导致血液中ALT含量增加。因此,血清ALT增加是反映肝细胞损害的最敏感指标之一,相对AST更加具有肝脏特异性。ALT活性与磷酸吡哆醛(P5P)有关,而磷酸吡哆醛是维生素 B_6 的活性形式,因此,当缺乏维生素 B_6 时,会导致ALT活性降低。 需要注意的是,ALT是犬、猫及灵长类动物肝脏的特异性酶,测定该酶的活性对于诊断上述动物的肝脏疾患有重要意义;而马、反刍动物及猪肝脏中ALT含量很少,因此对这些动物的肝脏疾病诊断价值不大。横纹肌细胞里也含有此酶,横纹肌损伤时ALT值增加不会超过正常范围3倍,肝细胞损伤时可超过正常范围3倍。犬ALT的半衰期为60 h,猫只有3.5 h。在单一的毒性损伤后,ALT活性在12 h内升高,维持1～2 d,在间隔2～3周后恢复至正常参考范围。
2	增多	(1)原发性肝脏疾病。 ①肝脏炎症反应:病毒感染引起的犬传染性肝炎、猫传染性腹膜炎等;细菌性胆管性肝炎、钩端螺旋体病、真菌性肝炎、免疫反应性肝炎、特异性不明原因的肝炎、败血症等;感染蛔虫、肝片吸虫等。 ②肝毒素性疾病:毒血症、外源性肝毒素(如砷、四氯化碳)。 ③肿瘤:肝瘤、胆道癌、淋巴肉瘤、骨髓瘤及骨髓增殖疾病、转移性新生瘤。 ④堵塞性疾病:胆管炎、肝细胞胆管炎、胆管堵塞(如胰腺炎、寄生虫和结石)。 ⑤铜蓄积性肝病:贝灵顿㹴常患家族性铜蓄积性肝病,杜宾犬、大麦町犬、拉布拉多犬及西高地白㹴等偶尔发生原发性铜肝病。

续表

序号	内容	方法
2	增多	(2)继发性肝疾病。 ①循环紊乱:心脏功能不足、心肌梗死、门脉分流、严重贫血、缺氧、休克。 ②代谢性疾病:急性胰腺炎、糖尿病、应激、肾上腺皮质功能亢进、肾病综合征、饥饿或长期厌食、不吸收综合征、酮血病和猫肝脂肪沉积症、猫甲状腺功能亢进。 (3)药物治疗。多种药物可引起 ALT 活性增加,如皮质类固醇(犬)、抗生素(如红霉素、氯霉素)、抗惊厥药(如扑米酮、苯巴比妥)。 (4)创伤。如汽车撞伤,导致 ALT 活性显著升高,与肝损伤和肌肉损伤相关。 (5)溶血。在猫较为明显(猫红细胞中所含 ALT 比犬高)。 **注意:**血中 ALT 的水平与肝脏损伤严重程度没有相关性。
3	减少	临床意义不大,维生素 B_6 缺乏、肝脏纤维化或硬化可导致减少。

(二)天冬氨酸氨基转移酶(AST)

序号	内容	临床意义
1	概述	天冬氨酸氨基转移酶也称为谷氨酸草酰乙酸氨基转移酶(GOT),AST 主要存在于所有家畜的肌肉、肝脏和心肌中,少量存在于肾、脾、脑和红细胞中。AST 不具有器官特异性,可用于探查体内广泛组织的损害,如溶血、肝脏疾病、骨骼肌损伤、心脏缺血等。AST 活性也与磷酸吡哆醛(P5P)的存在有关。 犬和猫 AST 活性相对较小。通常情况下,AST 在血液中的半衰期比 ALT 短,在犬体内约为 12 h,在猫体内约为 1.5 h。若 AST 与 ALT 同时上升,表示细胞损害程度比单一 ALT 上升严重;在疾病有好转时,AST 的下降要比 ALT 下降得快。在怀疑 AST 活性升高与肝脏疾病有关时,应检测肌酸激酶(CK)活性以排除肌肉损伤。
2	增多	(1)生理性增多。见于使役、训练、活动之后。剧烈运动后 AST 可能会增加 30%。 (2)肝胆系统疾病。肝脏疾病大部分情况下 ALT 上升明显,AST 不一定上升;若 AST 上升多表示细胞损害较为严重。 (3)骨骼肌损伤。 ①创伤:如汽车撞伤、高空跌落等,造成肌肉损伤。 ②肌内注射:如油性药物注入肌肉内造成肌肉坏死,进而导致横纹肌溶解。 ③肌肉细菌感染:细菌性化脓感染、注射前消毒不彻底等。

续表

序号	内容	方法
2	增多	④肌肉营养不良：维生素 E 缺乏、白肌病等。 (4)心肌损伤。如细菌性心内膜炎、主动脉栓塞、心肌梗死等。 (5)溶血。血清与红细胞的分离时间过长与溶血(人为因素)。 (6)药物导致。抗癫痫药等影响。 (7)联合 ALT 与 CK 的变化。 ①ALT 活性升高，AST 正常或轻微升高，有轻微肝细胞损伤。 ②AST 和 ALT 活性明显升高，CK 活性正常，表明存在严重的肝细胞损伤。 ③AST 活性升高，ALT 正常或轻微升高，CK 活性升高，与肌肉损伤有关。
3	减少	可见于维生素 B_6 缺乏和大面积肝硬化。

(三)碱性磷酸酶(ALP)

序号	内容	临床意义
1	概述	碱性磷酸酶的同工酶存在于各种组织中，以小肠、肾脏皮质、胎盘(仅见于犬)、肝脏、骨骼中活性最高。目前发现碱性磷酸酶有 4 种同工酶，包括肝源性碱性磷酸酶(L-ALP)、皮质类固醇诱导源性碱性磷酸酶(C-ALP)、骨源性碱性磷酸酶(B-ALP)、肠及胎盘源性碱性磷酸酶(Ⅰ-ALP)。在犬猫体内，Ⅰ-ALP 仅占总血清 ALP 的一小部分，在血清半衰期很短，对血清 ALP 活性影响不大。犬肝脏、骨骼及皮质类固醇诱导的同工酶半衰期约为 3 d，而肠、肾和胎盘仅为 3～6 min。正常猫血清此酶活性比犬低，肝脏的此酶半衰期为 5.8 h，其含量仅为犬的 1/4。对猫而言碱性磷酸酶具有特异性，此酶活性稍有增多就有临床意义。 (1)L-ALP：肝内或肝外性胆汁淤积可导致 ALP 活性的显著上升，主要以 L-ALP 为主。ALP 活性升高是指示胆汁淤积的灵敏指标，且早于高胆红素血症出现。 (2)C-ALP：皮质类固醇会引起犬肝脏特异性 ALP 同工酶活性显著增强(仅限于犬)。在动物使用内源性或外源性皮质类固醇后，可能导致犬 ALP 活性显著升高。在动物停用皮质类固醇数周至数月之后，血清 ALP 活性会慢慢降低。 (3)B-ALP：由成骨细胞生成。处于生长阶段的幼龄动物的血清中 ALP 活性可达成年动物的 3 倍。一些导致成骨细胞活性增强的疾病可能会引起血清中 ALP 活性增加 2～4 倍。

续表

序号	内容	方法
2	增多	(1)肝胆系统疾病。肝内、肝外胆汁淤积会造成肝脏来源的 ALP 活性升高。见于胆管新生瘤、胆石症、胆囊炎、胆囊破裂。肝脏见于胆管性肝炎、慢性肝炎、肝破损、肝纤维化、肝肿瘤、中毒性肝炎、黄曲霉毒素中毒、猫肝脂肪沉积症、糖尿病等。胰腺肿瘤或胰腺炎,导致总胆管胆汁排放不良等。 (2)皮质类固醇过多。 ①内源性:见于应激、肾上腺皮质功能亢进等。 ②外源性:外源性皮质类固醇或促肾上腺皮质激素治疗等。 (3)成骨细胞活性增加。幼龄、快速生长期动物(比成年动物高 2～3 倍),骨折愈合、全骨炎、骨软化、佝偻症、骨肉瘤、甲状腺功能亢进(骨吸收活跃)、甲状旁腺功能亢进、饮食中维生素 D 缺乏等,通常可高 2～4 倍。 (4)药物诱发。抗惊厥药物如扑米酮、苯妥英钠、苯巴比妥,升高程度与药物的剂量与剂型有关。 (5)遗传因素。西伯利亚雪橇犬(哈士奇)有良性家族性高磷酸酯酶血症,表现为显著的 ALP 活性上升(主要为 B-ALP),但无其他肝脏疾病的临床症状。 (6)钩端螺旋体病、埃利希体病、肠阻塞。 (7)样品在室温放置 12 h,可增加 5%～30%。
3	减少	见于锌缺乏、甲状腺功能减退、用 EDTA 作抗凝剂时(人为因素)。

(四)γ-谷氨酰转移酶(GGT)

序号	内容	临床意义
1	概述	GGT 旧称 γ-谷氨酰转肽酶(γ-GT)。GGT 是一种敏感而具有特异性的一种酶,主要用来诊断是否有胆汁淤积。犬 GGT 半衰期为 3 d。大多数组织中都含有 GGT,但肝细胞的胆小管面、胆管上皮和肾小管处的活性最强。血液中 GGT 活性主要来自肝脏,肾脏、胰腺与胃肠道制造的 GGT 不会进入血液中。肾脏来源的 GGT 会进入尿液中,若尿中 GGT 含量较高,多表明肾小管上皮细胞受损。 对于犬的胆汁淤积性疾病来讲,ALP 的敏感性比 GGT 更高,对猫来讲,ALP 与 GGT 的敏感性相当。当犬猫发生急性肝细胞损伤时,ALT 和 AST 可能升高 50～100 倍,ALP 轻度或中度升高,GGT 一般不会升高。猫的脂肪肝会导致 ALP 水平显著升高,但通常不伴随 GGT 的升高,随着疾病的进展,GGT 也可能增加。当 GGT 活性的升高大于 ALP 时,应考虑胆道系统或胰腺的坏死性炎性疾病。

续表

序号	内容	方法
2	增多	(1)肝胆系统疾病。导致胆汁淤积的疾病，如胆汁淤积或胆管堵塞(肝内或肝外)、肝炎、肝中毒、慢性肝功能不足、胰腺炎等。 (2)药物影响。类固醇与抗惊厥药物如苯巴比妥等，可导致胆汁淤积。 (3)生理性因素。新生幼龄犬猫的血清 GGT 活性有时可高达成年犬猫的 1 000 倍，主要与摄入初乳有关。 (4)样品溶血时，也可能增多。

(五)乳酸脱氢酶(LDH)

序号	内容	临床意义
1	概述	LDH 主要存在于骨骼肌、心脏、肾脏，其次是肝脏、脾脏、胰腺、肺脏、肿瘤组织等，红细胞内含量也极丰富。因此，LDH 活性升高无肝脏特异性。鸟类和爬行动物常用于诊断肝病，其他动物用得较少。
2	增多	(1)生理性。年轻动物、剧烈运动等。 (2)组织细胞损伤。肝脏损伤和胆汁淤积性疾病，以及骨骼肌肉、肾、胰脏、心肌、淋巴网状内皮细胞、红细胞(溶血性疾病)等损伤。 (3)肿瘤(特别是淋巴肉瘤)、白血病、弓形虫病。 (4)血清和红细胞的分离时间过长与溶血(人为因素)。
3	减少	见于脂血症(人为因素)。

(六)山梨醇脱氢酶(SDH)

序号	内容	临床意义
1	概述	主要存在于马、牛、羊、猪，以及犬和猫等动物的肝脏和肾脏里，血清 SDH 活性的上升通常被认为是肝脏的特异性指标。在马、牛、羊、猪的检查中，其比 AST 和 ALT 有更高的肝脏疾病特异性，被选为检测肝细胞损伤的指标。 血清中 SDH 半衰期短于 12 h；SDH 在体外不稳定，采血后需及时检验；若不立刻检测，应当冷冻保存。
2	增多	(1)肝脏疾病。见于肝坏死和肝硬化。 (2)其他疾病。见于胰腺炎、阻塞性黄疸、糖尿病、呼吸道病毒感染、黄曲霉毒素中毒、严重氮质血症、感冒、动脉炎等。 (3)药物影响。见于长期皮质类固醇治疗。
3	减少	无临床意义。

(七)精氨酸酶(ARG)

序号	内容	临床意义
1	概述	精氨酸酶为哺乳动物中鸟氨酸循环合成尿素的重要酶之一，是所有动物的肝脏特异性酶。当肝脏急性损伤时，血清精氨酸酶活性迅速增加。一旦损伤停止，很快恢复其参考值。
2	增多	肝细胞受到破坏时，ARG 迅速上升，约在 3 d 内恢复至正常参考值。若超过 3 d 仍呈现 ARG 和 ALT 的升高，说明疾病在持续进展中；若超过 3 d，ARG 正常而 ALT 仍持续上升时，表示疾病处于恢复阶段。 病理性增多，见于胆道阻塞、肝胆炎、肝脏炎症、肝脑疾病。

(八)胆汁酸(BA)

序号	内容	临床意义
1	概述	胆汁酸(BA)在肝脏内由胆固醇合成，主要由胆酸、鹅脱氧胆酸、脱氧胆酸和石胆酸组成。 肝脏利用胆固醇为原料合成胆汁酸，称为初级胆汁酸，包括胆酸和鹅脱氧胆酸。初级胆汁酸进入肠道后，经细菌作用，胆酸转变为脱氧胆酸，鹅脱氧胆酸转变为石胆酸，称为次级胆汁酸。次级胆汁酸被肠道吸收后，在肝脏内与甘氨酸或牛磺酸结合成甘氨胆酸、甘氨鹅脱氧胆酸、牛磺胆酸和牛磺鹅脱氧胆酸，它们称为结合胆汁酸。 结合胆汁酸随胆汁分泌入肠道，在肠细菌作用下，水解脱去甘氨酸和牛磺酸，成为游离胆汁酸。在回肠末端约 95% 胆汁酸又被吸收入肝脏，在肝脏又和甘氨酸及牛磺酸结合，形成结合胆汁酸，分泌入胆汁到肠道。这种通过门静脉循环重吸收、再利用的过程称为肝肠循环(图 6-1)。 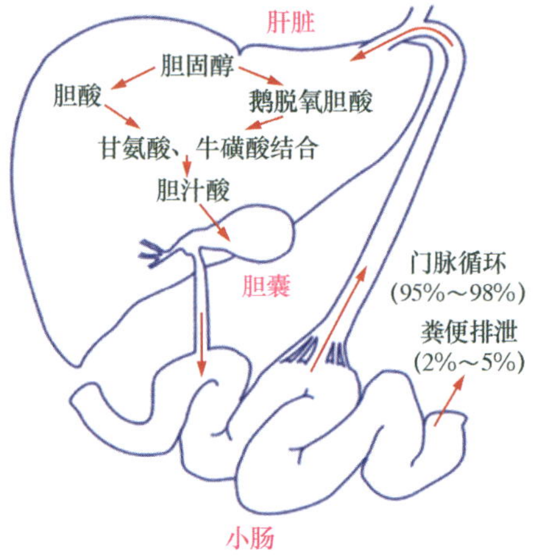 图 6-1 胆汁酸的生成路径 胆汁酸的功能主要包括促进脂肪消化吸收、利于脂溶性维生素的吸收、调节胆固醇代谢以及刺激胆汁分泌。血清胆汁酸检验敏感性高，且具有肝脏特异性，能反映肝细胞合成、摄取和分泌功能。 检验方法：采集犬猫空腹(8～12 h)和/或餐后 2 h 的血清样品进行检验。空腹时，胆汁酸从血液中转移至胆囊中贮存，因此血清胆汁酸浓度较低。进食后刺激胆囊收缩，释放胆汁酸进入肠道，大部分胆汁酸经门脉系统重吸收后被肝脏清除，有一部分会进入外周循环。餐后 2 h 检测胆汁酸浓度能够提升检测的敏感性。

续表

序号	内容	方法
2	增多	(1)清除减少。 ①肝细胞损伤:急性或慢性肝炎、明显肝坏死、肝硬化、中毒性肝病、肝肿瘤。 ②先天性或后天性门静脉分流(空腹时胆汁酸浓度可能正常)。 (2)排泄减少。胆管阻塞(肝内或肝外),胆汁淤积。 (3)药物影响。用皮质类固醇和抗惊厥药物治疗,有时胆汁酸也增多。 **注意:**动物发生黄疸时胆汁酸浓度会升高,此时检测胆汁酸意义不大。
3	减少	见于胃排空迟缓、肠蠕动增快、肠道阻塞、小肠疾病(回肠吸收不良)。

(九)血氨(NH_3)

序号	内容	临床意义
1	概述	氨由胃肠道菌群降解氨基酸和尿素产生。正常血液中只有微量的氨,多数动物血氨浓度低于 60 μmol/L。胃肠道中产生的氨通过门静脉循环进入肝脏,经肝脏转化成尿素。如果肝脏转化能力降低,血液中氨浓度升高,就会引发肝性脑病。为了检验准确,血液样本采集时要采用无氨肝素,采血后应立刻分离血浆检验,超过 30 min 会造成血氨上升。样本需要置于冰上冷却,并立刻进行分析(15～30 min 为宜),如不能及时进行分析,需将样本进行冷冻,并在 2 d 内进行分析。
2	增多	(1)生理性增多。见于采食高蛋白食物、剧烈运动。 (2)病理性增多。 ①肝脏功能不全:急性或大面积的肝坏死、肝脏纤维化或硬化、肝脏肿瘤等。 ②门静脉分流:大量血流绕过肝脏进入体循环,导致高氨血症;门静脉分流,导致的肝脏萎缩可能进一步加重高氨血症。 ③出血性休克、肾脏衰竭(肾脏血流减少)、上消化道出血等。 ④先天性酶缺乏,即犬尿素循环酶和精氨琥珀酸合成酶缺乏,如大麦町犬存在尿素循环的先天缺陷,导致血氨上升。 **注意:**人为因素导致的溶血和血液样品长期贮存会造成血氨上升;动物发生高尿素氮时,若未及时对血液样本进行血氨检验,会逐渐降解为氨,导致假性高血氨。
3	减少	见于低蛋白性食物和贫血。

(十)总胆红素(TBIL)

序号	内容	临床意义
1	概述	胆红素主要来自衰老破碎的红细胞,肌红蛋白和某些酶也是其来源,每天约有1%循环性红细胞发生破坏和更新,衰老的红细胞主要在脾、肝和骨髓等富有单核巨噬细胞的组织被单核巨噬细胞吞噬,巨噬细胞对红细胞的成分进行分解,分解过程中红细胞游离出血红蛋白,血红蛋白在组织蛋白酶的作用下,分解成珠蛋白和亚铁血红素,亚铁血红素在微粒体血红素氧合酶的作用下,被分解成胆绿素,胆绿素在胆绿素还原酶的作用下,变成胆红素,通过这个途径所形成的胆红素,是非水溶性的脂溶性胆红素,称为非酯型胆红素(间接胆红素)。 血浆中的非酯型胆红素的存在方式是与白蛋白结合,这种跟白蛋白结合的非酯型胆红素即使到肾脏里也不能通过肾脏滤过膜变成原尿成分,所以这种胆红素不能通过肾脏排泄。非酯型胆红素在白蛋白水溶性的作用下,在血液中运转至肝脏进行代谢。进入肝细胞里面的非酯型胆红素与肝细胞胞浆里面的Y蛋白和Z蛋白结合,在肝细胞滑面内质网中胆红素与葡萄糖醛酸在葡萄糖醛酰转移酶的作用下,变成葡萄糖醛酰胆红素,即酯型胆红素(直接胆红素)。这种胆红素具有水溶性,它通过肝细胞的高尔基复合体排到肝脏的组织液中,可以溶解在血液当中。
2	增多	(1)肝前性或溶血性增加。一般以间接胆红素为主。 为胆红素合成增加所致。溶血性疾病导致的红细胞破坏增加,或内出血增加胆红素的合成,导致胆红素浓度超过肝脏吸收、结合的能力。见于巴贝斯虫病、嗜血支原体感染、埃立克体病、钩端螺旋体病、不相配的输血、自体免疫性溶血性贫血、蛇咬伤、黄曲霉毒素中毒、洋葱和大葱中毒、对乙酰氨基酚中毒(猫)、红细胞丙酮酸激酶缺乏(巴辛吉犬)、果糖磷酸激酶缺乏(英国激飞猎犬)、卟啉病等。 (2)肝性或肝细胞性增加。以间接胆红素为主。 为肝脏对胆红素的吸收和结合减少所致。由于肝脏功能损伤导致其对胆红素的吸收结合能力下降,见于弥散性肝细胞肿胀、严重的急性肝炎、慢性肝炎晚期、败血症等。 (3)肝后性或阻塞性增加。初期以直接胆红素为主,后期因继发的肝细胞损伤,可能导致间接胆红素的升高。 为胆汁淤积所致。由于分泌进入胆囊的胆红素减少,或因肝细胞肿胀导致肝内胆汁排放障碍及肝外胆道阻塞等导致直接型胆红素增加。见于肝脏肿瘤、脂肪肝、皮质类固醇性肝病、胆管炎、胆结石、胆囊炎、胰腺炎等。当GGT或ALP活性上升伴发高胆红素血症时,多提示胆汁淤积。另外,由于胆管阻塞,胆红素不能进入肠道,尿中无尿胆素原。 (4)高脂血症。
3	减少	红细胞生成减少。

二、肾脏群组

二维码 6-4　肾脏群组临床意义（微课）

（一）尿素氮（BUN）

序号	内容	临床意义
1	概述	血液尿素氮（BUN）是哺乳动物蛋白质在肝脏里分解代谢的最终产物——尿素中的氮，由肾脏排出体外。尿素氮检验主要是用于评估肾功能状况，也用于患病犬猫全身状况检验。BUN 本身无毒性，如果明显增多，产生氮质血症并导致酸碱平衡、体液和电解质紊乱时，可威胁动物生命。高蛋白饮食、消化道出血、感染、有效血容量减少和充血性心力衰竭等，可使尿素氮水平升高；而低蛋白饮食、大量排尿及慢性肝病等，可导致尿素氮水平降低。BUN 水平受肾小管内液流速率的影响，而肌酐在通过肾小管时浓度不会发生改变，因此不能仅凭尿素氮检验来评价肾功能，还需检验血清肌酐（CREA）。 尿素氮大部分是由肝脏将蛋白质分解而来的氨或从大肠吸收的氨合成的。尿素氮的形成具体过程为：蛋白质被动物食入后，被分解为氨基酸，经脱氨基作用形成氨，对蛋白质进行分解，产生大量氨，氨经过肠道黏膜下层的血管吸收进入门脉系统，到达门脉系统的氨有 85%进入肝脏，其余 15%进入血液中。血中的氨包括内源性的氨进入肝脏后被转化成尿素，其中 75%的尿素到达肾脏，经肾小球过滤，随尿液排出，25%的尿素经过血流再回到肠道，进行循环（图 6-2）。 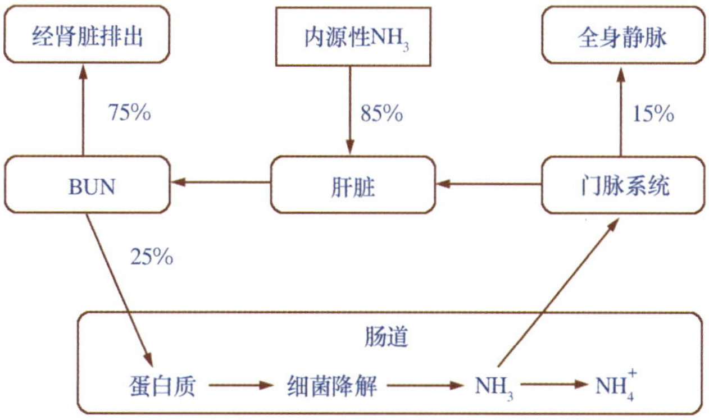 图 6-2　尿素氮（BUN）的生成

续表

<table>
<tr><th>序号</th><th>内容</th><th>方法</th></tr>
<tr><td>2</td><td>增多</td><td>
当血中尿素氮、肌酐等非蛋白氮(NPN)含量显著升高时,称为氮质血症。尿素氮增多分 3 种情况:肾前性、肾性和肾后性氮质血症(表 6-1)。

表 6-1 肾前性、肾性和肾后性氮质血症的鉴别诊断
<table>
<tr><th>分类</th><th>临床意义</th></tr>
<tr><td>肾前性氮质血症</td><td>犬尿相对比重大于 1.030,猫尿相对比重大于 1.035。尿蛋白增多,也可能由于原发性肾小球病,尿沉渣有轻微变化,但仍然能浓缩尿液。</td></tr>
<tr><td>肾性氮质血症</td><td>犬尿相对比重为 1.008～1.030,猫尿相对比重为 1.008～1.035。猫肾脏衰竭早期,有的尿相对比重仍大于1.035。但是犬肾脏衰竭,其尿相对比重为 1.006～1.007。发病可能出现多尿、少尿或无尿。</td></tr>
<tr><td>肾后性氮质血症</td><td>犬猫尿道堵塞不能排尿,或由于尿道、输尿管或肾盂堵塞,尿液排入了腹腔。尿相对比重变化不定。</td></tr>
</table>

(1)肾前性氮质血症。在大多数物种中,肾前性氮质血症多于肾性氮质血症。其原因有:①蛋白质分解代谢增强的疾病,多见于小肠出血或坏死、饥饿、感染、发热、甲状腺功能亢进及高蛋白饮食等。可见 BUN 轻度升高,CREA 浓度一般不增加。②循环障碍导致肾脏血流减少、肾小球滤过率(GFR)降低引起的氮质血症,见于脱水、心血管疾病、休克等。尿液的肾小管流量较低,尿素重吸收较大,因此 BUN 与 CREA 浓度均升高。肾前性氮质血症时,犬的尿相对比重大于 1.030,猫大于 1.035。但是猫肾病早期氮质血症,其尿相对比重也大于 1.035;肾前性氮质血症多呈现 BUN 的增多,CREA 常维持正常。

(2)肾性氮质血症。当 75%以上肾单位功能丧失后,会发生肾性氮质血症。因此 BUN 不是肾脏疾病的敏感指标。一旦发生肾性氮质血症,每减少 1/2 肾单位功能,尿素氮的值就升高 1 倍。肾性氮质血症常发生于肾功能衰竭时尿浓缩异常后,见于肾实质组织疾病。肾前性和肾性氮质血症常并存。肾小球损伤能引起氮质血症和尿蛋白增多,其尿相对比重可能正常(肾小管损伤没有达到影响尿浓缩力)。血清 BUN 和 CREA 增多,尿相对比重犬为 1.010～1.020,猫为 1.015～1.030,表示为原发性肾病。急性肾损伤、慢性肾功能不全、肾盂肾炎、大肠埃希菌性败血症、子宫蓄脓、前列腺脓肿、高钙血症、低钾血症、药物性肾中毒(如氨基糖苷类抗生素、两性霉素 B)、钩端螺旋体病、高渗性糖尿病等都可引起肾性氮质血症。肾性氮质血症时,随着时间进展,尿浓缩能力递减,因此出现尿比重下降,尿渗透压、血浆渗透压比率降
</td></tr>
</table>

续表

序号	内容	方法
2	增多	低。但是猫例外，在氮质血症发生后，猫肾的尿浓缩能力仍能维持一段时间。 (3)肾后性氮质血症。患病动物少尿或无尿，临床常见于输尿管、尿道、膀胱疾病，如尿结石、肿瘤、前列腺癌、膀胱破裂等，可通过病史、病理学检查、放射学检查或超声检查进行诊断。 另外，血氯水平升高能使尿素氮测定水平偏高，溶血标本对检验有干扰；药物类如磺胺类药物、呋塞米、水合氯醛等，都能使检验值增大。
3	减少	正常新生幼犬猫比成年犬猫低。 (1)尿素合成减少。进行性肝病、肝瘤、肝硬化、肝脑病、幼犬先天性门脉分流、低蛋白饮食和吸收紊乱，用葡萄糖治疗的长期厌食。 (2)尿液排出量大。补液过量、糖尿病、肾上腺皮质功能亢进、妊娠后期等。

(二)肌酐(CREA)

序号	内容	临床意义
1	概述	血清肌酐(CREA)是生物体内肌肉组织中储能物质肌酸的代谢产物。少量肌酐来自作为日粮而食入的肌肉，大多数内源性肌酐是由肌肉中储能的磷酸肌酸进行非酸性的转化而来，为肌肉代谢肌酸降解的产物。 肌酐主要由肾小球滤过，肾小管不再重吸收，然后从尿中排出体外，部分可由胃肠道排出。动物机体形成的肌酐量视其肌肉活动量的大小和肌肉疾病及其程度而定。肌酐的每日产量相当稳定，几乎不受年龄、饮食、运动、代谢、机体内水分和排尿多少的影响，因此用 CREA 检验肾脏疾患比 BUN 更有意义。
2	增多	(1)生理性。见于肌肉组织丰富的动物，如比特犬、恶霸犬等。 (2)病理性。 ①肾前性：主要见于急性心肌炎、严重肌肉损伤、肾脏灌流减少(如脱水、休克)等。吃煮熟的肉、肾上腺皮质功能降低、心血管疾病和垂体功能亢进等也会导致增多。肾前性增多一般不明显。发生氮质血症时，如果尿比重仍大于 1.025，表示仍有足够数量正常肾单位浓缩尿，可判为肾前性的。在严重脱水和心力衰竭时，CREA 浓度有时可达到 250 μmol/L。在肾上腺皮质功能降低时，CREA 增多的幅度更大，在临床上要特别注意区别。 ②肾脏严重损伤：通常在肾脏疾病初期，血清肌酐值变化不大。严重肾炎、严重中毒性肾炎、肾衰竭末期、肾淀粉样变、间质肾炎和肾盂肾

续表

序号	内容	方法
2	增多	炎等。在正常肾脏血流的情况下，CREA 肾性增多为 177～442 μmol/L，尿相对比重为 1.010～1.018，表示中度肾衰竭；CREA 为 442～884 μmol/L 时，表示严重肾衰竭。与 BUN 一样，一般肾单位损伤超过 75% 时，血清 CREA 浓度才升高，在犬猫肾脏疾病诊断中敏感性相对较差。 ③肾后性：见于尿道阻塞或膀胱破裂。只要解除病因，CREA 很快就会恢复正常。 ④慢性肾性：一般增加到 442 μmol/L(5 mg/dL)或更多，预后不良。
3	减少	见于恶病质、肌肉萎缩、妊娠中后期等。

三、蛋白质群组

二维码 6-5　蛋白质群组临床意义(微课)

(一)总蛋白(TP)

序号	内容	临床意义
1	概述	血清总蛋白是血清中全部蛋白质的总称，包括白蛋白、球蛋白、纤维蛋白原。一般生化分析仪检测的是总蛋白与白蛋白，总蛋白减去白蛋白即为球蛋白的浓度(包括少量纤维蛋白原)。球蛋白通过电泳、染色等技术的运用，将其分成 α (α_1 和 α_2)、β(β_1 和 β_2)、γ 球蛋白 3 部分。 白蛋白、纤维蛋白原、80%的 α 和 β 球蛋白由肝脏生成，γ 球蛋白由淋巴结、脾脏、骨髓生成，IgG 主要由脾脏产生。血浆中蛋白 90%～95%由肝脏合成。
2	增多	(1)相对增加。各种原因引起体内水分排出大于摄入，特别是急性脱水，如呕吐、腹泻等疾病。 (2)合成增加。多发生于动物患有淋巴肉瘤、浆细胞瘤等疾病。 (3)溶血和脂血症(动物食后采血)。
3	减少	(1)生理性因素。见于幼龄和青年动物、血液稀薄、输液。 (2)合成障碍。见于营养吸收障碍、肝硬化、肾病综合征、失血、胃肠疾病。 (3)丢失增加与蛋白分解代谢。见于严重烧伤、创伤、肾脏疾病、糖异生引起白蛋白分解过多，大量血浆外渗；大出血时大量血液丢失，肾病综合征时尿中长期丢失蛋白质等。

(二)白蛋白(ALB)

序号	内容	临床意义
1	概述	白蛋白由肝脏合成,是形成胶体渗透压的主要因素。主要功能为维持血浆渗透压,运输激素、离子(如钙)、胆红素和药物等。
2	增多	(1)脱水(如腹泻、出汗、呕吐和多尿)、休克、肾上腺皮质功能减退、淋巴肉瘤、多发性骨髓瘤等。 (2)溶血或脂血症(动物采食后)。
3	减少	(1)生理性因素。大量输液导致血液稀释。 (2)合成减少。长期饥饿或腹泻、消化不良、吸收不良导致的营养不良、炎症、肝功能不全、肝硬化等。 (3)丢失增加。 ①蛋白丢失性肾病、肾小球肾炎和肾淀粉样变性。 ②蛋白丢失性肠病、妊娠、泌乳、发热、寄生虫感染、甲状腺功能亢进和恶性肿瘤。 ③出血、渗出性皮肤病(如烧伤、大面积外伤)、腹水(如腹膜炎)、胸水和水肿。

(三)球蛋白(GLOB)

序号	内容	临床意义
1	概述	血液中球蛋白包括 α 球蛋白(α_1 和 α_2)、β 球蛋白(β_1 和 β_2)与 γ 球蛋白。大多数 α 和 β 球蛋白在肝脏中合成,γ 球蛋白由淋巴器官中的浆细胞和淋巴细胞合成。感染、创伤、炎症等作用于动物机体,造成一系列反应,如发热、白细胞增多、糖皮质激素和促肾上腺皮质激素分泌增多、补体系统和凝集系统激活、一些血浆蛋白浓度改变等,称为急性期反应。 在应激刺激下产生变化的蛋白称为急性期蛋白,主要由肝脏合成,且多为含糖的球蛋白。急性期蛋白是由于细菌、病毒、寄生虫感染、机械性刺激,或局部缺血性坏死、恶性肿瘤等原因引起身体一系列的早期、高度复杂反应的产物,急性期蛋白在感染或炎症后的恢复中起重要作用,除肝脏合成外,单核细胞、成纤维细胞和脂肪细胞也可以合成,与细胞免疫和体液免疫的特异性相比,急性期蛋白是非特异性的。 临床最常见的急性期蛋白是C反应蛋白(CRP)。在炎症刺激后,血清中的C反应蛋白浓度迅速地成倍地升高,因此,是炎症反应的良好指标。在细菌感染下C反应蛋白会呈明显上升,而病毒感染则呈现正常或降低,可以作为细菌或病毒感染的鉴别,且C反应蛋白被认为在急性细菌感染或判定抗生素疗效时比白细胞检测更为准确。

续表

序号	内容	方法
2	增多	(1)血液浓缩。也可引起高白蛋白血症。 (2)α 球蛋白增多。见于急性炎症(α_1、α_2 球蛋白上升)、肾脏疾病(如急性肾小球肾炎、肾病综合征，导致 α_2 球蛋白上升)、肝脏综合征、寄生虫感染、皮质类固醇治疗(α_2 球蛋白上升)。 (3)β 球蛋白增多。见于急性或慢性炎症(多与抗原刺激有关，伴随 γ 球蛋白上升)、化脓性皮肤疾病、肾脏疾病(肾病综合征、急性肾炎)、新生瘤、骨折、急性肝炎、肝硬化、严重寄生虫感染、淋巴肉瘤和多发性骨髓瘤。 (4)γ 球蛋白增多。见于慢性抗原刺激、胆管性肝炎、慢性炎症性疾病、传染性腹膜炎、免疫介导性疾病和一些淋巴样肿瘤(如浆细胞肿瘤、淋巴瘤、白血病)等。
3	减少	(1)生理性。幼龄动物，某些品种如巴吉度犬、威尔士柯基犬、腊肠犬等可能存在原发性严重复合型免疫不全症。 (2)病理性。 ①合成减少：见于肝脏等血液蛋白生成器官的疾病。 ②球蛋白和白蛋白丢失和分解代谢增加：急性或慢性出血、溶血性贫血；蛋白丢失性肠病和肾脏病；烧伤和严重渗出性皮炎。 ③单项球蛋白减少。 α_1 球蛋白减少：见于肝脏疾病、肾炎。 α_2 球蛋白减少：见于细菌和病毒感染、肝脏疾病、溶血性疾病。 β_1 球蛋白减少：见于自身免疫性疾病、肾脏疾病、急性感染和肝硬化。 β_2 球蛋白减少：见于抗体缺乏性综合征、慢性肝脏疾病。 γ 球蛋白减少：见于缺乏初乳的新生动物、免疫功能抑制(长期应用肾上腺皮质激素或免疫抑制药物)。

(四)白蛋白/球蛋白(白球比或 A/G 值)

序号	内容	临床意义
1	正常	若总蛋白过高，但 A/G 值正常，一般考虑脱水所致。
2	增多	白蛋白增多和/或球蛋白减少。见于先天性或后天性免疫功能降低所造成的球蛋白过低。
3	减少	白蛋白减少和/或球蛋白增多。见于骨髓瘤、淋巴瘤、慢性肝炎、肝硬化、肾病综合征等。

四、碳水化合物群组

二维码 6-6 碳水化合物与脂肪群组临床意义(微课)

(一)血糖(GLU)

序号	内容	临床意义
1	概述	血糖主要是指血液中的葡萄糖,它来源于食物、糖异生和肝脏糖原分解。成年犬禁食 24～72 h,幼犬 6 h,肝脏糖原即被耗完。血糖浓度受胰高血糖素、胰岛素、生长激素、儿茶酚胺与皮质类固醇等激素调节。检测血糖的指标有两个,即空腹血糖和食后 2 h 血糖。一般动物血糖超过 10.1 mmol/L(180 mg/dL),会出现尿糖升高。
2	增多	(1)生理性。饲喂后、兴奋或恐惧(释放肾上腺素和去甲肾上腺素,促进肝细胞糖原分解)、应激(糖皮质激素相关,刺激肝细胞的糖异生作用),一般不伴随糖尿的增多。 (2)病理性。 ①糖尿病:胰岛素缺乏,尿中出现尿糖。 ②内分泌紊乱:急性胰腺炎(引发胰高血糖素的分解,导致血糖暂时升高)、肾上腺皮质功能亢进(造成胰岛素抗性)、肢端肥大症(造成胰岛素抗性)、甲状腺功能亢进(对肾上腺素敏感性增加)、垂体功能亢进、垂体肿瘤、嗜铬细胞瘤等,一般不伴随糖尿的增多。 (3)药物性。 ①葡萄糖相关:口服或静脉注射葡萄糖、糖皮质激素、甲状腺素、胰高血糖素、醋酸甲地孕酮、氯胺酮、乙二醇等。 ②胰岛素相关:注射过量胰岛素、塞拉嗪、地托咪啶、普萘洛尔等。 ③生长激素相关:注射孕酮、吗啡等。 (4)人为因素。溶血。
3	减少	(1)生理性。新生动物(21 d 内)血糖一般较低,爱动的幼龄动物有暂时性低血糖。 (2)病理性。 ①胰岛素分泌增加:胰腺功能性 β 细胞瘤。 ②葡萄糖利用增加:严重挣扎(包括捕捉)、严重感染和热性疾病、肿瘤、猎犬狩猎作业时。 ③糖异生作用减少:先天性或后天性肝脏糖异生作用不足或障碍、

续表

序号	内容	方法
3	减少	肾上腺皮质功能减退、幼犬特发性低血糖、饥饿或严重的营养不良。 ④糖原分解作用减少：糖原贮积症（少见）。 ⑤其他：败血症（尤其是内毒素血症）、孕期低血糖、慢性肾衰（猫）。 （3）药物性。胰岛素剂量大、磺胺类药物、乙醇等。 （4）人为因素。血清和红细胞的分离和样品的处理时间过长。每延长 1 h，血糖减少近 10%，最好在采血后 20～30 min 内检验。

（二）糖化血红蛋白（GHb）

序号	内容	临床意义
1	概述	糖化血红蛋白是葡萄糖通过非酶促作用连接于血红蛋白形成的。糖化血红蛋白可以稳定可靠地反映出检测前上百天内的平均血糖水平，并不易受抽血时间、空腹、出血及使用降糖药物等因素干扰。可用于监测胰岛素治疗的血糖控制效果。
2	升高	当血中葡萄糖浓度升高时，动物体内所形成的糖化血红蛋白含量也会相对升高。糖化血红蛋白的半衰期为 2～3 个月，最好每 3 个月检测一次糖化血红蛋白，或每年检测 2 次，以便调整血糖控制方案，达到理想控制血糖的目的。血糖控制较好的糖尿病患犬，其糖化血红蛋白浓度为 4%～6%；而血糖控制不好的糖尿病患犬，其糖化血红蛋白浓度为 7%以上。

（三）糖化白蛋白（果糖胺）

序号	内容	临床意义
1	概述	果糖胺是一种稳定的复合物，是葡萄糖通过非酶促作用连接于白蛋白或其他血清蛋白而形成的。果糖胺为一种酮胺，其碳骨架与果糖的相同，故称为果糖胺。它和血糖循环浓度有关，当血糖持续很高时果糖胺也会上升。果糖胺分子的半衰期为 2～3 周，一般认为果糖胺浓度能更好地反映最近的葡萄糖浓度，是评价糖尿病治疗或饮食控制的较好的分析指标。
2	升高	（1）糖尿病诊断。可以评估犬、猫最近 2～3 周发生的糖尿病。 （2）可以判断猫是否存在应激性高血糖。如果是应激性高血糖，果糖胺多为正常。 （3）反映胰岛素疗效。每 7 d 检测 1 次果糖胺，可根据检测结果调整胰岛素剂量。 血清果糖胺的检测结果判读见表 6-2。

续表

<table>
<tr><th>序号</th><th>内容</th><th>方法</th></tr>
<tr><td>2</td><td>升高</td><td>
表 6-2 血清果糖胺的检测结果判读
<table>
<tr><th>果糖胺浓度/(μmol/L)</th><th>血糖控制效果判读</th></tr>
<tr><td><350</td><td>极佳的血糖控制
胰岛素过量
糖尿病痊愈</td></tr>
<tr><td>350～450</td><td>良好的血糖控制</td></tr>
<tr><td>450～550</td><td>中度的血糖控制</td></tr>
<tr><td>>550</td><td>不良的血糖控制</td></tr>
</table>
</td></tr>
</table>

五、矿物质群组

二维码 6-7 矿物质、胰腺与肌肉群组临床意义(微课)

(一)钙(Ca)

序号	内容	临床意义
1	概述	动物体内总钙的 99%存在骨骼中，血清钙只占 1%。血清钙有三种形式：离子钙(占 50%)、与白蛋白结合的非离子钙(占 40%)，以及与枸橼酸盐、磷酸盐形成的复合物(占 10%)。只有离子钙对骨的形成、神经肌肉活动、细胞生物化学过程和凝血方面具有生物活性。 钙主要受甲状旁腺激素(PTH)调节。PTH 在低钙血症或高磷血症时释放，用于促进 Ca^{2+} 吸收和 PO_4^- 排泄。血清钙离子浓度受到酸碱平衡的影响，碱中毒会降低血清钙离子浓度，而酸中毒则会增加血清钙离子浓度。此外，血清白蛋白浓度的高低也会影响血清总钙浓度，白蛋白每增加或减少 1 g/dL，血清总钙量就会增加或减少 0.8 mg/dL。1 岁以内的犬，尤其是大型犬，其血清钙比成年犬多 0.1 mmol/L。2 岁以内的猫，其血清钙较成年猫多 0.1 mmol/L。
2	增多	(1)生理性。见于发育期的青年动物，尤其是大型犬。 (2)钙从骨骼的移出量增加。 ①原发性甲状旁腺功能亢进：功能性甲状旁腺肿瘤或特发性肾上腺增生。

续表

序号	内容	方法
2	增多	②假性甲状旁腺功能亢进：伴有瘤形成；瘤形成是犬症状性高钙血症的最常见原因，造成假性甲状旁腺功能的亢进，促使钙从组织中移出，如淋巴瘤、腺瘤（肛门腺癌、乳腺癌）。 ③骨骼紊乱，原发性或转移性骨新生瘤、多发性骨髓瘤（多由肿瘤浆细胞分泌的破骨细胞活化因子引发）。 (3)血清携带增加。高蛋白血症、高脂蛋白血症。因为大部分血钙和蛋白质一起，此时血清总钙量增多。 (4)肾上腺皮质功能减退或肾衰竭。糖皮质激素分泌不足（糖皮质激素具有促进机体排除钙的作用）或肾衰竭导致大量利尿的状态（排出大量的磷）。 (5)酸中毒。增加血清钙离子浓度。 (6)骨骼损伤。见于骨脊髓炎、肥大性骨营养不良、溶骨性病变。 (7)摄取增加。高钙饲料和硬水地区、医源性（过量添加钙或补充钙，过量口服磷酸盐黏合剂）、中毒（含钙化醇的灭鼠剂、维生素 D 过多症、含维生素 D 的植物）。 (8)特发性高钙血症、肉芽肿病、高脂血症（人为因素）。
3	减少	(1)生理性。妊娠期和正在泌乳期的动物。 (2)摄取量减少。 ①低钙饮食或低钙高磷性食物（如采食过多肉类或动物肝脏）、维生素 D 缺乏症、肠道吸收不良。 ②甲状旁腺功能减退。钙从骨骼中移出的降低，见于甲状旁腺的手术摘除和犬瘟热损伤等。 (3)降钙素功能亢进。增加了钙在骨骼中的沉积。 (4)血清钙携带减少。见于低蛋白血症、低白蛋白血症、蛋白丢失性肠病。 (5)慢性肾衰竭。排尿减少导致磷的大量堆积，继而造成低血钙，刺激甲状旁腺分泌甲状旁腺激素提升血钙浓度，久之导致不可逆的甲状旁腺功能亢进。因此慢性肾脏疾病初期会出现低血钙，后期则因甲状旁腺功能亢进而导致高血钙。 (6)使用磷酸盐灌肠或静脉注射含磷酸盐的液体，导致机体磷的堆积，与钙结合造成组织钙化。 (7)急性胰腺炎。胰酶外漏导致胰腺周围脂肪组织坏死而造成脂肪组织的皂化作用（血钙参与）。 (8)碱中毒。 (9)乙二醇中毒（钙、磷沉积在肾脏，造成肾皮质与髓质间钙化）。 (10)使用 EDTA、溶血和血清与红细胞的分离时间延长（人为因素）。

(二)无机磷(PHOS)

序号	内容	临床意义
1	概述	磷是细胞内的主要离子,以三磷酸腺苷(ATP)形式存在。血清无机磷包括 HPO_4^{2-}、PO_4^{3-}、$H_2PO_4^-$ 和磷酸盐离子中的磷。机体酸中毒时,细胞内磷移到血浆里;而机体碱中毒时,磷从血浆又移至细胞内。磷的主要功能包括构成细胞的结构物质、调节生物活性与参与能量代谢等;缺磷会导致生长迟缓、增加细胞钾及镁离子的流失而影响细胞功能。 血清磷紊乱可能存在严重的并发症,此时常与血清钾、钠、镁和钙有关。采集血样品最好在动物休息时采集。肉类食物中含有丰富的磷,蛋白含量越高的食物中磷含量越高。动物采食大量碳水化合物后,血清中磷水平降低。红细胞含有大量无机磷,溶血的样品不宜作检验用。
2	增多	(1)青年动物。 (2)摄取增加。高磷饮食(导致营养继发性甲状旁腺功能亢进)。 (3)肾小球滤过率降低。如急性或慢性肾衰竭(尤其是肾病末期)、进行性肾脏疾病、肾前性和肾后性氮质血症。 (4)甲状旁腺功能减退(高磷血症伴发低钙血症)、肾上腺皮质功能减退。 (5)骨折愈合期、溶骨性病变、维生素D中毒(高磷血症伴发高钙血症)。 (6)组织大量坏死。如车祸导致肌肉坏死,大量的磷从坏死的细胞中释放出来。 (7)使用含磷的灌肠剂或静脉注射含磷酸盐的液体。肠道磷吸收增加所致。 (8)溶血(人为因素)。
3	减少	(1)摄取和吸收减少。 ①低磷饮食,或钙磷比例不当。 ②维生素D缺乏、饮食缺钙(导致营养性继发性甲状旁腺功能亢进,血清中磷减少)。 ③不吸收、严重腹泻或呕吐、多尿、脂肪肝或碱中毒、产后缺钙。 (2)糖尿病。导致渗透性利尿,排出大量的磷。 (3)原发性甲状旁腺功能亢进、假性甲状旁腺功能减退(肾对磷的再吸收减少)。 (4)血中的磷转移至细胞内。静脉注射葡萄糖、注射胰岛素、碱血症。 (5)严重的低血清磷(<0.32 mmol/L 或 0.1 mg/dL)可引起红细胞溶解,损伤白细胞吞噬和杀菌能力、血小板功能降低、肌肉病、心肌病和中枢神经症状。

(三)镁(Mg)

序号	内容	临床意义
1	概述	镁参与多种酶反应，具有激活氨基酸、合成蛋白质、稳定核酸、肌肉收缩和神经传导等作用。镁还能维持细胞内钾离子浓度。血清中镁2/3呈离子状态，1/3与白蛋白结合。
2	增多	(1)肾功能不足、肾衰竭。 (2)过多口服抗酸剂或含镁的泻剂。 (3)过量静脉输入含镁溶液。 高镁血症临床表现为表皮血管膨胀、血压低、恶心、呕吐、嗜睡、呼吸减弱、骨骼肌麻痹、心律不齐、昏迷而死亡。
3	减少	低镁血症与低钙血症多并发出现。 (1)摄入或吸收不足。见于摄取食物减少、慢性腹泻或呕吐、吸收不良综合征、急性胰腺炎、肝胆疾病。 (2)排出过多。见于肾小球肾炎、急性肾小管坏死、药物诱导肾小管损伤(如氨基糖苷类药物)、长期静脉输液治疗、服用利尿剂等。 (3)内分泌性。见于糖尿病酮症酸中毒、甲状腺功能亢进、原发性甲状旁腺功能亢进和原发性醛固酮分泌亢进。 (4)其他。见于快速给予胰岛素、葡萄糖、氨基酸，以及败血症、体温降低、大量输血、腹腔透析、血液透析等。

六、胰腺群组

(一)淀粉酶(AMYL)

序号	内容	临床意义
1	概述	血清淀粉酶由胰腺外分泌部非特异性产生，存在于胰腺、肠黏膜和肝脏中。 在健康动物中，血清淀粉酶主要来自十二指肠黏膜。淀粉酶经肾小球滤过，由肾小管上皮重吸收并灭活。肝脏枯否细胞也重吸收、灭活少量淀粉酶。血清淀粉酶活性有助于诊断犬胰腺炎，但对猫胰腺炎诊断的价值不大。
2	增多	(1)肾小球滤过功能降低。肾衰时淀粉酶可升高2～3倍。 (2)胰腺炎。淀粉酶活性越高(正常参考值的3～4倍或更高)，胰腺疾病可能越高。犬出现胰腺炎时，淀粉酶活性达正常参考值的7～10倍，可在12～48 h内达到峰值，随后的8～14 d内逐步下降到正常参考值。

续表

序号	内容	方法
2	增多	另外胰腺坏死和脓肿、胰腺管堵塞、胰腺肿瘤等，血液中无机磷的含量可达到 2 000～3 000 U/L。但慢性纤维化胰腺炎，其酶值基本正常。血清淀粉酶的假阴性结果比血清脂肪酶常见，虽然淀粉酶活性在参考范围内，也不排除有胰腺炎存在的可能性。此外，血清淀粉酶增多与胰腺炎严重程度不呈正相关。 (3)非胰腺疾病。如肾病和/或肾小球滤过率降低、糖尿病、胃肠道疾病(如肠穿孔或破裂、肠炎、肠扭转、肠阻塞)、肿瘤(如淋巴肉瘤、血管肉瘤)及肝胆疾病。 (4)皮质类固醇过多。见于皮质类固醇(尤其是地塞米松)和促肾上腺皮质激素治疗，以及肾上腺皮质功能亢进和应激等。 (5)药物影响。多种药物可引起急性胰腺炎，如硫唑嘌呤、钙制剂、雌激素、异烟肼、甲硝唑、溴化钾、磺胺、四环素、利尿性噻嗪等。
3	减少	一般无临床意义，偶见于胰腺变性萎缩。

(二)脂肪酶(LPS)

序号	内容	临床意义
1	概述	脂肪酶由胰腺外分泌部非特异性产生，主要存在胰腺和肠黏膜中。血清脂肪酶活性有助于诊断犬胰腺炎，但对猫胰腺炎的诊断价值不大。脂肪酶比淀粉酶分布的组织少，因此在诊断犬胰腺炎时脂肪酶比淀粉酶更具有参考价值。
2	增多	(1)肾小球滤过功能降低。肾衰时脂肪酶可升高 2～3 倍。 (2)急性胰腺炎。脂肪酶活性上升 3 倍或以上，提示急性胰腺炎。脂肪酶活性在 24 h 内上升并在 2～5 d 内达到峰值。该酶活性的升高与胰腺炎的严重性不呈正相关。另外还见于胰腺脓肿、胰管堵塞和肿瘤，尤其是胰腺癌时，其酶值可极度增多。 (3)非胰腺疾病。腹膜炎、胃炎、肠炎、肠阻塞、肝脏疾病、肿瘤、开腹手术时对内脏的损伤等，可引起脂肪酶上升 2～3 倍。 (4)药物影响。给予类固醇可造成脂肪酶数值上升。
3	减少	溶血会抑制脂肪酶活性，一般无临床意义。

七、脂肪群组

(一)胆固醇(CHOL)

序号	内容	临床意义
1	概述	胆固醇是在肝细胞合成的甾族醇类，用于在肝细胞中生成甾族分子，并被降解为胆汁酸。胆固醇分游离胆固醇和胆固醇酯，胆固醇酯占

续表

序号	内容	方法
1	概述	70%左右，通常都位于富含胆固醇的低密度脂蛋白（LDL）或高密度脂蛋白(HDL)内。血清胆固醇浓度增加反映了富含胆固醇的脂蛋白(如LDL、HDL)浓度增加。游离胆固醇由肠道吸收及肝脏、小肠、皮肤和肾上腺合成，胆固醇酯只能在肝脏合成。检验游离胆固醇和胆固醇酯，对诊断肝脏疾病有较大意义。
2	增多	(1)生理性高脂血症(餐后高脂血症)。见于动物采食高脂食物。 (2)脂蛋白代谢缺陷。 ①肾病综合征或蛋白丢失性肾病：蛋白质丢失导致血浆脂蛋白降解作用缺陷。 ②甲状腺功能减退：甲状腺素产生减少导致血中脂蛋白脂解作用或加工过程减少。 ③糖尿病：脂蛋白脂肪酶的活性依赖于胰岛素，血浆胰岛素浓度降低导致血管内脂蛋白脂降解作用或加工过程减少。 ④脂蛋白脂酶缺乏，导致脂蛋白聚积，在猫少见，在犬罕见。 (3)脂肪代谢异常。重症糖尿病、脂肪组织炎(猫)、厌食(小型马)等。 (4)其他。 ①肾上腺皮质功能亢进：皮质醇刺激肝细胞合成极低密度脂蛋白(VLDLs)，导致肝细胞的 VLDLs 生成增加。 ②急性胰腺炎：发病机制未完全确定，可能与胰岛素活性降低、炎性细胞因子改变脂质代谢及伴发阻塞型胆汁淤积的脂质代谢缺陷有关。 ③胆汁淤积：肝细胞合成胆固醇增加、胆固醇分泌入胆汁存在缺陷及肝细胞摄取 LDLs 存在缺陷。 ④遗传性因素：迷你雪纳瑞犬特异性高脂血症、伯瑞犬家族性高胆固醇血症等。 ⑤药物：如类固醇、甲巯咪唑、苯妥英钠等。
3	减少	(1)摄取或吸收减少。如低脂饮食、胰外分泌不足(影响消化)、肠道不吸收、严重营养不良、严重贫血。 (2)合成减少。见于末期肝脏疾病(如肝硬化)、门静脉分流等。 (3)丢失和分解代谢增加。见于蛋白质丢失性肠病、甲状腺功能亢进。 (4)严重败血症、热性传染病、进行性肾炎。 (5)药物。如应用雌激素、硫唑嘌呤、秋水仙碱、氨基糖苷类抗生素。

(二)甘油三酯(TG)

序号	内容	临床意义
1	概述	血清脂类包括游离胆固醇、胆固醇酯、磷脂、甘油三酯(中性脂肪)和游离脂肪酸。由于脂类不溶于水,为便于在血液中运输,它们必须和血液中蛋白结合。具有极性的脂类,如游离脂肪酸、磷脂和游离胆固醇与白蛋白结合;无极性的脂类,如甘油三酯和胆固醇酯与携带蛋白(如脱辅基蛋白)结合,形成大分子的血清脂蛋白。根据脂蛋白成分含量不同及其比重、表面电荷不同,将脂蛋白分为四类:乳糜微粒(CM)、极低密度脂蛋白(VLDL)、低密度脂蛋白(LDL)和高密度脂蛋白(HDL)。高脂血症实际上是血浆中胆固醇、甘油三酯或两类同时增多造成的。CM 和 VLDL 含有多量甘油三酯;CM 来源于食物中的脂肪,VLDL 主要由肝脏合成。LDL 和 HDL 主要为胆固醇和胆固醇酯的载体;LDL 为 VLDL 的代谢降解产物;HDL 由肝脏产生,是犬猫的初级脂蛋白。 高脂血症可通过血清或血浆呈奶油状来辨认,但是采食后血清或血浆呈现奶油状是正常的,饥饿 12 h 后仍是奶油状,就是高脂血症了。血清或血浆呈现清亮时,也不能排除不是高脂血症。在高胆固醇血症,而无甘油三酯血症时,无脂血症表现。血清甘油三酯浓度大于 2.2 mmol/L(220 mg/dL),此时肉眼可见脂血。一般来讲,当成年饥饿犬胆固醇和甘油三酯浓度分别为大于 7.8 mmol/L(300 mg/dL)和 1.65 mmol/L(150 mg/dL)时,就应怀疑为高脂血症;而当成年饥饿猫胆固醇和甘油三酯浓度分别为大于 5.2 mmol/L(200 mg/dL)和 1.1 mmol/L(100 mg/dL)时,也应怀疑为高脂血症。
2	增多	主要是高乳糜微粒和极低密度的脂蛋白。 (1)生理性。见于采食高脂肪、高糖和高能量食物后。 (2)脂蛋白脂酶活性降低。见于糖尿病、胰腺炎。 (3)脂肪代谢异常。见于厌食症(猫)、猫特发性肝脏脂肪沉积综合征。 (4)遗传性因素。如缅甸猫(高甘油三酯血症)、迷你雪纳瑞犬特异性高脂血症等。 (5)其他。见于犬甲状腺功能减退(低密度脂蛋白代谢障碍)、肾上腺皮质功能亢进(类固醇增加导致胰岛素拮抗)、胆汁淤积、肾小球疾病、猫肢端肥大症、猫乳糜微粒过多症、猫抗甲状腺治疗、特发性或自发性高脂血症及原发性脂蛋白血症。 (6)药物。如甲羟孕酮、雌激素和考来烯胺。
3	减少	见于甲状腺功能亢进、严重肝病、营养不良和蛋白丢失性肠病。药物有维生素 C、L-门冬酰胺酶和肝素等。

八、肌肉群组

(一)肌酸激酶(CK)

序号	内容	临床意义
1	概述	肌酸激酶也称为肌酸磷酸激酶(CPK),主要存在于骨骼肌肉、心肌和脑组织。此酶具有催化ATP转化为磷酸肌酸以及ADP的可逆性磷酸化作用。磷酸肌酸为肌肉收缩使用的高能量磷酸的主要来源。CK有三种同工酶:脑型同工酶(CK-BB,CK_1),主要存在于大脑、外周神经、脑脊液和内脏;肌型同工酶(CK-MM,CK_3),主要存在于骨骼肌和心肌;混合型同工酶(CK-MB,CK_2),主要存在于心肌,骨骼肌中仅含少量。CK活性的显著升高常提示心肌或骨骼肌的变性或坏死。CK的活性在肌肉坏死的几小时内便急剧升高,其在血浆中的半衰期小于2 h。因此,CK活性往往在肌肉损伤停止后的24～48 h内回到正常范围,若CK持续上升可能存在肌肉的持续损伤。 CK与AST的联合评估可以用来鉴别AST活性升高的原因。如果CK与AST均升高,疾病过程可能和肌肉损伤有关;如果AST活性升高而CK活性正常,病变可能位于肝脏。肌肉损伤停止后,AST下降的速度较慢,因此如果AST活性升高而CK活性正常,不能排除之前的肌肉损伤。
2	增多	(1)生理性。6月龄以内动物的CK活性为成年动物的2倍。 (2)骨骼肌损伤。主要导致CK_3的升高,见于肌肉损伤、肌炎坏死、手术、肌内注射、剧烈运动、多发性肌炎、蛇咬伤、维生素E缺乏。 (3)心肌损伤和坏死。主要导致CK_2和CK_3的升高,天冬氨酸氨基转移酶和乳酸脱氢酶也增多。 (4)大脑皮质炎症或坏死、维生素B_1缺乏。导致脑脊髓液中肌酸激酶升高。 (5)甲状腺功能减退。甲状腺功能降低时,10%～50%病例CK升高。也见于甲状旁腺功能降低、钩端螺旋体病、铊中毒。
3	减少	样品的贮存时间过长(人为因素)。

(二)天冬氨酸氨基转移酶(AST)

详见肝脏组群。

(三)丙氨酸氨基转移酶(ALT)

详见肝脏组群。

(四)乳酸脱氢酶(LDH)

详见肝脏组群。

课后思考

1. 检测肝功能指标通常包括哪几个项目？
2. 检测肾功能指标通常包括哪几个项目？
3. 老年动物进行术前检查时，做生化检查的意义是什么？

任务二 血液生化分析仪的使用

训练目标	1. 熟练掌握血液采集及血清、血浆与全血样本的制备方法。 2. 熟练掌握离心机的使用。 3. 能熟练操作血液生化分析仪，了解其常见故障及排除方法。
主要仪器设备与场地	1. 血液样本、肝素锂抗凝管、血清管、肝素锂全血分离杯、微量吸管、滴管、样本杯、生化试剂片、无尘纸、热敏打印纸、血液生化分析仪、治疗盘、碘伏棉球、75%酒精棉球、压脉带、2 mL 注射器、电剪、利器盒、医疗废弃物收集桶。 2. 实验动物、宠物疾病临床检验实训室。

二维码 6-8 血液生化分析仪的使用（微课）

训练内容与步骤

一、血液样本的制备

序号	内容	方法
1	全血样本	使用肝素锂抗凝管或肝素锂全血分离杯。 具体步骤详见“项目二血液样本的采集与制备”的“任务二血液样本的制备”。
2	血浆样本	使用肝素锂抗凝管采血。 具体步骤详见“项目二血液样本的采集与制备”的“任务二血液样本的制备”。
3	血清样本	使用不含任何抗凝剂的采血管以及收集器具。 具体步骤详见“项目二血液样本的采集与制备”的“任务二血液样本的制备”。

二、溶血、脂血、黄疸对生化项目检查的影响

二维码 6-9 溶血、脂血、黄疸样本的分析(微课)

序号	内容	影响
1	溶血	溶血是临床生化检验中最常见的一种干扰因素,其对生化项目的干扰主要有以下 3 个方面。 (1)发生溶血时,红细胞发生破裂。细胞内高浓度物质如 AST(天冬氨酸氨基转移酶)、LDH(乳酸脱氢酶)、钾等进入血清中,使血清中相应物质的浓度增加,导致生化检测结果偏高。 (2)血红蛋白本身对吸光度有干扰。细胞内血红蛋白进入血清后,通过影响吸光度进而影响生化检测结果。在测定总蛋白时,血红蛋白会使反应的吸光度增加,从而引起总蛋白检测结果的增高。 (3)某些红细胞成分也会对生化反应形成干扰。如血清 CK(肌酸激酶)测定时,由于红细胞中含有腺苷酸激酶(AK),催化产生的 ATP 导致 CK 活性增加,引起检测结果偏高。另外,红细胞内的有机磷酸酯、非糖还原物质等,也会干扰生化项目的检测。
2	脂血	脂血主要是由于血清中乳糜颗粒和脂蛋白增多而形成的。乳糜微粒具有散射光特性,使入射光产生散射。它对生化项目检测干扰机制主要是光散射或不可溶物质增多使标本浑浊,从而影响化学反应的吸光度或化学反应产物的颜色变化。 如在 TBIL(总胆红素)测定时,脂血样本离心后获得的血清中悬浮着大量的乳糜颗粒,会使样本吸光度升高,导致 TBIL 检测结果偏高。
3	黄疸	(1)胆红素具有还原性,能够中和具有氧化性的试剂成分或中间反应产物,导致反应试剂不足或中间产物的消耗,对生化项目产生负干扰。 (2)胆红素在水溶剂中极不稳定,容易发生烯醇化或氧化,引起吸光度的升高,从而影响生化项目的准确性。如黄疸样本会对肌酐测定产生影响。

三、血液生化分析仪的操作流程

序号	内容	影响
1	主屏幕	选择“1”：New Sample（新检体）（图 6-3）。 选择“2”：刚测试过的检体。 选择“3”：检阅前 7 次测试结果。 选择“4”：监测功能。 选择“5”：设定。 选择“6”：启动联机的分析仪。 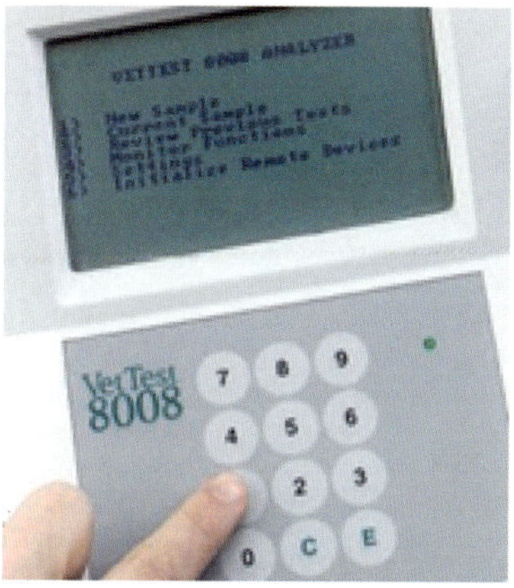 图 6-3　主屏幕
2	品种 选项屏幕	选择“1”：Canine（犬）。 选择“2”：Feline（猫）。 选择“3”：Equine（马）。 选择“4”：Bovine（牛）。 选择“5”：Avian（鸟类）。 选择“6”：Controls（品管液）。 选择“7”：Dilution（稀释测试）。 选择“8”：More Species（其他品种）。 （Press C to go back）：按 C 退回。
3	年龄 选项屏幕	选择“1”：Puppy＜6mo（幼龄犬，小于 6 个月）。 选择“2”：Adult Canine（成年犬）。 选择“3”：Ger Canine＞ 8yr（老年犬，大于 8 岁）。
4	病畜 数据输入	如果只输入病畜病历号，如 2021070101，输完后按 4 次“E”。 如果每个数据都输入，每输入一笔数据就按 1 次“E”。
5	载入 试剂片	将试剂片的铝箔纸外包装打开，一次放入一片试剂片至载片槽，缺口朝左放入，然后将试剂片槽往前推到底再拉回。放置试剂片时，切勿触及反应区域。放完所有试剂片后，按“E”进入下一步。 如果有 12 片，生化分析仪会自动扫描条形码。
6	条形码 扫描	生化分析仪自动把扫描到的测试项目显示在屏幕上。

续表

序号	内容	方法
7	装备分注器	(1)拿出分注器(图 6-4)。 (2)把新的滴管装到分注器上。 (3)把滴管旋紧,但不用到顶端。 (4)把分注器放回原位。 (5)完成后,按“E”。 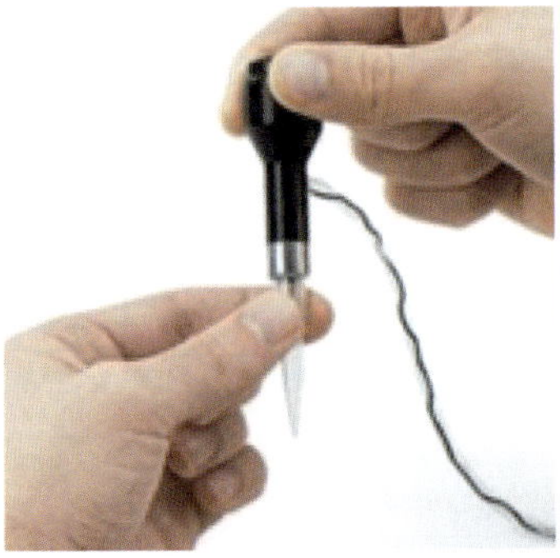 图 6-4　装备分注器
8	吸取检体	(1)将分注器底端的滴管垂直放入样本杯中,按下分注器上方的按钮,然后马上放开,听到一声“哔”(图 6-5),分注器自动吸取所需要的检体量。 (2)听到“哔—哔”两声(图 6-6),才可以把滴管移出液面。 (3)听到“哔—哔—哔”三声后(图 6-7),使用无尘纸由上往下旋转擦拭滴管外壁所有多余的检体,之后将分注器放回管座,分注器要在 20 s 内放入管座。 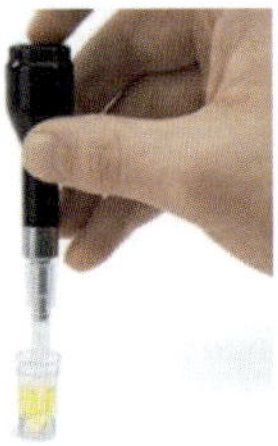 图 6-5　一声“哔” 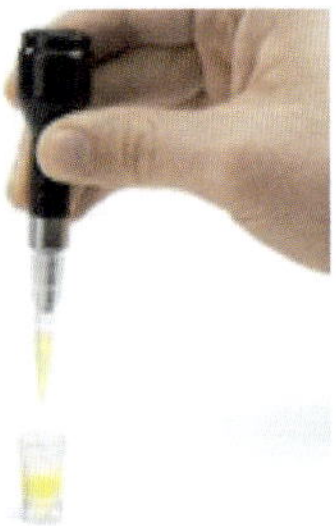 图 6-6　两声“哔” 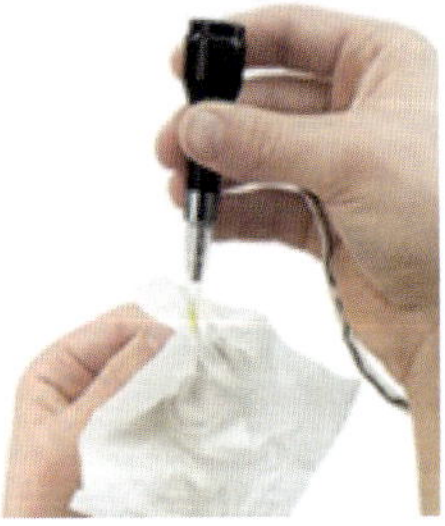 图 6-7　三声“哔”
9	测试进行	屏幕显示:“测试进行中,6 min 会完成”,按“E”检阅测试结果。
10	打印结果准备	(1)拿出分注器。 (2)拔掉并丢弃滴管(此步骤相当重要,可避免管道阻塞)。 (3)放回分注器。 (4)检查打印纸是否足够。 (5)完成后,按“E”。
11	屏幕报告准备	屏幕快速显示:“请等候,结果准备中”。

续表

序号	内容	方法
12	测试结果显示	打印完后，屏幕会更换信息。按任意键继续操作。
13	退出试剂片	系统自行推出已使用过的试剂片。屏幕显示："请等候，试剂片正被退出"。
14	操作完成后屏幕	选择"1"：显示测试结果。 选择"2"：打印测试结果。 选择"3"：结果的解说。 选择"0"：监测病畜的测试结果。 选择"C"：测试完毕。若选 C，回到主屏幕。
15	结束检测	清空废片槽；拔掉滴管，丢弃到医疗废弃物收集桶中；检查热敏打印纸。

四、全自动血液生化分析仪的操作流程

二维码 6-10　全自动血液生化分析仪的操作（动画）

二维码 6-11　全自动血液生化分析仪的操作（实操视频）

序号	方法
1	点选实验室管理系统 IVLS 首页上的"检测样本"（图 6-8）。 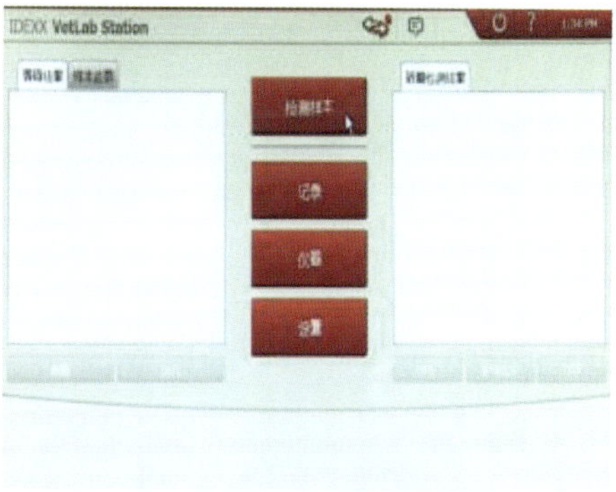 图 6-8　点选"检测样本"

续表

序号	方法
2	输入畜主和病畜数据（* 为必填字段）后，点选“Next”（图 6-9）。 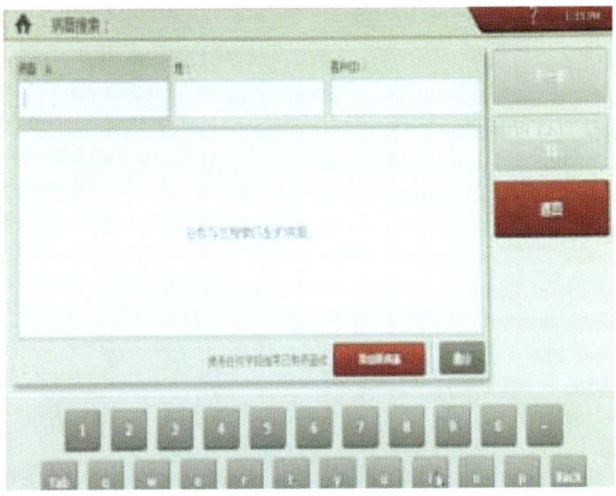 图 6-9　输入病畜数据
3	在选择仪器分页上下框中选择样本类型，默认选择全血样本（图 6-10）。 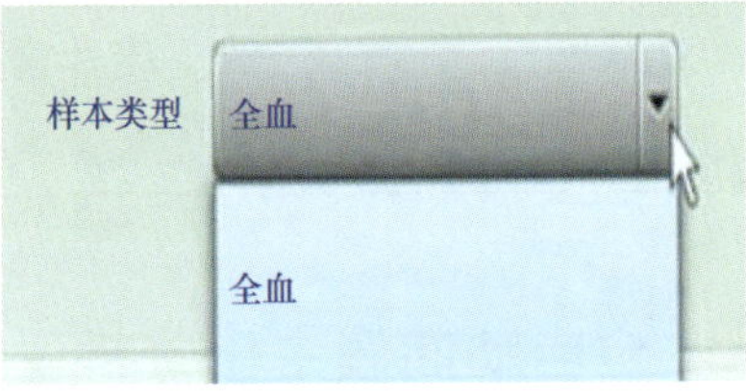 图 6-10　选择样本类型
4	点选 Catalyst One 图示，将它加入当前工作列表中。点击执行。病畜数据即传送到 Catalyst One 分析仪，然后出现一个对话框，里面列出病畜数据及操作步骤。 阅读完毕后点选“OK”，Catalyst One 图示会出现在实验室管理系统 IVLS 首页下方预检查病畜的工作列表中（图 6-11），并显示处理中。  图 6-11　Catalyst One 图示
5	拉开装载台，加载准备好的待检样本，加载试剂片（图 6-12）。 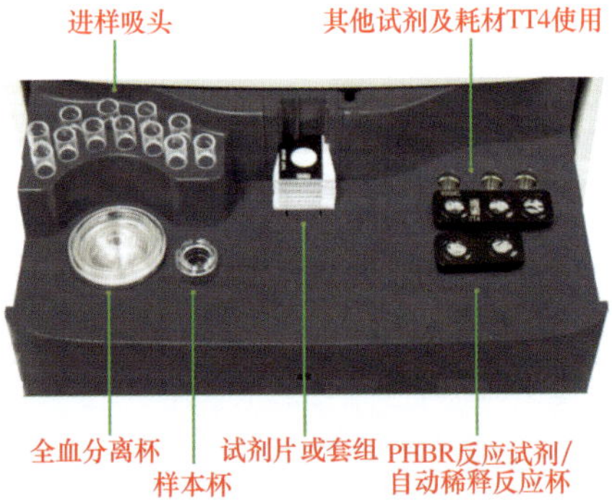 图 6-12　装载台

续表

序号	方法
6	关闭装载台，按下开始按钮，开始检测（图 6-13）。 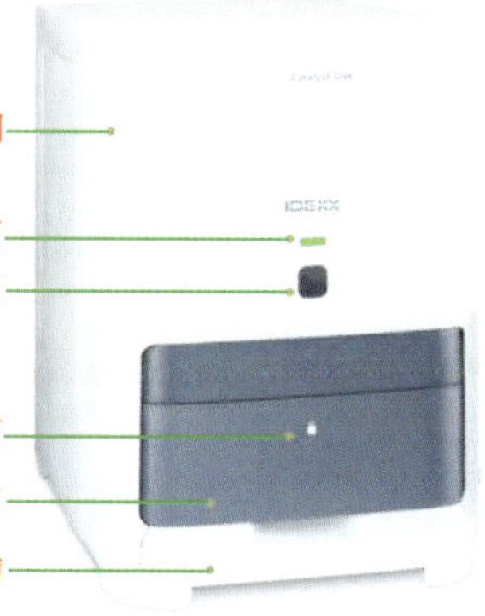 图 6-13　Catalyst One 构造
7	打印检验结果。

课后思考

1. 生化检查中血液检体的制备与处理方法有哪些？
2. 离心后的血液样本出现溶血、脂血、黄疸等症状，会对生化分析结果产生哪些影响？
3. 生化项目检测试剂片的保存条件有哪些？

真题训练

1. 一极度肥胖的斗牛犬，饮食欲正常，近日发现呼吸频率加快，舌色暗红，白细胞总数为 8×10^9 个/L。应进一步检查的血液生化指标是（　　）。【2009 年执业兽医资格考试真题】

A. 肌酐　　B. 胆固醇　　C. 胆红素
D. 尿素氮　　E. 丙氨酸氨基转氨酶

答案：B

答案解析 犬肥胖综合征是犬类常见的营养代谢性疾病，由于机体摄入的热量超过消耗，引发犬体脂肪过度蓄积。血浆胆固醇含量升高是该病的重要诊断指标之一。

（2～3 共用备选答案）【2010 年执业兽医资格考试真题】

A. 肌酸激酶　　B. 白细胞计数　　C. 红细胞计数
D. 血清淀粉酶　　E. 丙氨酸氨基转移酶

2. 犬，食欲降低，粪便稀软、恶臭，尿色黄，皮肤及结膜黄染，触诊肝区疼痛，叩诊肝浊音区扩大。实验室检查首选项目是（　　）。

答案：E

答案解析 根据该犬的临床症状，提示肝脏出现病变，实验室检查首选反映肝脏损伤及功能的指标，如丙氨酸氨基转移酶等。

3. 犬，突然发病，食欲不振，反复呕吐，粪便中有少量未消化食物，色黄；触诊其腹部异常敏感，体温 40.2 ℃。实验室检查首选项目是（　　）。

答案：D

答案解析 根据该犬的临床症状，提示胃肠道或胰腺等消化系统疾病。胰腺疾病时，血清淀粉酶活性会显著升高，结合犬出现的呕吐、腹部敏感等症状，怀疑为胰腺问题，如急性胰腺炎等，因此血清淀粉酶是实验室检查首选项目。

4. 属于心肌损害的生化检验指标为（　　）。【2010 年执业兽医资格考试真题】

A. 肌酸激酶　　B. 胆碱酯酶　　C. 碱性磷酸酶

D. γ-谷氨酰转移酶　　E. 丙氨酸氨基转移酶

答案：A

答案解析 心肌损害的指标包括肌酸激酶（CK）、天冬氨酸氨基转移酶（AST）、乳酸脱氢酶（LDH）。

5. 黄疸的生化检验指标是（　　）。【2010 年执业兽医资格考试真题】

A. 总胆红素　　B. 血清白蛋白　　C. 碱性磷酸酶

D. 谷氨酸氨基转移酶　　E. 天冬氨酸氨基转移酶

答案：A

答案解析 总胆红素是判断黄疸的主要生化指标。

6. 对患佝偻病动物进行血液生化检查，活性升高的酶是（　　）。【2010 年执业兽医资格考试真题】

A. 脂肪酶　　B. 肌酸激酶　　C. 碱性磷酸酶

D. 酸性磷酸酶　　E. 乳酸脱氢酶

答案：C

答案解析 碱性磷酸酶，主要分布在肝脏、骨骼、肾和小肠中，是诊断肝脏和骨骼疾病的常用指标。在佝偻病中，由于骨骼肌代偿性增生和成骨细胞活性增强，碱性磷酸酶活性会升高。

7. 北京犬，8 岁。精神沉郁，采食减少，不愿运动。体温、呼吸未见明显异常，但心音浑浊且间隔不等。诊断本病的血清生化检测指标应首选（　　）。【2014 年执业兽医资格考试真题】

A. 胆碱酯酶　　B. 肌酸激酶　　C. 碱性磷酸酶

D. 酸性磷酸酶　　E. γ-谷氨酰转移酶

答案：B

答案解析 依据题意考虑该犬患有心脏疾病，肌酸激酶主要存在于骨骼肌、心肌和脑组织中，当心肌受损时，肌酸激酶会释放入血，导致血清中肌酸激酶升高。

8. 死亡后能产生有游离胆红素的细胞是(　　)。【2016年执业兽医资格考试真题】

A. 淋巴细胞　　B. 单核细胞　　C. 白细胞

D. 红细胞　　E. 血小板

答案:D

答案解析 衰老红细胞在脾脏及肝脏的单核巨噬细胞系统中破坏分解,红细胞中的血红蛋白含有血红素,当红细胞衰老或受损死亡后,血红蛋白被分解,其中的血红素在一系列酶的作用下转变为胆红素。刚开始形成的胆红素为游离胆红素,也称为非结合胆红素,其在肝脏中与葡萄糖醛酸等结合形成结合胆红素后,进一步被代谢和排泄。

9. 甲状旁腺功能减退时,病畜可能出现(　　)。【2016年执业兽医资格考试真题】

A. 低钠血症　　B. 低钾血症　　C. 低钙血症

D. 低镁血症　　E. 低磷血症

答案:C

答案解析 当甲状旁腺功能减退时,甲状旁腺激素分泌减少,导致骨钙入血减少,肾远曲小管和集合管重吸收钙也减少,从而引起血钙水平降低,即低钙血症。

10. 犬肾上腺皮质功能亢进时,实验室检验可见(　　)。【2017年执业兽医资格考试真题】

A. ALT下降,ALP正常　　B. ALT和ALP均升高　　C. ALT和ALP均下降

D. ALT升高,ALP下降　　E. ALT正常,ALP升高

答案:B

答案解析 肾上腺皮质功能亢进又称库欣综合征,通常是指肾上腺皮质分泌过多糖皮质激素所导致的一组临床症候群。实验室检查可见相对性或绝对性外周淋巴细胞减少,血清碱性磷酸酶(ALP)活性升高。胆固醇(CHOL)升高及丙氨酸氨基转移酶(ALT)活性升高。还可见中性粒细胞增多、嗜酸性粒细胞减少和单核细胞增多。

(11～12题共用题干)

博美犬,雌性,4岁,正常免疫。食入多量红薯后出现呕吐,次日呕吐加剧,第三日就诊,体温38 ℃,拱背,鼻镜干,精神差;血常规检查白细胞数56.3×10^9个/L,红细胞4.97×10^{12}个/L,血红蛋白140 g/L。【2017年执业兽医资格考试真题】

11. 该犬可排除的疾病是(　　)。

A. 犬细小病毒　　B. 急性胃炎　　C. 肠套叠

D. 急性胰腺炎　　E. 肠炎

答案:A

答案解析 成年犬白细胞参考范围为$(6.0\sim17.0)\times10^9$个/L,该犬白细胞数56.3×10^9个/L,故白细胞升高。细小病毒病时,白细胞显著减少,故可排除。

12. 进一步诊断,血清生化检查,淀粉酶活性为3 512 U/L,该病可能是(　　)。

A. 犬细小病毒　　B. 急性胃炎　　C. 急性胰腺炎

D. 胃扭转　　E. 糖尿病

答案:C

答案解析 正常淀粉酶活性上限一般为3 000 U/L。动物发生急性胰腺炎时，血清中α-淀粉酶和脂肪酶的活性呈现显著升高，具有诊断价值。

13. 血清尿素氮升高最常见于（　　）。【2018年执业兽医资格考试真题】

A. 心脏疾病　　B. 肝脏疾病　　C. 肺脏疾病

D. 脾脏疾病　　E. 肾脏疾病

答案：E

答案解析 尿素氮(BUN)是血浆中除蛋白质以外的一种含氮化合物，它从肾小球滤过而排出体外。在肾功能不全失代偿时，BUN将升高。临床上可将其作为判断肾小球滤过功能的指标。

（14～15题共用题干）

母犬，4岁，营养状态良好，偷食油炸鸡后，剧烈呕吐，精神沉郁，食欲废绝，腹泻，呻吟，呈祈祷姿势，腹壁触诊高度敏感；血清学检查淀粉酶升高。【2019年执业兽医资格考试真题】

14. 该病最可能的诊断是（　　）。

A. 胰腺炎　　B. 脑炎　　C. 肝炎　　D. 肠炎　　E. 胃肠炎

答案：A

答案解析 胰腺炎临床表现为突然发作的频繁剧烈呕吐、腹痛、腹泻、厌食、发热、淀粉酶升高等特点。

15. 确诊需进一步进行（　　）。

A. 超声检查　　B. X线检查　　C. 脂肪酶检测

D. 碱性磷酸酶检测　　E. 内窥镜检查

答案：C

答案解析 脂肪酶由胰腺外分泌部非特异性产生，与食物中脂肪的分解有关，主要存在胰腺和肠黏膜中。血清脂肪酶活性有助于诊断犬胰腺炎，常与α-淀粉酶一起用于诊断急性坏死性胰腺炎。

16. 贵宾犬，雄性，8岁；躯干对称性脱毛，皮肤变薄、松弛且色素过度沉着；多饮、多尿、多食，腹围增大，运动不耐受；睾丸萎缩，阴囊皮肤变黑。血液生化胆固醇与碱性磷酸酶均升高，尿比重低于正常范围。该病最可能的诊断是（　　）。【2019年执业兽医资格考试真题】

A. 肾上腺皮质功能减退症　　B. 肾上腺皮质功能亢进　　C. 甲状旁腺功能亢进

D. 甲状旁腺功能减退　　E. 左-埃二氏综合征

答案：B

答案解析 患肾上腺皮质功能亢进的犬，皮肤毛发方面表现为对称性脱毛、色素沉着、变薄且易长粉刺脓疱；多饮多尿、食欲亢进、体重或减轻；肌肉无力、骨骼脆弱，腹部膨大、嗜睡，母犬可能有繁殖障碍，幼犬骨骼发育受影响 。血液生化检查可见胆固醇与碱性磷酸酶升高，尿比重降低。

17. 泰迪犬，8 岁，饮食不规律，喜暴饮暴食，突发腹痛、腹胀、呕吐、发热，血清淀粉酶超过正常值 5 倍，该病最可能的诊断是（　　）。【2020 年执业兽医资格考试真题】

A. 肠梗阻　　B. 急性肝炎　　C. 肠胃炎
D. 胆囊炎　　E. 急性胰膜炎

答案：E

答案解析 根据题意，患犬出现腹痛、腹胀、呕吐、发热等症状，且血清淀粉酶超过正常值 5 倍，这些症状和检查结果高度提示急性胰腺炎。血清淀粉酶是胰腺炎的常见指标，其显著升高通常与胰腺炎症有关。犬急性胰腺炎的典型表现为突发性上腹部剧痛、呕吐、食欲不振、腹胀、发热，血清淀粉酶和脂肪酶显著升高。

（18～19 题共用题干）

英国短毛猫，雌性，已绝育，8 岁，体重 7 kg，体态肥硕；食欲废绝，偶尔呕吐，精神沉郁，虚弱无力，运步摇摆；听诊心率加快，呼吸急促；采血检查，血清浑浊呈牛奶样。【2020 年执业兽医资格考试真题】

18. 该病最可能的诊断是（　　）。

A. 高钠血症　　B. 低磷血症　　C. 低钙血症
D. 高脂血症　　E. 高钾血症

答案：D

答案解析 根据题意，患猫肥胖，血清浑浊呈牛奶样，伴有全身症状，高度提示高脂血症。血清浑浊呈牛奶样是由于血液中脂类（如胆固醇、磷脂、甘油三酯、游离脂肪酸）含量过高，导致血清呈现乳白色。

19. 确诊该病的检查项目是（　　）。

A. 尿沉渣检查　　B. 血液生化检查　　C. X 线检查
D. 血常规检查　　E. 尿常规检查

答案：B

答案解析 高脂血症主要通过测定血清中的甘油三酯和胆固醇等水平确诊。

20. 犬急性肝炎的实验室检查出现的变化是（　　）。

A. 天冬氨酸氨基转移酶活性升高　　B. 血浆白蛋白升高
C. 血脂降低　　D. ATP 增多　　E. 维生素 K 增加

答案：A

答案解析 急性肝炎时，肝细胞受损，导致肝细胞内的酶（如天冬氨酸氨基转移酶和丙氨酸氨基转移酶）释放到血液中，肝酶活性显著升高。

（21～22 题共用题干）

腊肠犬，9 岁，雄性，未绝育，体况评分 8/9。近期体重下降，乏力，食欲亢进，多饮多尿，尿液有烂苹果味；血糖 385 mg/dL。【2022 年执业兽医资格考试真题】

21. 该病最可能的诊断是（　　）。

A. 血小板减少症　　B. 子宫蓄脓　　C. B 族维生素缺乏症

D. 维生素 A 缺乏症　　E. 糖尿病

答案:E

答案解析 糖尿病的典型症状包括“三多一少”,即多饮、多食、多尿和体重减轻,且该犬的尿液有烂苹果味,这是糖尿病酮症酸中毒的典型表现,血糖也明显升高,因此,该病最可能的诊断是糖尿病。

22.【假设信息】因未及时诊治,该犬继发酮症酸中毒,以下最可能升高的指标是(　　)。

A. β羟基丁酸　　B. 血清白蛋白　　C. 血钾

D. 血液 pH　　E. 血浆总蛋白

答案:A

答案解析 在糖尿病酮症酸中毒的情况下,体内由于胰岛素不足,导致血糖升高,同时身体开始分解脂肪以获取能量,产生酮体(包括β-羟基丁酸、乙酰乙酸和丙酮)。这些酮体的积累会导致酸中毒和其他代谢紊乱。

(23～24 题共用题干)

雪纳瑞犬,7 岁,雌性已绝育,食入大量五花肉后连续 2 d 精神沉郁,饮食欲废绝,呕吐,腹泻,呈弓背姿势,触诊腹部敏感、血清淀粉酶活性异常升高。【2022 年执业兽医资格考试真题】

23. 该病最可能的诊断是(　　)。

A. 急性肠炎　　B. 急性胰腺炎　　C. 急性胃炎

D. 胆囊炎　　E. 肠痉挛

答案:B

答案解析 食用大量高脂肪食物,呕吐、腹泻、腹部敏感,血清淀粉酶活性异常升高可见于胰腺炎。

24.【假设信息】血液学检查见红细胞比容(HCT)为 55%,其原因是(　　)。

A. 感染　　B. 脱水　　C. 失血　　D. 炎症　　E. 溶血

答案:B

答案解析 脱水是导致红细胞比容升高的常见原因。患犬有呕吐和腹泻的症状,这些都可能导致体液丧失,从而引发脱水。

项目七　电解质和血气检验

知识目标	1. 掌握常见电解质的生理作用及临床意义。 2. 了解血气分析的基本原理与目的。 3. 掌握血气分析中各检验指标的临床意义。 4. 理解血气分析与电解质之间的关系及电解质异常对血气分析结果的影响。
能力目标	1. 能正确进行电解质和血气检验的样本采集、处理和保存。 2. 能熟练操作电解质和血气检验仪器。 3. 能准确解读电解质与血气检验结果并进行综合分析。 4. 能规范撰写电解质和血气检验报告。
素质目标	1. 具备高度责任心与综合分析能力，确保检验的准确性和可靠性。 2. 具备敏锐的观察力和综合分析能力，准确评估宠物体内环境的稳定性。 3. 培养良好的沟通能力和团队协作能力。

任务一　电解质和血气检验项目及临床意义

训练目标	1. 掌握电解质和血气分析仪的常见检验项目。 2. 掌握电解质和血气分析仪检验项目的临床意义。
主要仪器设备与场地	1. 电解质和血气分析仪、电解质和血气分析化验单。 2. 宠物疾病临床检验实训室。

二维码 7-1　体液与酸碱平衡调节（微课）

训练内容与步骤

一、概述

序号	内容
1	电解质和酸碱状态用于评估机体体液紊乱的严重程度。动物体内血液的气体和酸碱平衡正常，保持体内的内环境稳定，是动物健康生存的一个重要方面。血气分析能鉴别不同类型的酸碱平衡失调，以及评估呼吸系统功能。因此，血液气体分析和酸碱平衡检验是动物疾病诊断、治疗和预后判断等必不可少的实验室检验项目。

二维码 7-2　血气分析(微课)

二、电解质和血气检验项目及临床意义

(一)pH(酸碱值)

序号	内容	临床意义
1	概述	pH 用来评估氢离子浓度($[H^+]$)，机体中的蛋白(包括酶)可以可逆地结合或释放氢离子。蛋白质代谢会导致固定酸的日常生成，碳水化合物代谢会产生挥发性酸(二氧化碳)。 健康动物血液 pH 一般在 7.35～7.45，高于 7.60 或低于 6.80，动物将死亡。动脉血液 pH 比静脉高 0.02～0.10。
2	升高	$pH > 7.54$ 为失衡代偿性碱中毒，有碱血症存在。
3	降低	$pH < 7.24$ 为失衡代偿性酸中毒，有酸血症存在；当 pH 为 7.24～7.54 时，可能有 3 种情况存在，即酸碱正常或无失衡、代偿性酸碱失衡或复合性酸碱失衡。后两种的综合分析，须结合其他有关指标进行分析。因此，pH 正常也不能排除酸碱失衡。

(二)动脉血氧分压(Pa_{O_2})

序号	内容	临床意义
1	概述	Pa_{O_2} 是血液中物理溶解的氧分子产生的压力。犬猫 Pa_{O_2} 为 10.66～14.66 kPa(80～110 mmHg)。Pa_{O_2} 检测主要是判断机体是否缺氧及其程度。Pa_{O_2} 降到 8.0 kPa 以下,机体已达失衡代偿边缘;Pa_{O_2} <5.33 kPa 为重度缺氧;Pa_{O_2} <2.6 kPa,生命将难以维持。检验静脉氧分压(P_{O_2}),难以正确地反映动物机体缺氧及其程度。
2	升高	Pa_{O_2} 增高见于吸入纯氧或含高浓度氧气的气体。
3	降低	Pa_{O_2} 降低表示肺泡通气不足引起缺氧,在呼吸性酸中毒时常下降。见于高原生活动物、一氧化碳中毒、呼吸窘迫症、肺部疾病、心力衰竭或心肺病、休克等。一般 Pa_{O_2} 低于 6.98 kPa(55 mmHg)可能有呼吸衰竭,低于 3.99 kPa(30 mmHg)将有生命危险。

(三)动脉血氧饱和度(Sa_{O_2})

序号	内容	临床意义
1	概述	Sa_{O_2} 是指动脉血氧和血红蛋白结合的程度,以及血红蛋白缓冲系统能力的指标,受氧分压和 pH 的影响。单位是每克血红蛋白含氧百分数,正常范围为 95%～98%。
2	降低	临床上,当氧供应不足或肺部通气、换气障碍,导致组织缺氧,或心力衰竭、休克等原因,血液循环淤滞,流经组织的血液量不足导致组织缺氧,以及严重的酸中毒、高铁血红蛋白血症时,可见动脉血氧饱和度降低。

(四)动脉血二氧化碳分压(Pa_{CO_2})

序号	内容	临床意义
1	概述	Pa_{CO_2} 是动脉血中物理溶解的 CO_2 分子产生的压力。犬为 4.80～5.87 kPa(36～44 mmHg),平均为 5.1 kPa(38 mmHg),猫为 3.73～4.27 kPa(28～32 mmHg),平均为 4.8 kPa(36 mmHg)。动脉血和静脉血 Pa_{CO_2} 有差别。
2	升高	Pa_{CO_2} 增高表示肺泡通气不足,为呼吸性酸中毒或代谢性碱中毒。
3	降低	Pa_{CO_2} 降低表示肺泡通气过度,为呼吸性碱中毒或代谢性酸中毒,多见于低氧血症、高热等引起的呼吸通气过度。

(五)动脉血氧含量(Ca_{O_2})

序号	内容	临床意义
1	概述	Ca_{O_2}是红细胞和血浆含氧量的总和,是判断机体缺氧程度的指标。Ca_{O_2}是指每升动脉全血含氧量(mmol)或每 100 mL 动脉血含氧量(mL)。
2	降低	见于贫血,血红蛋白缺乏。贫血时血氧总量会降低,但可能不是呼吸衰竭。Sa_{O_2}和Ca_{O_2}检测的临床意义与Pa_{O_2}类似,并对指导吸氧或高压氧舱治疗有一定意义。

(六)缓冲碱(BB)

序号	内容	临床意义
1	概述	BB 包含有全血缓冲碱(BBb)、血浆缓冲碱(BBp)、细胞外液缓冲碱(BBecf)和正常缓冲碱(NBB)。BBb 是血液中一切具有缓冲作用碱(负离子)的总和,包括 HCO_3^-、血红蛋白、血浆蛋白和 HPO_4^{2-}。HCO_3^- 几乎占 BB 的一半。
2	升高	BB 在代谢性碱中毒时增多,在呼吸性酸中毒时可能增多或正常。
3	降低	BB 在代谢性酸中毒时减少,在代谢性碱中毒时增多,在呼吸性碱中毒时可能减少或正常。若出现 BB 减少,HCO_3^- 正常时,补充 HCO_3^- 是不合适的。

(七)剩余碱(BE)

序号	内容	临床意义
1	概述	BE 含有全血 BE(BEb)、血浆 BE(BEp)和细胞外液 BE(BEecf)。BE 是在 37 ℃、Pa_{CO_2} 5.33 kPa、Sa_{O_2} 100%条件下,将 1 L 血液滴定到 pH 7.40 时,所消耗的酸或碱量。BE 临床意义与标准碳酸氢根(SB)大致相同,但较 SB 更全面。BE 不易受代偿性呼吸因素影响,是酸碱平衡中反映代谢性变化的一个客观指标。碱剩余有时用来计算动物碳酸氢盐的给药量。
2	正数	正值增加表明缓冲碱增加,是代谢性碱中毒。
3	负数	负值增加表明缓冲碱减少,是代谢性酸中毒。

(八)碳酸氢根或重碳酸盐(HCO_3^-)

序号	内容	临床意义
1	概述	HCO_3^- 为反映动物机体内酸碱代谢状态的指标。包含有实际碳酸氢根(AB)和标准碳酸氢根(SB)。AB 是指隔绝空气的动脉血,在实际条件

续表

序号	内容	临床意义
1	概述	下检测的血浆 HCO_3^- 含量。SB 是在 37 ℃、Pa_{CO_2} 5.33 kPa、Sa_{O_2} 100%条件下，动脉血浆的 HCO_3^- 含量。 正常动物 AB 和 SB 值无差异。SB 受肾脏调节，能较准确地反应代谢性酸碱平衡。AB 受呼吸性和代谢性双重因素影响，所以 AB 增大，可能是代谢性碱中毒，也可能是呼吸性酸中毒时，肾脏代偿的结果。AB 减小，可能是代谢性酸中毒，也可能是呼吸性碱中毒时，肾脏代偿的结果。通常 AB 和 SB 之间的差，反映了呼吸性代偿时，对 HCO_3^- 的影响程度。由于静脉血中二氧化碳分压较大些，所以静脉血中 HCO_3^- 含量比动脉血中 HCO_3^- 含量较多些。
2	代谢性	(1)代谢性酸中毒。HCO_3^- 减少，AB＝SB＜参考值。 (2)代谢性碱中毒。HCO_3^- 增加，AB＝SB＞参考值。
3	呼吸性	(1)呼吸性酸中毒。受肾代偿调节，HCO_3^- 增加，AB＞SB。 (2)呼吸性碱中毒。受肾代偿调节，HCO_3^- 减少，AB＜SB。

二维码 7-3 酸碱平衡紊乱(微课)

(九)血浆二氧化碳总量(T_{CO_2})

序号	内容	临床意义
1	概述	血浆中 T_{CO_2} 是指血浆中各种形式存在的 CO_2 总含量，其中 95%以上是以 HCO_3^- 结合形式存在的，因此 T_{CO_2} 是评估血清[HCO_3^-]的指标。T_{CO_2}(mmol/L)＝HCO_3^-＋P_{CO_2}×0.03，故所测的 T_{CO_2} 值通常都比 HCO_3^- 值大些。犬猫正常 T_{CO_2} 范围是 17～23 mmol/L，低于 12 mmol/L 时，可用来诊断或确诊严重的代谢性酸中毒。
2	升高	见于代谢性碱中毒和代偿性呼吸性酸中毒。此时应检验血清钠、钾和氯浓度，因为代谢性碱中毒时，常常有低氯血和低钾血存在。如果有低氯血和低钾血存在，需用 0.9%氯化钠溶液和氯化钾溶液来纠正。同时还要诊断潜在病因，如幽门阻塞不通等。
3	降低	(1)代谢性酸中毒与代偿性呼吸性碱中毒。 (2)呼吸急促，通风过度时，T_{CO_2} 减少，一般患有代谢性酸中毒，但也可能有慢性呼吸性碱中毒。 (3)严重的 T_{CO_2} 降低性代谢性酸中毒(如糖尿病酮症酸中毒)，需做血气分析来确诊，并检验血液 pH 有无大的变化。 (4)患有全身性未知疾病，T_{CO_2} 等于或小于 12 mmol/L 时，应做血气分

续表

序号	内容	临床意义
3	降低	析。如果血气分析也难以说明问题时，须根据临床具体情况决定是否用碳酸氢钠治疗纠正。否则在不清楚血液 pH 的情况下，随便治疗会增加风险。 (5)酸碱平衡失调，也常引起电解质异常。因此检验获得血清电解质浓度后，根据情况才能采用最适宜的液体治疗。

(十)二氧化碳结合力(CO_2-CP)

序号	内容	临床意义
1	概述	CO_2-CP 是指在 25 ℃、P_{CO_2} 为 5.32 kPa(40 mmHg)条件下，100 mL 血浆中以 HCO_3^- 形式存在的 CO_2 量，单位是 mL/dL。CO_2-CP 和 HCO_3^-(mmol/L)换算关系如下： $HCO_3^-(mmol/L)=CO_2\text{-}CP(mL/dL)\div 2.24$
2	意义	CO_2-CP 的临床意义与 HCO_3^- 基本相同。

二维码 7-4　钠离子与氯离子检查(微课)

(十一)钠(Na^+)

序号	内容	临床意义
1	概述	钠是最多的细胞外阳离子。维持细胞外液(ECF)的渗透压和血压；钠离子主要经肾脏排泄。由肾小球滤过，在肾小管与氢离子或钾离子进行交换，重吸收进入体循环。受醛固酮调节。血清钠参考浓度，正常犬为 140～150 mmol/L，猫为 150～160 mmol/L。犬血清钠浓度低于 120 mmol/L 或高于 170 mmol/L 时，将有威胁生命的危险。表现的神经症状有定向性障碍、共济失调、兴奋不安或昏迷，甚至死亡。
2	升高	钠升高(高钠血症)见于： (1)高渗性脱水。 (2)盐获得增加：主要见于饮食摄入、使用含钠的药物或静脉注射高渗液体、肾上腺皮质功能亢进(大约占犬病例的 50%)等。
3	降低	钠降低(低钠血症)见于： (1)食欲减退或饮食缺乏。 (2)钠的快速丢失。主要见于腹泻、呕吐、肾病、糖尿病、肾上腺皮质功能减退、膀胱破裂、腹水、水肿、使用低渗性液体等。

(十二)氯(Cl^-)

序号	内容	临床意义
1	概述	存在于细胞外液中的重要阴离子,是许多分泌物的组成部分(如NaCl、KCl、HCl),随钠一起维持血浆容量,并在调节酸碱平衡的过程中起着非常重要的作用。
2	升高	氯升高(高氯血症)见于:代谢性酸中毒(因为滤过的碳酸氢根离子较低时,更多的氯被重吸收)、过度换气、贫血。
3	降低	氯降低(低氯血症)见于:严重呕吐(因为胃酸分泌期间,氯离子与氢离子结合)、严重下痢、严重烫伤、发烧。

二维码 7-5 钾离子与阴离子间隙检查(微课)

(十三)钾(K^+)

序号	内容	临床意义
1	概述	钾离子是细胞内主要的阳离子,对正常的肌肉功能、呼吸、心脏功能维持、神经冲动传递、碳水化合物代谢都很重要。醛固酮是肾脏钾离子排泄的介质之一。大多数犬猫的红细胞内含钾量少,但秋田犬、柴犬等红细胞内含钾量多。大多数的钾离子存在于细胞内液中,因此血清钾浓度的大小不能正确地反映整个机体内钾的状况。细胞内液与细胞外液之间的钾离子在某些因素影响下可以相互转移,如血液 pH 能影响血浆和细胞间的钾浓度。机体酸中毒时能促使细胞内钾离子移向细胞外;碱中毒时能促使细胞外钾离子进入细胞内。因此,犬猫患长期厌食、呕吐、腹泻、肌肉无力、心搏缓慢、心室增大性心律不齐、少尿、无尿和多尿,肾上腺皮质功能降低、急性或慢性肾衰竭、糖尿病酮症酸中毒、长期呕吐、尿道堵塞、腹腔积尿或尿道堵塞性尿频,以及利尿药物呋塞米、噻嗪、螺内脂或血管紧张素转换酶抑制剂依那普利的应用,都可能影响血液 pH,所以临床上要检验血清钾浓度。
2	升高	(1)尿排泄减少。无尿或少尿性肾病、泌尿道阻塞或膀胱破裂、肾炎、肾衰竭。 (2)酮症。肾上腺皮质功能减退(以高钾血症和低钠血症为特征)。 (3)体腔积液。乳糜胸(反复引流导致钾离子潴留)、腹水(导致猫高钾血症、低钠血症)。 (4)酸中毒。细胞内与细胞外的钾离子交换。 (5)使用含钾的静脉注射液或药物等。

续表

序号	内容	临床意义
2	升高	(6)假性高钾血症。见于血小板溶解(一般轻度增多);血液样本被污染(如使用 EDTA 抗凝);样品溶血或未及时分离血清或血浆可能产生高钾血症。 高钾血症会导致动物心脏传导异常、心动过缓、心电图改变,有生命危险。
3	降低	(1)摄入减少。厌食、吸收不良。 (2)丢失增加。胃肠丢失(如呕吐、腹泻)、排尿增多(如多尿期、利尿治疗)等。 (3)碱中毒。细胞内与细胞外的钾离子交换。 (4)醛固酮分泌增加。原发性醛固酮增多症、肾上腺皮质功能亢进等。 低钾血症临床表现为全身肌肉无力、松弛,甚至瘫痪;肠道弛缓梗阻,影响呼吸和心脏节律不齐。

(十四)阴离子间隙(AN Gap)

序号	内容	临床意义
1	概述	阴离子间隙是指血清内测试阳离子与测试阴离子的差。阴离子间隙(AG)有时能帮助鉴别诊断代谢性酸中毒的不同原因,以及帮助阐明混合性酸碱平衡失调的原因。代谢性酸中毒并具有 AG 增大,一般无氯性酸中毒,如乳酸、酮酸、水杨酸、乙二醇代谢物、磷酸盐和硫酸盐等酸中毒。代谢性酸中毒具有正常 AG 和高氯血时,称为高氯血性酸中毒。 阴离子间隙(AG)=($Na^+ + K^+$)-($Cl^- + HCO_3^-$)
2	升高	(1)AG 增大性正常血氯性酸中毒。最常见于乳酸中毒、糖尿病酸中毒、尿毒症时酸中毒、乙二醇中毒和实验室检验数据错误。 (2)其他 AG 增大原因。见于严重脱水,碱血症时可轻微增加,血清样品放置时间过长或延期检验。 (3)正常 AG 性高氯血性酸中毒。 ①严重的急性小肠性腹泻,HCO_3^- 丢失,发生阴离子间隙正常性高氯血酸中毒。 ②碳酸酐酶抑制剂(如乙酰唑胺)抑制近曲肾小管重吸收 HCO_3^-,而发生自限性高氯血性酸中毒。 ③给犬猫氯化铵,血清中增加了氯,减少 HCO_3^- 引发的酸中毒。 ④静脉输入可产生阳离子的氨基酸,如盐酸赖氨酸和盐酸精氨酸,在生成尿素时释放了 H^+,可引发高氯血酸中毒。 ⑤在慢性碱中毒时,肾脏代偿性排 H^+ 减少,结果血液中 HCO_3^- 减少,氯增多。当引起呼吸急促,通气过度的原因去掉后,P_{CO_2} 逐渐增加,pH 降低,此时肾脏恢复排 H^+ 增多,血液 HCO_3^- 增多,需 1~3 d 时间,此种暂时现象,称为代偿后低碳酸血性代谢性酸中毒。

续表

序号	内容	临床意义
3	降低	见于低白蛋白血症和 IgG 多发性骨髓瘤；未检验的阳离子（如钙和镁）增多，也必然引起其减少。实验室错误检验 Cl^- 和 HCO_3^- 过多，或 Na^+ 过少，都能人为地造成其减少。AG 减小，一般临床意义不大。

课后思考

1. 进行电解质与血气检验时应如何正确采集和处理样本？
2. 判读血气检查的基本步骤是什么？
3. 如何鉴定四种单纯性酸碱紊乱？
4. 什么是阴离子间隙？阴离子间隙变化的临床意义是什么？

任务二 电解质和血气分析仪的使用

训练目标	1. 熟练掌握电解质和血气检验中血液样本的制备方法。 2. 能熟练操作电解质和血气分析仪。 3. 了解电解质和血气分析仪的常见故障及排除方法。
主要仪器设备与场地	1. 电解质和血气分析仪、SRC1（标准参考校正片）、SRC3（标准参考校正片）、保定用具、工作服、肝素锂采血管、治疗盘、碘伏棉球、75%酒精棉球、2 mL 注射器、电剪、压脉带、利器盒和医疗废弃物收集桶。 2. 实验动物、宠物疾病临床检验实训室。

训练内容与步骤

一、血液样本的制备

序号	内容	方法
1	全血样本	采血→拔掉针头，将血注入绿头管（肝素管），1/2～3/4 满→上下颠倒混匀→用 1 mL 注射器，吸取最少 200 μL 的全血→小心地拔掉针头，赶走注射器内气泡→盖好针头后备用。 具体步骤详见“项目二血液样本的采集与制备”的“任务二血液样本的制备”。

续表

序号	内容	方法
2	注意事项	(1)采血后应立刻进行测试(5 min 内),采血超过 1 h 的样本应废弃。 (2)只能用肝素锂作为抗凝剂。 (3)血液样本最少需求量是 125 μL。但为预防气泡进到试剂片内,应最少充满 200 μL。

二、电解质和血气分析仪的操作方法

二维码 7-6 电解质和血气分析仪的校正(微课)

二维码 7-7 VetStat SRC(实操视频)

(一)电解质和血气分析仪的校正

序号	内容	方法
1	仪器准备	确定 VetStat 是在主屏幕(图 7-1),左上方显示“Ready”。 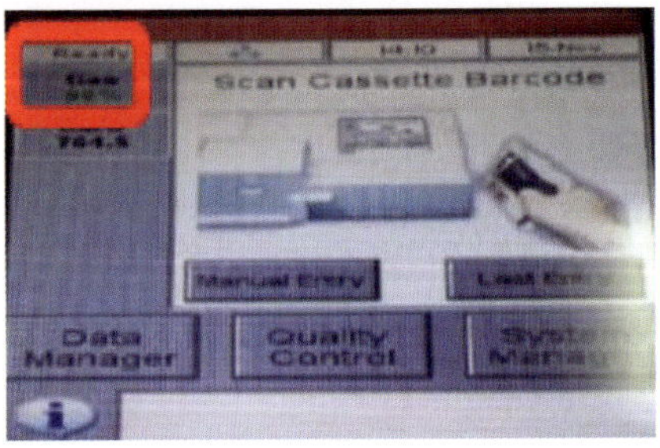 图 7-1 主屏幕
2	设定校正片(SRC)	(1)在首页上选择“System Manager”。 (2)按“Setup”。 (3)输入密码“207”,完成后按“OK”。 (4)按“SRC”。 (5)扫描条形码:将 SRC 锡箔外包装上的条形码扫描入条形码扫描仪(条形码面向分析仪,注意不要丢弃锡箔外包装),机器发出一声“哔”,表示扫入有效条形码,红色指示灯闪烁表示条形码无效,如 SRC 过期。 **注意:**如果条形码毁损无法扫描,可以手动输入条形码。选择“Manual”后,可见数字键盘出现在屏幕上,输入铝箔外包装上印的条形码即可。

续表

序号	内容	方法
2	设定校正片(SRC)	(6)系统提示:"打印上次 SRC 数据?",可选择"YES"或"NO",若选择"YES"→进入"Enter Setup Password"的界面→输入密码"207"→完成后按"OK"→"Please Wait"→机器自动打印上次数据并删除→屏幕显示"SRC Database Deleted"→按"OK"即可;若选择"NO",直接进入下一条。 (7)核对信息:核对校正片级别、产品批号和有效日期正确,则选择"Save"保存数据。若不正确,选择"Edit"加以修改。 (8)确认后,按"Home"键返回主菜单。
3	执行 SRC	(1)按"Quality Control"。 (2)按"SRC"。 (3)输入操作者代号,如"×××"→完成后按"OK"。 (4)按下样本测试槽(SMC)的按钮,打开盖子。 (5)系统提示:放入 SRC;检查 SRC 是否干净,确定后将其放入测试槽内,并轻压 SRC 使其正确载入。 (6)放入校正片后,系统提示"关上 SMC 盖子"。 (7)关上盖子后,系统显示"SRC 信息是否正确?"→核对无误后,选择"Yes"。 (8)系统提示:"进行测试程序(60 s)",校正完成后,状态指示灯会消失,屏幕显示"Mix and Place the Sample"。①Calibration 的进度条表示为完成 100%;②信号灯不再闪烁,变为绿色;③听到 3 声提示音;④蠕动泵转动的声音消失。 (9)测试完成后,系统显示出测试结果。 (10)若结果全为"PASS",则可按"UP"打印结果。 (11)打印完成后,系统提示"打开 SMC 盖子",取出 SRC 后关上。 (12)按"Home"键返回首页。 (13)校正完要将校正片放回待用。 **注意:**每日检测前,请进行 SRC 1,SRC 3 校正;或每日间隔用 SRC1 或 SRC3 进行校正。

二维码 7-8　电解质和血气分析仪的检测(微课)

二维码 7-9　VetStat 操作(实操视频)

(二)电解质和血气分析仪的使用

<table>
<tr><th>序号</th><th>内容</th><th>方法</th></tr>
<tr><td>1</td><td>扫描
试剂片</td><td>扫描试剂片条形码或选“Last Entry”;会听到“哔”且指示灯为“绿灯”(图 7-2)。
若试剂片和上一次检测的试剂片为同一批次的话,则可选择“Last Entry”。
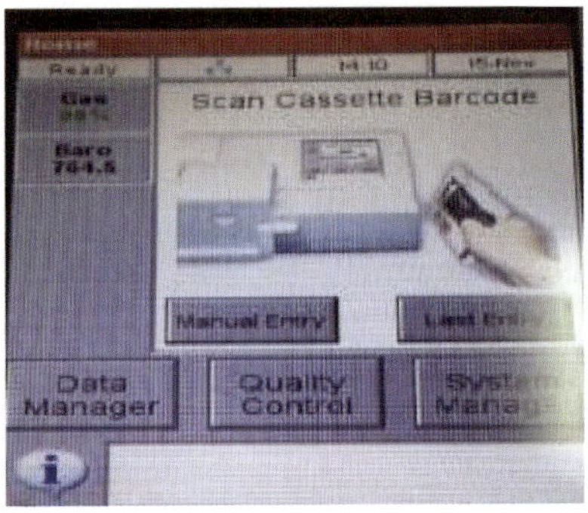

图 7-2　扫描试剂片</td></tr>
<tr><td>2</td><td>打开
SMC</td><td>屏幕显示“Open Cover”,按样本测试槽(SMC)下方的按钮,打开样本测试槽盖子(图 7-3)。
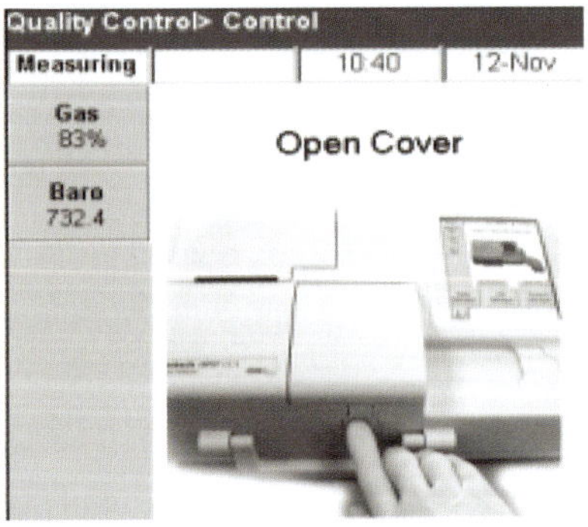

图 7-3　打开测试槽</td></tr>
<tr><td>3</td><td>载入
试剂片</td><td>屏幕显示“Open Pouch and Wipe Cassette”和“Insert Cassette”,打开铝箔包取出试剂片;用无尘纸擦净试剂片两面的保护液,放入样本测试槽并轻压固定,盖上样本测试槽上盖(图 7-4)。擦拭多余的水珠;将试剂片载入 SMC 后轻压固定;关上 SMC 盖子;指示灯呈绿色,表示系统进行校正(此时切勿打开 SMC 盖子)。
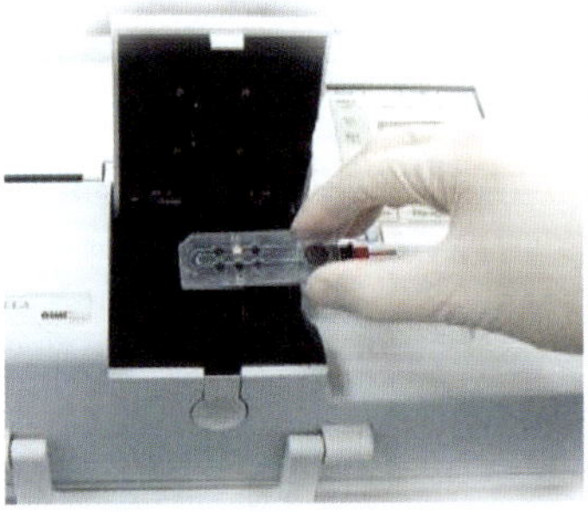
图 7-4　载入试剂片</td></tr>
</table>

续表

序号	内容	方法
3	载入试剂片	**注意:** (1)必须看到该提示才可打开铝箔膜包装,铝箔膜包装开启后,试剂片必须在 10 min 用掉。 (2)试剂片放入样本测试槽前,务必擦拭干净试剂片表面的保护液和样本测试槽。 (3)放入试剂片状态指示灯呈绿色时,请勿打开样本测试槽的盖子(图 7-5)。 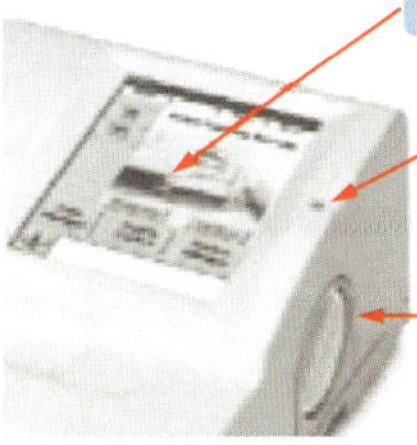 图 7-5 状态指示灯
4	输入病畜信息	(1)按“New Patient”(新病例)。 (2)选择种别:犬、猫、马或其他。 (3)选择病畜性别:Female(母)、Male(公)。 (4)输入病畜年龄:如按“4”“Year”(4 岁)。 (5)按“Finish”,完成。 **注意:**输入信息时,一定要输入动物体温。
5	吸样	系统出现“嘀嘀”声,插入注射器。拔下注射器针头(若针筒前端有气泡,需轻轻打掉气泡),在测试槽右方插入,须插到底(图 7-6)。完成后,按“OK”→系统自动吸入 125 μL 血液。 吸完后,系统发出“嘀”声提醒,同时屏幕显示“测试程序正在进行”。 在测试过程中,还可按“Patient info”,继续填写病畜信息。 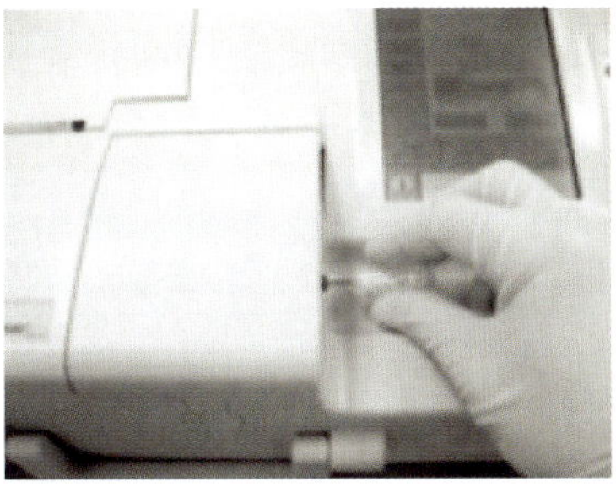 图 7-6 插入注射器进行吸样
6	测试完成	测试完成后,系统自动打印结果并显示。 按“Home”,屏幕提示“修改病畜信息或结束”。 (1)如果需要更改数据(如体温),就按“Modify”进入“Patient Data”修改。 (2)如果不修改数据,就按“Finalize”键。VetStat 会自动打印报告。

课后思考

进行电解质和血气检验时,血样样本的制备要点有哪些?

真题训练

1. 动物因某些原发性疾病导致体内 $NaHCO_3$ 含量降低，主要引起（　　）。【2009 年执业兽医资格考试真题】

A. 代谢性碱中毒　　B. 呼吸性碱中毒　　C. 代谢性酸中毒
D. 呼吸性酸中毒　　E. 呼吸性酸中毒合并代谢性碱中毒

答案：C

答案解析 本题考查的是酸碱平衡紊乱的类型及其原因。代谢性酸中毒是最常见的一种酸碱平衡紊乱，是细胞外液 H^+ 增加或 HCO_3^- 丢失而引起的，以原发性 HCO_3^- 降低和 pH 降低为特征。

2. 马，7 岁，2008 年 7 月由于过度使役而突然发病。临床表现明显的呼吸困难，流泡沫状鼻液，黏膜发绀。体温 40.5 ℃，呼吸 85 次/min，脉搏 97 次/min。肺部听诊湿啰音。X 线影像显示肺野密度增加，肺门血管纹理显著。血气分析最可能的异常是（　　）。【2009 年执业兽医资格考试真题】

A. P_{O_2} 正常，P_{CO_2} 升高　　B. P_{O_2} 升高，P_{CO_2} 升高　　C. P_{O_2} 降低，P_{CO_2} 降低
D. P_{O_2} 升高，P_{CO_2} 降低　　E. P_{O_2} 降低，P_{CO_2} 升高

答案：E

答案解析 根据该马的症状、体征及 X 线检查，考虑诊断为肺充血与肺水肿。肺充血与肺水肿时，临诊症状出现明显的呼吸困难，CO_2 排出困难，容易出现呼吸性酸中毒，血气分析最可能的异常为 P_{O_2} 降低、P_{CO_2} 升高。

3. 急性肾功能不全时，钾钠代谢的特点是（　　）。【2011 年执业兽医资格考试真题】

A. 高钾低钠血症　　B. 高钾高钠血症　　C. 低钾低钠血症
D. 低钾高钠血症　　E. 血液钾钠正常

答案：A

答案解析 在急性肾功能不全时，主要表现为高钾低钠血症。肾小球滤过率急剧下降，导致钾经肾排泄显著减少。血钠水平受水钠平衡影响，稀释性低钠血症较常见。

4. 对维持细胞内液的渗透压、酸碱平衡以及神经肌肉兴奋性都有重要作用的元素是（　　）。【2011 年执业兽医资格考试真题】

A. 钠　　B. 钾　　C. 钙　　D. 磷　　E. 碳

答案：B

答案解析 本题考查钾元素在生物体内的生理功能。

5. 3 岁雌性犬，精神沉郁，虚弱，食欲减退。周期性呕吐、腹泻，体重减轻。多尿，烦渴，实验室检查发现，呈现低钠血症和高钾血症。该犬最有可能患的疾病是（　　）。【2011 年执业兽医资格考试真题】

A. 糖尿病　　B. 阿狄森氏病　　C. 库欣综合征
D. 甲状腺功能亢进　　E. 甲状旁腺功能亢进

答案:B

答案解析 根据病犬临床表现及“低钠血症和高钾血症”,考虑诊断为阿狄森氏病。阿狄森氏病是由于肾上腺皮质分泌皮质醇减少或缺乏引起的疾病。该疾病会导致电解质平衡紊乱,出现低钠血症和高钾血症,同时还会伴有虚弱、食欲减退、周期性呕吐、腹泻、体重减轻、多尿和烦渴等症状。

6. 犬,5岁,突发肌肉震颤,很快转为四肢无力,肌腱反射消失,且心律不齐,呼吸困难,血钾明显升高。引起该病的原因是(　　)。【2016年执业兽医资格考试真题】

A. 胰岛素分泌过多　　B. 醛固酮分泌不足　　C. 生长激素分泌不足

D. 甲状腺激素分泌不足　　E. 前列腺素分泌过多

答案:B

答案解析 醛固酮是一种由肾上腺皮质分泌的盐皮质激素,主要调节水盐平衡和维持电解质平衡,特别是钾和钠的平衡。醛固酮可以促进肾脏远曲小管和集合管对钠的重吸收,同时促进钾的排泄。如果醛固酮分泌不足,肾脏排钾能力下降,就会导致高钾血症。

7. 呼吸性酸中毒的主要特点是血浆(　　)。【2017年执业兽医资格考试真题】

A. HCO_3^- 浓度原发性升高　　B. HCO_3^- 浓度原发性降低

C. H_2CO_3 浓度原发性升高　　D. H_2CO_3 浓度原发性降低

E. H_2CO_3 与 HCO_3^- 浓度均降低

答案:C

答案解析 呼吸性酸中毒是指由于 CO_2 排出障碍或吸入过多,导致血浆 H_2CO_3 浓度原发性增高,从而引起的一种酸碱平衡紊乱,见于换气不足和吸入过多 CO_2。

8. 血清钾浓度降低最可能见于(　　)。【2018年执业兽医资格考试真题】

A. 高热　　B. 严重创伤　　C. 严重缺氧

D. 严重呕吐　　E. 呼吸困难

答案:D

答案解析 血清钾浓度降低可见于钾摄入减少、丢失增加、醛固酮分泌增加等。严重呕吐时,大量的胃液(富含钾离子)会随呕吐物排出体外,从而导致血清钾浓度的显著降低,即低钾血症。

9. 不引起血清氯离子降低的原因是(　　)。【2019年执业兽医资格考试真题】

A. 肾衰竭　　B. 心力衰竭　　C. 大量出汗

D. 严重呕吐　　E. 严重腹泻

答案:B

答案解析 血清中的氯离子是细胞外液中的主要阴离子,可以维持细胞外液的渗透压,影响机体的酸碱平衡。引起血清氯离子降低的原因有急性肾功能不全、严重呕吐(因为胃酸分泌期间,氯离子与氢离子结合)、严重下痢、严重烫伤、发烧等。

10. 中华田园犬，雄性，3岁，体重10 kg，已输液2 d，共计1 300 mL，无尿；呼吸急促，呕吐；血清生化检查肌酐、尿素氮、磷酸盐增高，血钾浓度9.0 mmol/L；B超检查见双肾被膜光滑，体积增大，皮质与髓质结构清晰，肾盂未见明显积液，膀胱轻度充盈，腹腔内未见积液。该犬最可能的诊断是有（　　）。【2019年执业兽医资格考试真题】

A. 急性肾功能衰竭　　B. 慢性肾功能衰竭　　C. 输尿管异位症

D. 膀胱破裂　　E. 糖尿病

答案：A

答案解析　急性肾功能衰竭可分为开始期、少尿或无尿期、多尿期和恢复期。典型表现为少尿或无尿、氮质血症（肌酐和尿素氮升高）、高钾血症、高磷血症、低钙血症、代谢性酸中毒、精神沉郁、呕吐和脱水。可见蛋白尿、管型（如颗粒管型、肾小管上皮细胞管型）。B超提示双肾弥漫性肿大。

11. 猫，12岁，突发尿量增多，不食，精神委顿，四肢无力，血清生化检查可见（　　）。【2019年执业兽医资格考试真题】

A. 钠升高　　B. 钾升高　　C. 氯升高

D. 钾降低　　E. 钙降低

答案：D

答案解析　猫表现出突发尿量增多、不食、精神委顿、四肢无力等，初步判断为肾脏疾病。患病动物肾脏功能障碍，对钾离子的重吸收功能可能下降，钾离子随尿液大量排出导致血清中的钾含量降低。

12. 牧羊犬，6岁，髋关节发育不良，长期服用阿司匹林；精神沉郁，眼球凹陷，频繁呕吐，呕吐物中带血；触诊腹壁紧张，前腹部敏感。该犬持续性呕吐可导致（　　）。【2019年执业兽医资格考试真题】

A. 血钾升高　　B. 血钾降低　　C. 血磷升高

D. 血磷降低　　E. 血钠降低

答案：B

答案解析　犬持续性呕吐，导致胃液大量丢失，而胃液含有钾离子、钠离子和氯离子等丰富的电解质，频繁呕吐会导致大量的钾离子随胃液排出体外，使血液中的钾离子浓度下降。

项目八　血凝检验

知识目标	1. 了解血液凝固的生物学过程。 2. 掌握血凝检验项目的临床意义。 3. 了解血凝检验与疾病的关系。
能力目标	1. 能正确进行血凝检验的样本采集、处理和保存。 2. 能准确执行血凝检验操作。 3. 能准确解读血凝检验结果并进行综合分析。 4. 能规范撰写血凝检验报告。
素质目标	1. 具备高度责任心与综合分析能力，准确评估宠物凝血功能。 2. 养成良好的沟通能力和团队协作能力。 3. 养成持续学习与自我提升的意识，掌握血凝检验的新技术和新方法。

任务一　血凝检验项目及临床意义

训练目标	1. 掌握血凝检验的常见检验项目。 2. 掌握血凝检验项目的临床意义。
主要仪器设备与场地	1. 血凝仪、血凝检验结果单。 2. 宠物疾病临床检验实训室。

二维码 8-1　凝血机制（微课）

训练内容与步骤

一、概述

序号	内容	
1	凝血机制	止血是指血管、血小板和凝血因子相互作用，使可溶性的纤维蛋白原转变成不溶性的纤维蛋白，从而形成止血血栓的一种阻止出血的过程。生理性止血是一种重要的保护机制，包括血管收缩、血小板止血栓形成与纤维蛋白网形成 3 个过程。血小板止血栓包括血小板黏附和血小板激活等过程，而纤维蛋白网的形成即为凝血核心机制——凝血级联反应。前两个过程被合称为一期止血，也称为初级止血；纤维蛋白网的形成称为二期止血，也称为次级止血。当血管受损时，一方面，要求迅速形成止血栓，堵住缺口以避免血液流失；另一方面，要让血液凝固，并让凝血反应限制在损伤局部，保持全身血管内血液的流体状态。因此，二期止血也是真正意义上的血液凝固过程，即血液由液体状态转变为不流动的凝胶状态的过程。 参与凝血过程的物质统称为凝血因子。凝血的实质就是在逐级凝血因子的作用下，血浆中的纤维蛋白原变成不可溶的纤维蛋白的过程。根据触发凝血的凝血因子是否存在血液内，可分为外源性和内源性途径，另外还包括共同凝血途径（图 8-1）。 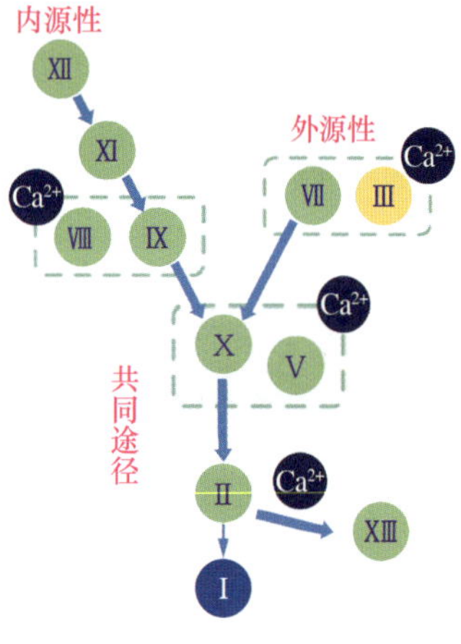 图 8-1　凝血途径 （1）外源性凝血途径。当血管受损后，血管内皮细胞屏障被破坏，其下方的组织暴露出组织因子，即凝血因子Ⅲ。组织因子位于血管外，故称为外源性凝血途径。在 Ca^{2+} 的参与下，凝血因子Ⅲ和凝血因子Ⅶ结合，共同激活凝血因子Ⅹ，成为活化的Ⅹ因子。 （2）内源性凝血途径。当血管壁发生损伤，内皮下组织暴露，带负电荷的内皮下胶原纤维与血液的凝血因子Ⅻ结合，在高分子质量激肽原（HMWK）和前激肽释放酶（PK）的参与下被活化为Ⅻa。凝血因子Ⅻ来自血液，因此它所启动的凝血途径就称为内源性途径。在不依赖钙离子的条件下，因子Ⅻa 将因子Ⅺ激活。在 Ca^{2+} 的存在下，活化的因子Ⅺa 激活因子Ⅸ。因子Ⅸa 与因子Ⅷa 结合，在 Ca^{2+} 和磷脂（PL）的共同参与下形成复合物（又称因子Ⅹ酶复合物）。

续表

序号		内容
1	凝血机制	(3)共同凝血途径。从因子Ⅹ被激活至纤维蛋白(凝血因子Ⅰ)形成,是内源性与外源性凝血的共同凝血途径。主要包括凝血酶生成和纤维蛋白形成两个阶段。因子Ⅹa、因子Ⅴa在 Ca^{2+} 和磷脂膜的存在下组成凝血酶原复合物,即凝血活酶,将凝血酶原转变为凝血酶(凝血因子Ⅱ)。纤维蛋白原被凝血酶酶解为纤维蛋白单体,以非共价键结合,形成能溶于尿素或氯醋酸中的纤维蛋白多聚体,又称为可溶性纤维蛋白。纤维蛋白生成后,可促使凝血酶对因子ⅩⅢ的激活,在因子ⅩⅢa与 Ca^{2+} 的参与下,相邻的纤维蛋白发生快速共价交联,形成不溶的稳定的纤维蛋白凝块。纤维蛋白与凝血酶有高亲和力,因此纤维蛋白生成后即能吸附凝血酶,不仅有助于局部血凝块的形成,还可避免凝血酶向循环中扩散。 掌握内源性和外源性凝血机制,有助于更好地了解疾病机理。 如在出血性疾病中有种凝血因子缺乏疾病,称为血友病。血友病主要分三种类型:A型为Ⅷ因子缺乏,B型为Ⅸ因子缺乏,C型为Ⅺ因子缺乏。 而凝血因子Ⅱ、凝血因子Ⅶ、凝血因子Ⅸ、凝血因子Ⅹ均为维生素K依赖性凝血因子,当维生素K缺乏时会减少这几种凝血因子的合成,从而导致出血。
2	项目概述	血凝检验项目主要是监测患病动物的凝血功能状况,有无出血性疾病。尤其对需要急诊、重症监护或手术的动物,具有重要的临床意义。当采血或静脉输液后如出血时间延长或出血量没有逐渐减少时,应怀疑该动物的凝血功能是否正常。如果动物出现淤点、紫癜、淤斑、体腔出血或血肿过度形成,也应怀疑凝血功能障碍。 在判断出血性疾病时,关键要分析是一期止血、二期止血或两者同时发生异常。 一期止血缺陷是指血管壁和血小板异常所引起的止血功能缺陷。以皮肤、黏膜出血为主,内脏出血少见。创伤后即刻出血,持续时间较长。压迫止血有效,止血后不易复发。输血或输血制品效果差。常用的筛选试验包括出血时间(BT)、血小板计数(PLT)及颊黏膜出血时间(BMBT)。 二期止血缺陷指的是血液凝固和纤溶异常所导致的止血功能缺陷。表现为深部组织和关节、肌肉或内脏出血难止为主。创口延迟性出血难止,持续时间较长。压迫止血效果欠佳,输血制品有效,但易复发。常用的筛选试验包括凝血酶原时间(PT)、活化部分凝血活酶时间(APTT)及活化凝血时间(ACT)。

二、血凝检验项目及临床意义

二维码 8-2 血凝检验及临床意义(微课)

(一)出血时间(BT)

序号	内容	临床意义
1	概述	出血时间是指皮肤毛细血管经人工刺伤出血后到自然止血所需的时间。出血时间的长短主要与血管壁的完整性、收缩功能、血小板数量与功能、血浆中含量有关。如果这些因素有缺陷时,出血时间可见延长。
2	方法	可选用针刺法,在动物的耳尖部位剪毛消毒,用细针头刺入3～4 mm,血液即自动流出,每隔半分钟,用滤纸吸取血滴一次,如此纸上的血迹逐渐缩小,出血停止时则不再留有血迹。计算血液流出到血迹消失之间的时间,即为出血时间。动物的正常出血时间为2～5 min。也可对犬剪趾甲来检查出血时间。将犬的趾甲剪到流血的地方,从开始流血进行计时,至出血停止的时间。正常的犬一般小于5 min。
3	延长	出血时间延长可见于血管壁的缺陷、血小板缺乏症或异常血小板造成的血小板缺陷、严重的肝脏疾病、尿毒症以及应用大剂量的抗凝剂。
4	缩短	出血时间缩短,见于严重的血栓病。

(二)血小板计数(PLT)

序号	内容	临床意义
1	增多	生理性增多:见于动物进食、运动时。 病理性增多:见于骨髓功能亢进时,如失血性贫血、溶血性贫血、白血病等。
2	减少	见于骨髓功能减退,也常继发于细菌和病毒性疾病及伴发于自身免疫性疾病。有些动物的血小板减少往往查不出特定的原因,这种情况则称为自发性血小板减少症。血小板减少也伴发于弥散性血管内凝血。

(三)颊黏膜出血时间(BMBT)

序号	内容	临床意义
1	概述	颊黏膜出血时间是犬血小板功能检验的一个比较敏感的方法。检测部位位于犬的上唇黏膜,也是外科手术前排除原发性凝血缺陷的一种经典检验方法。黏膜出血时间试验比表皮出血时间试验更敏感,更具有一致性。当犬和猫的血小板数目小于70 000个/μL时,BMBT通常会延长。如果该动物表现出淤点(初级凝血异常的特异性表现)的症状,则无需再做BMBT检查,因此BMBT适用于血小板计数正常且出现初级凝血障碍临床表现的病例。
2	方法	动物侧卧保定,用纱布条固定并掀开嘴唇,暴露颊黏膜(用手按压颊黏膜会影响出血时间)。选取无血管区,将颊黏膜出血时间测定器(一种刺入深度固定的弹簧式刀片)轻轻地贴于其上,并按下开关。同时按下计时器进行计时,每30 s用滤纸吸取流出的血液,直到出血停止的时间,即为BMBT。犬猫BMBT参考范围多在1.7～4.2 s,且大多数健康动物都接近底线。
3	延长	见于严重血小板减少症、遗传性假血友病和尿毒症。也可用于诊断由弥散性血管内凝血引起的凝血异常。

(四)凝血酶原时间(PT)

序号	内容	临床意义
1	概述	在血浆中加入组织凝血酶和钙离子后,纤维蛋白凝块形成所需要的时间,是衡量从组织因子开始启动,最后到生成纤维蛋白需要多长时间。这是一种通过在血浆中加入组织凝血酶和钙离子来模仿机体内血液碰到组织因子而进行的外源性凝血途径。 PT是临床上广泛应用,反映外源性凝血系统比较敏感的筛选试验,用于检测外源性凝血途径和共同途径中凝血因子的质量和数量,其中涉及的凝血因子有凝血因子Ⅶ、凝血因子Ⅹ、凝血因子Ⅴ、凝血因子Ⅱ与纤维蛋白原。对有肝脏疾病与维生素K缺乏的患病动物,PT的检验结果可能为异常。
2	延长	PT延长说明外源性凝血系统中因子的缺乏。见于凝血因子Ⅰ、凝血因子Ⅱ、凝血因子Ⅴ、凝血因子Ⅶ(比格犬)和Ⅸ缺乏(小于正常30%),常见于严重的肝脏疾病、维生素K缺乏、弥散性血管内凝血、纤维蛋白原减少、食入含有双香豆素植物(检验此物中毒最敏感)或用肝素量多、长期或大量应用阿司匹林等。
3	缩短	见于先天性凝血因子增多症(如凝血因子Ⅴ增多症)、高凝状态和血栓病等。

(五)活化部分凝血活酶时间(APTT)

序号	内容	临床意义
1	概述	在血浆中加入凝血因子Ⅶ启动后,纤维蛋白凝块形成所需要的时间。APTT是内源性凝血因子缺乏最可靠的筛选检验项目,用于检测内源性凝血途径和共同途径中凝血因子的质量和数量。
2	延长	APTT延长,表明内源性凝血系统中因子的缺乏,如凝血因子Ⅷ、凝血因子Ⅸ、凝血因子Ⅺ、凝血因子Ⅻ,还有共同途径的凝血因子Ⅹ等,就会发生导致产生纤维蛋白的时间延长。 (1)如果凝血酶原时间正常,那么凝血因子Ⅷ(血友病A)、凝血因子Ⅸ(血友病B)、凝血因子Ⅺ和凝血因子Ⅻ有一种是缺乏的(必须小于正常30%)。 (2)遗传性假血友病、脾肿瘤、肝病、新生仔畜溶血病、口服抗凝药物、使用肝素等。 (3)弥散性血管内凝血后期、维生素K缺乏、双香豆素中毒(需用维生素K_1,治疗15 d)。
3	缩短	(1)高凝状态。如弥散性血管内凝血早期。 (2)血栓性疾病。如糖尿病伴血管病变、肾病综合征、严重烧伤等。

(六)活化凝血时间(ACT)

序号	内容	临床意义
1	概述	该试验测试新鲜血液在接触活化剂(如硅藻土、玻璃管)后,形成纤维蛋白凝块所需的时间(s)。血小板为凝血复合物凝结提供磷脂。该方法用于评估凝血的内源性途径和共同途径。若某一因子的活性不足正常值的10%,则ACT会延长。轻微的活性不足(10%～30%的正常活性)不会影响ACT,但会延长APTT。因此,在评估内源性和共同途径时,ACT不如APTT敏感。
2	延长	表明内源性凝血因子(PK、HMWK、凝血因子Ⅶ、凝血因子Ⅺ、凝血因子Ⅸ、凝血因子Ⅷ)或共同途径(凝血因子Ⅹ、凝血因子Ⅴ、凝血因子Ⅱ、纤维蛋白原)显著不足。明显血小板减少(少于10 000个/μL)也可能导致ACT延长。

课后思考

1. 什么是维生素K依赖性凝血因子?
2. 简述凝血酶原时间(PT)检测的临床意义。
3. 简述活化部分凝血致活酶时间(APTT)检测的临床意义。

任务二 血凝仪的使用

训练目标	1. 熟练掌握血凝检验中血液样本的制备方法。 2. 能熟练操作血凝仪。 3. 了解血凝仪的常见故障及排除方法。
主要仪器设备与场地	1. 血凝仪、试剂片、血液样本、保定用具、工作服、治疗盘、碘伏棉球、75%酒精棉球、2 mL 注射器、电剪、压脉带、利器盒和医疗废弃物收集桶。 2. 实验动物、宠物疾病临床检验实训室。

训练内容与步骤

二维码 8-3 血凝仪的使用(微课)

一、识别饲主

序号	内容	方法
1	插入试剂片	将试剂片插入至样本槽后按下 ID 键进入“Identify Patient”选单。
2	输入信息	执行下列任一步骤： (1)输入 Client ID(饲主标识符)，按“1”进入 Enter CID 页面。 使用键盘输入 CID 后按住 Enter 键。CID 便储存且暂时显示“Stored”信息。 (2)输入 Patient ID(病畜标识符)，按“2”进入 Enter PID 页面。 使用键盘输入 PID 后按住 Enter 键，PID 便储存且暂时显示“Stored”信息。 (3)输入畜种，按“3”进入 Species List 页面(畜种清单)。 输入合适的选项。畜种便储存且暂时显示“[Species] Selected”信息。
3	返回操作模式	输入完毕后，按下 Cancel 键返回正常操作模式中，刚刚所输入的信息会显示在屏幕上。

二、执行检验

(一)采集及检验未抗凝的全血样本

序号	内容	方法
1	取出试剂片	从冷藏层取出 IDEXX Coag Dx PT 及 APTT 试剂片,回温 30 min 左右至室温。
2	预备采血	预备采血部位(如需可剃毛),用酒精消毒并自然风干。因酒精会干扰试验。
3	预热试剂片	将标签朝上,插入适当的 PT 或 APTT 试剂片预热 30～90 s(图 8-2)。将试剂片完全插到底。分析仪会显示"Priming Pump"(冲洗检测泵)及"Warming"(加热中)信息。等待直到分析仪出现"Add Sample... Press Start"再执行下一步骤。 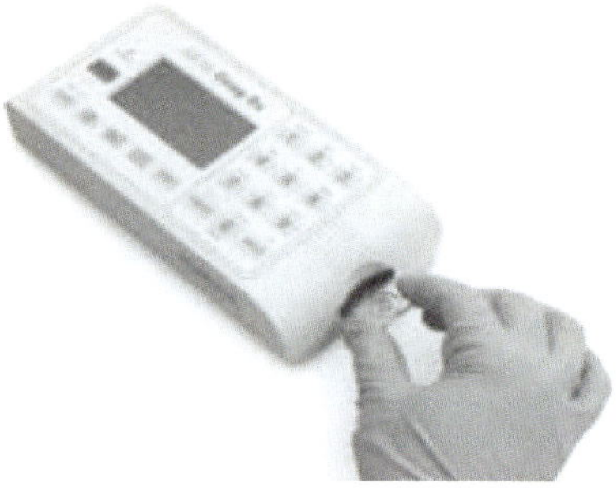 图 8-2　预热试剂片
4	采血	采集至少 0.2 mL 的血液。 **注意:**若在 5 min 内未执行检验,则会出现"Start... TIMED OUT"信息。必须使用新的试剂片重新检验。
5	检验	(1)迅速滴入一小滴血(50 μL 左右)至试剂片的样本盘,从底部填满样本盘(图 8-3)。使用或不使用针头均可。 (2)按下"Start"键。经过最终计算后结果显示于屏幕。 **注意:**必须有足够的血量滴入样本盘的中心,使样本盘填满且稍微超过盘面(图 8-4、图 8-5)。血滴的凸面稍凸出样本盘。若血滴太大超出样本盘中心一半以上(图 8-6),可用针头将多余的血推出样本盘外(图 8-7)。 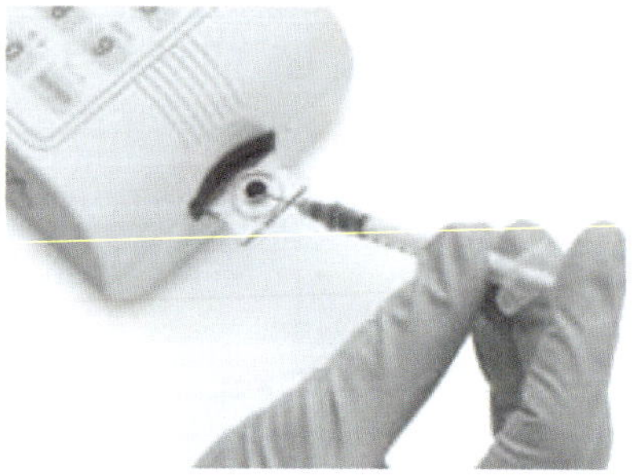 图 8-3　加入样本  图 8-4　足够的血量

续表

序号	内容	方法
5	检验	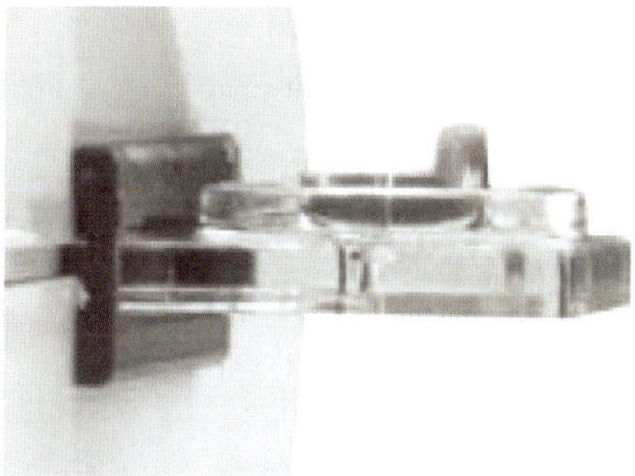 图 8-5 血量不足 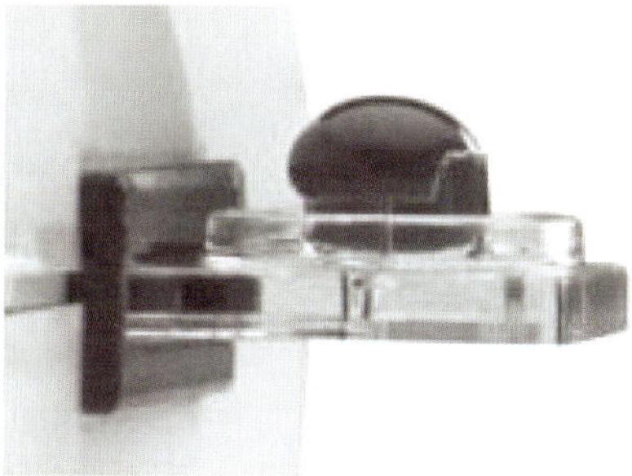 图 8-6 样本量太大 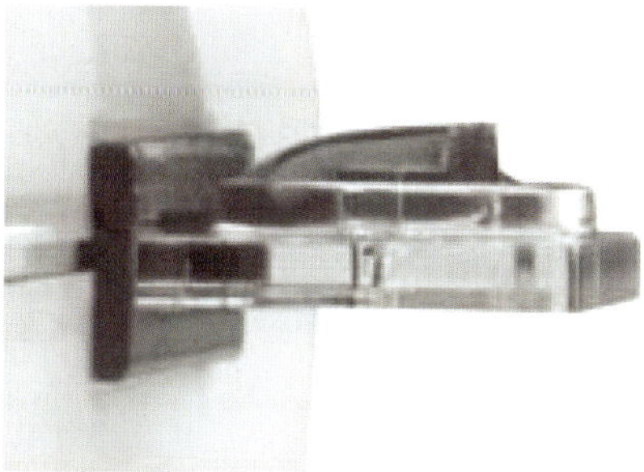 图 8-7 推出多余样本
6	移出试剂片	移出试剂片。将使用过的针头、针筒及试剂片丢弃到医疗废弃物收集桶。

(二)含柠檬酸盐抗凝剂的血液样本

序号	内容	方法	
1	取出试剂片	从冷藏层取出 IDEXX Coag Dx PT 及 APTT 试剂片，回温 30 min 左右至室温。	
2	预备采血	预备采血部位(如需可剃毛)，用酒精消毒并自然风干。因酒精会干扰试验。	
3	血液样本的制备	采血	使用塑料(不要玻璃)针筒采集样本后，用针头刺入内含3.2% 柠檬酸钠的采血管内。让血液吸入管内直到血液量到达指定的采血量(1.8 mL)。 **注意：** (1)必须采集到指定的采血量。 (2)做凝血功能检查时，须选柠檬酸钠做抗凝剂，全血与抗凝剂应严格按照 9:1的比例，比例不当会影响检查结果。 (3)肝素与 EDTA 不能用于凝血功能检查。

续表

<table>
<tr><th>序号</th><th>内容</th><th colspan="2">方法</th></tr>
<tr><td>3</td><td>血液样本的制备</td><td>混匀</td><td>将管子轻轻上下摇晃混匀至少 4 次。
注意：
(1)所有含柠檬酸盐抗凝剂的样本须在采血后 2 h 内检验。确保样本保持在室温下。
(2)待检验的样本应在检验前至少 5 min 采集，让柠檬酸钠剂与样本达到平衡状态。</td></tr>
<tr><td>4</td><td>预热试剂片</td><td colspan="2">让标签朝上，插入适当的试剂片加热 30～90 s。将试剂片完全插到底。直到分析仪出现“Add Sample... Press Start”时，再执行下一步骤。</td></tr>
<tr><td>5</td><td>检验</td><td colspan="2">(1)检验前再次将管子轻轻上下摇晃混匀至少 4 次。
(2)利用抛弃式塑料滴管，从采血管吸取样本后滴入 1 滴血到样本盘的中心，从底部填满。
(3)按下“Start”键。经过的时间会显示于屏幕直到样本凝血。当侦测到凝血，分析仪会“哔”一声。经过最终计算后结果显示于屏幕上。
注意：若加入不适当的样本，会出现“Sample too small”(样本量太少)、“Sample too large”(样本量太多)或“Sample not seen”(未侦测到样本)等错误信息。</td></tr>
<tr><td>6</td><td>移出试剂片</td><td colspan="2">移出试剂片。将使用过的针头、针筒及试剂片丢弃到医疗废弃物收集桶。</td></tr>
</table>

课后思考

1. 检测未抗凝的全血样本需注意的问题有哪些？
2. 检测柠檬酸盐抗凝剂的血液样本需注意的问题有哪些？

真题训练

1. 凝血过程的第三阶段是指(　　)。【2009 年执业兽医资格考试真题】

A. 形成凝血酶　　B. 形成纤维蛋白　　C. 肥大细胞分泌肝素

D. 血小板释放尿激酶　　E. 血小板填塞血管损伤处

答案：B

答案解析 凝血过程主要经历三个阶段。第一阶段为凝血酶原激活物的形成，第二阶段为凝血酶的形成，第三阶段为纤维蛋白的形成。

2. 犬，4 岁，常规免疫，体温正常，饲喂商品犬粮；近月余食欲减退，消瘦，间歇性腹泻，粪便带血，黏膜黄染，贫血，血凝时间延长，血清 ALT 活性升高，为预防该病，应定期监测犬粮中(　　)。【2019 年执业兽医资格考试真题】

A. 黄曲霉毒素水平　　B. 锌水平　　C. 维生素 A 含量

D. 硒含量　　E. 铜含量

答案：A

答案解析　黄曲霉毒素是一种强烈的致癌物质，主要存在于霉变的谷物中，如玉米、花生等。犬只摄入黄曲霉毒素会导致肝脏损伤，症状表现为食欲减退、消瘦、间歇性腹泻、粪便带血、黏膜黄染、贫血以及血凝时间延长等，同时引起血清 ALT 活性升高。

3. 促进止血和加速血液凝固的血细胞是(　　)。【2021 年执业兽医资格考试真题】

A. 红细胞　　B. 中性粒细胞　　C. 单核细胞

D. 嗜碱性粒细胞　　E. 血小板

答案：E

答案解析　血小板是血液中的一种重要成分，具有黏附、聚集、释放等多种生理特性。在血管损伤时，血小板能够迅速黏附于损伤处，形成血小板血栓，从而起到止血作用。同时，血小板还能释放多种凝血因子，加速血液凝固过程。

项目九 尿液检验

知识目标	1. 掌握尿液的形成与排泄机制、尿液成分及其生理功能。 2. 掌握尿液物理性状、化学性质及尿沉渣检查等项目的检测方法及临床意义。 3. 了解尿液异常与宠物不同疾病或生理状态之间的关系。
能力目标	1. 能正确进行尿液样本的采集、处理和保存。 2. 准确观察和记录尿液颜色、透明度、气味和比重等物理性状。 3. 能熟练使用尿液分析仪进行尿液化学性质检查。 4. 能熟练使用显微镜、尿沉渣分析仪等进行尿沉渣检查。 5. 能准确解读尿液检验结果并进行综合分析，规范撰写尿液检验报告。
素质目标	1. 具备规范严谨、精益求精的工作态度，确保尿液检验的准确性和可靠性。 2. 具备敏锐的观察力和综合分析能力，准确评估尿液样本的异常变化。 3. 树立敬佑生命，关注宠物健康与环境保护的价值观。 4. 养成良好的沟通能力和团队协作能力。

任务一 尿液的采集及保存

训练目标	1. 掌握尿液采集的原则。 2. 掌握尿液样品的采集与保存方法。 3. 掌握尿液保存的注意事项。
主要仪器设备与场地	1. 保定用具、工作服、纱布、灭菌乳胶手套、无菌导尿管、0.5%利多卡因溶液、抗生素软膏、利多卡因凝胶、生理盐水、一次性尿杯、开膣器、2mL 注射器、利器盒和医疗废弃物收集桶。 2. 实验动物、宠物疾病临床检验实训室。

二维码 9-1 尿液样本的采集与保存(微课)

训练内容与步骤

一、尿液样本的采集原则

序号	内容	方法
1	采尿原则	正确采集尿液样品,是获得准确分析结果的必要前提。尿液可以在排尿、压迫膀胱、导尿或膀胱穿刺后采到。通常最好采集晨尿,因为此时尿样浓度最高。 尿样在送检时,要用干净且无化学污染的容器。采集到的尿样应该尽快分析,如果不能在 30 min 内分析,应冷藏保存。

二、尿液样本的采集方法

(一)随机取尿

序号	内容	方法
1	自然排尿	应用自然排尿采尿时,中段尿液最好,因为初段尿液会机械性地把尿道口和阴道或阴茎和包皮中的污物冲洗出来。从笼子或地上采到的尿样效果较差,但如果考虑了污染因素,还是十分有效的。但是污染物与细胞、蛋白或细菌有关时,必须用另一种采尿方法来证明尿样的异常。 自然排尿是评价血尿时选择的采尿方法,因为其他的方法会在采尿时导致出血而增加红细胞的量。

(二)膀胱挤压

序号	内容	方法
1	概述	可通过体外压迫膀胱的方法采集尿液,其缺点是存在膀胱损伤的风险,不推荐使用。膀胱挤压法禁用于尿道梗阻病例。

(三)膀胱穿刺

序号	内容	方法
1	概述	膀胱穿刺可以避免尿道口、阴道、阴茎包皮和会阴污染物的污染。近期进行过膀胱切开术和严重的膀胱外伤,不能用该方法进行尿样采集。膀胱穿刺可以使尿样中的非尿道污染减少到最小。其缺点为穿刺造成的外伤可能引起医源性的血尿和尿液进入腹腔。
2	操作	动物侧卧、仰卧或站立保定(图 9-1),轻柔地触摸并固定膀胱,用一个 10 mL 注射器和 22G 或 20G 的针头刺入后腹部。 公犬的穿刺部位为脐孔至尾部的阴茎旁(图 9-2);母犬和猫的穿刺部位为脐孔至尾部的腹中线上。也可在超声引导下进行膀胱穿刺。
二维码 9-2 膀胱穿刺取尿(实操视频)		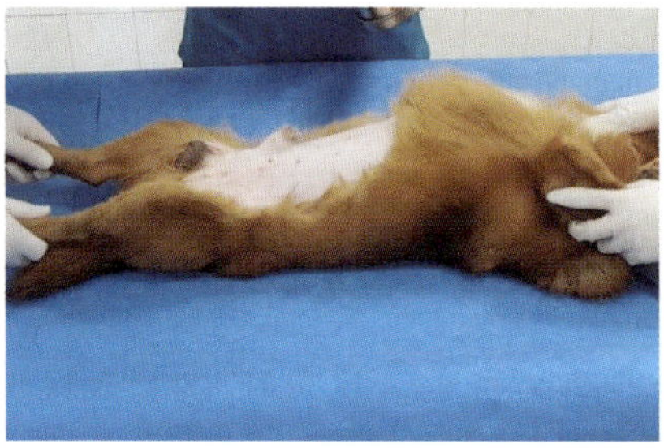 图 9-1 仰卧保定 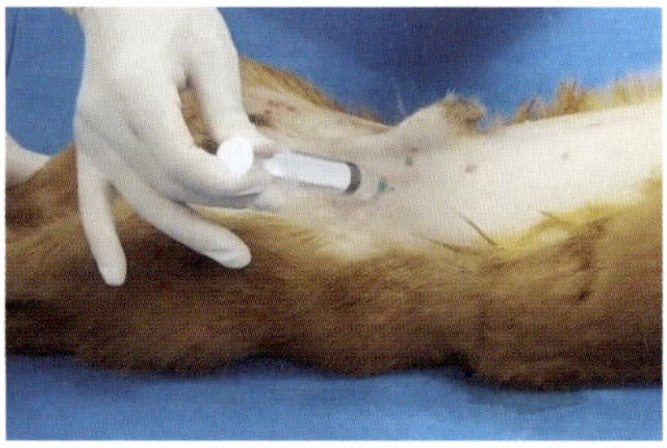 图 9-2 膀胱穿刺

(四)人工导尿

序号	内容	方法
1	概述	导尿应该尽可能在无菌的条件下进行。雌性宠物的尿道口可以直接看到,导尿可借助开膣器、耳镜等工具进行操作。导尿的优点是可以避免阴道、阴茎包皮和会阴大部分污染物的污染,但不洁净的尿道口会污染尿液。在导尿时把细菌带入膀胱,可能造成健康犬猫的下泌尿道发生感染。在已存在尿道感染的病例中,医源性细菌感染的危险更大。送导尿管时用力过大可能导致病患的尿道或膀胱破裂。操作错误也可导致正常的尿道和膀胱破裂,从而使样品中的红细胞、蛋白质和上皮细胞增加。 动物适当保定,必要时给予镇静药或解痉药(如静松灵)。术者手消毒后涂以润滑剂,尿道外口和会阴部应先用无刺激性消毒液(如0.1% 高锰酸钾液、0.1%新洁尔灭液、0.02%呋喃西林液或 2%硼酸液等)充分擦洗。导尿管插入时必须缓慢而避免粗暴,以免损伤尿道黏膜。
2	公犬导尿	操作步骤: (1)使犬侧卧保定,外展后肢将身体伸展(图 9-3)。 (2)手持导尿管,目测导尿管插入膀胱所需长度(图 9-4)。

续表

<table>
<tr><th>序号</th><th>内容</th><th>方法</th></tr>
<tr><td colspan="2">二维码 9-3 公犬导尿管取尿（实操视频）</td><td>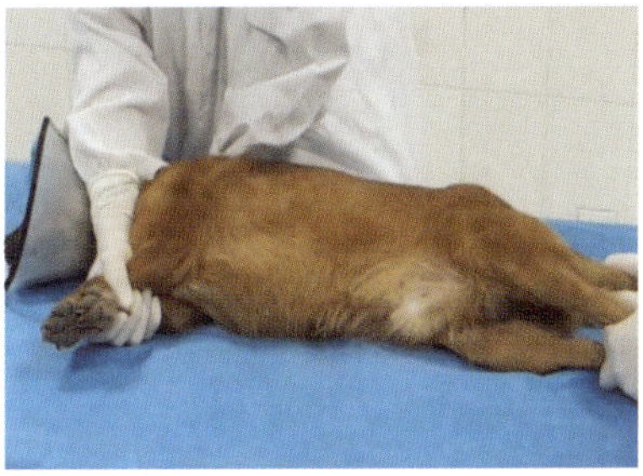
图 9-3 犬侧卧保定
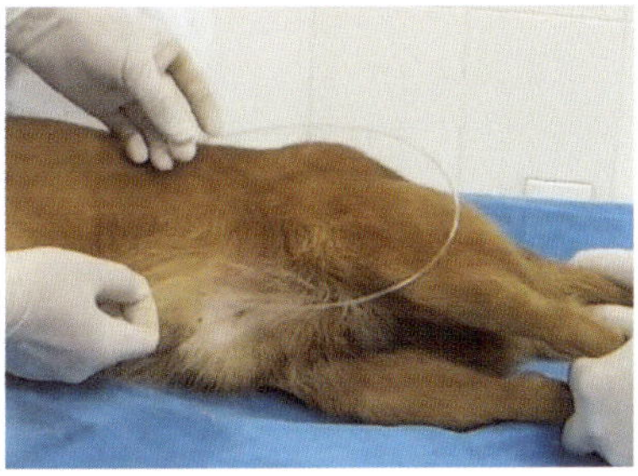
图 9-4 目测导尿管插入所需长度</td></tr>
<tr><td>2</td><td>公犬导尿</td><td>（3）在包皮与腹部交界处用拇指、食指将包皮向后推压，使包皮缩回以暴露阴茎 2～5 cm。
（4）用生理盐水溶液清洁包皮、阴茎、龟头远端，去除分泌物。
（5）操作者卡住阴茎两侧以固定，但不应太紧，以免压迫尿道，在阴茎龟头处涂抹利多卡因凝胶，减少导尿给动物带来的不适感。
（6）导尿管末端涂润滑剂。
（7）导尿管由尿道开口插入尿道（图 9-5），沿尿道往下顺入直至膀胱有尿液流出（图 9-6），用容器收集尿液（图 9-7）。
当确定导尿管进入膀胱而无尿液排出时，尝试用注射器从导尿管中抽取尿液（图 9-8），或前/后移动尿管，直到有尿液流出，收集尿液或完成其他所需操作后，轻轻牵引取出导尿管。
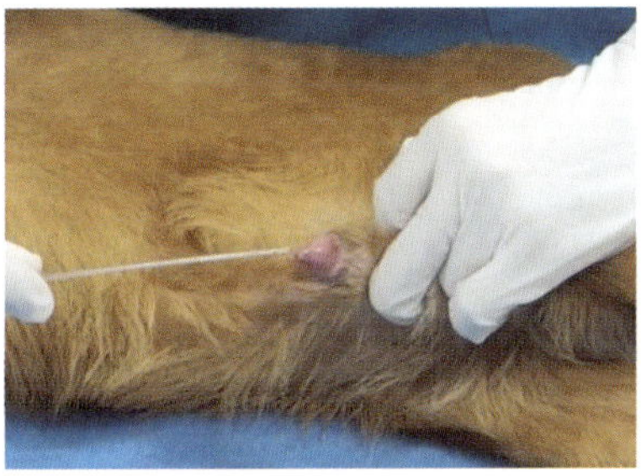
图 9-5 导尿管由尿道开口插入尿道
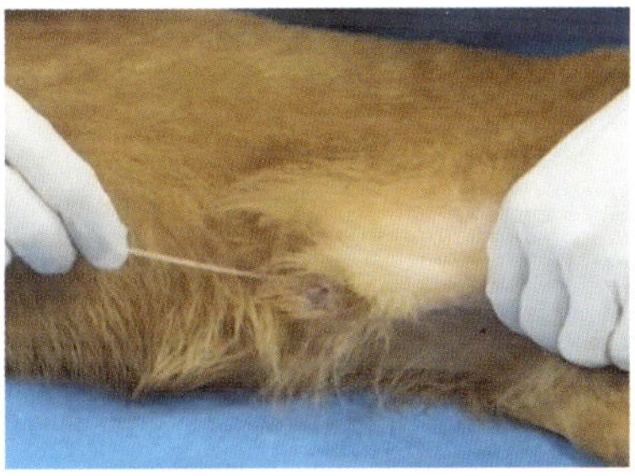
图 9-6 导尿管沿尿道往下顺入直到膀胱
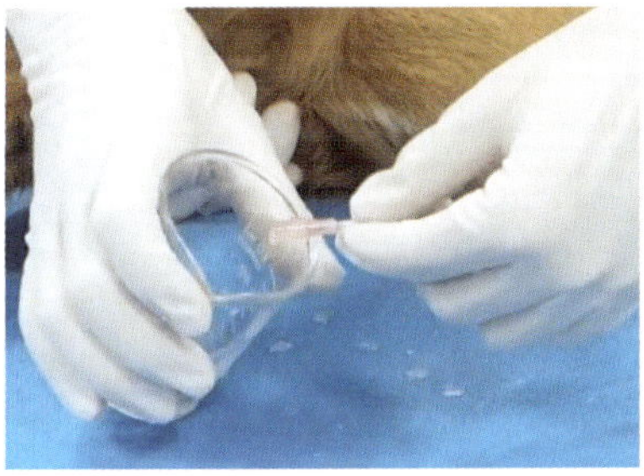
图 9-7 用盛尿容器收集尿液
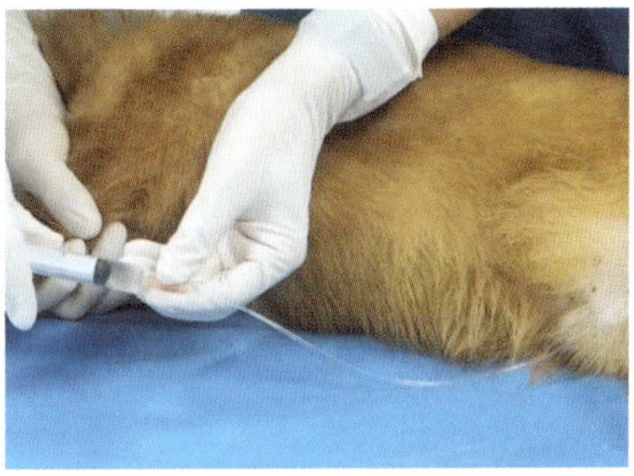
图 9-8 用注射器从导尿管中抽取尿液</td></tr>
</table>

续表

序号	内容	方法
2	公犬导尿	**注意：** （1）清洁双手，戴灭菌乳胶检查手套。 （2）公犬阴茎骨处较窄，在选择导尿管尺寸时要加以考虑，并检查有无损漏。 （3）在尿道中有结石时，可以使用 2 mL 利多卡因溶液松弛尿道、解除尿道痉挛，帮助排出或逆向冲回膀胱。 （4）在不确定膀胱大小时，不应轻易冲洗；膀胱比较充盈时，加压冲洗应慎重。 （5）导尿管在通过尿道乙状弯曲进入骨盆尿道时，应用手改变导尿管的方向，以便顺利插入膀胱中。
二维码 9-4　母犬导尿管取尿（实操视频）		操作步骤： （1）将动物站立保定或侧卧保定，并将尾巴拉向背侧或一侧（图 9-9）。用生理盐水溶液清洁外阴，去除分泌物。 （2）手持导尿管测量插入膀胱所需长度。 （3）将局麻药（利多卡因凝胶）在阴道 3～5 cm 处注入，减少动物在操作过程中不适感，同时方便操作（图 9-10）。
3	母犬导尿	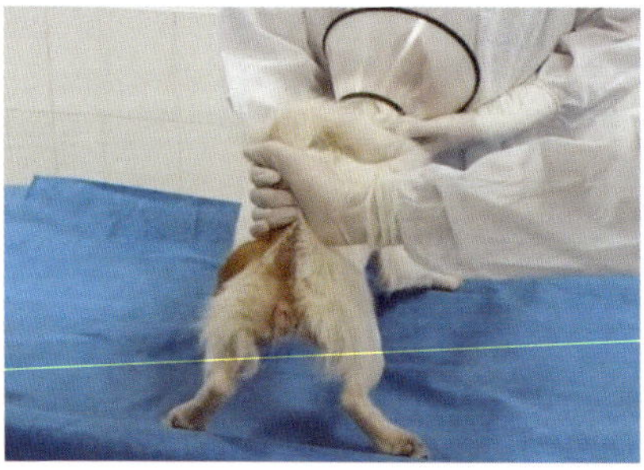 图 9-9　犬站立保定 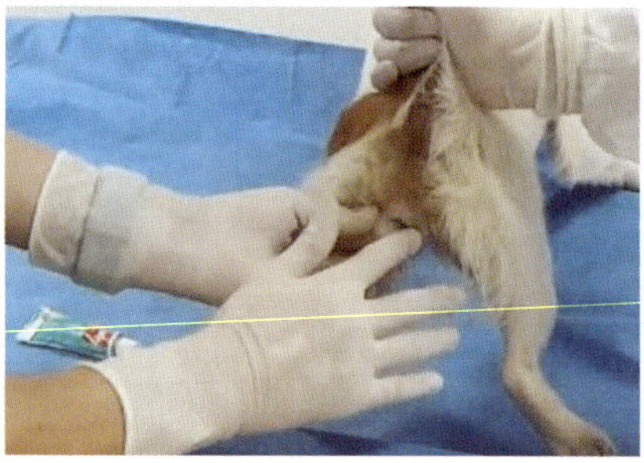 图 9-10　在阴道处涂抹利多卡因凝胶 （4）导尿管头部涂润滑剂，有助于导尿管通过。 （5）借助阴道扩张器或其他尿道开口的工具，将导尿管避开阴蒂窝而导入尿道乳头状开口处（图 9-11）。 （6）缓慢将导尿管通过尿道口插进膀胱（图 9-12）。 （7）尿液流出后用盛尿容器进行收集（图 9-13）。当确定导尿管进入膀胱而无尿液出现时，尝试用注射器从导尿管中抽取尿液（图 9-14），或向前/向后移动导尿管，直到有尿液流出，收集尿液或完成其他所需操作后，轻轻牵引取出导尿管。

续表

序号	内容	方法
3	母犬导尿	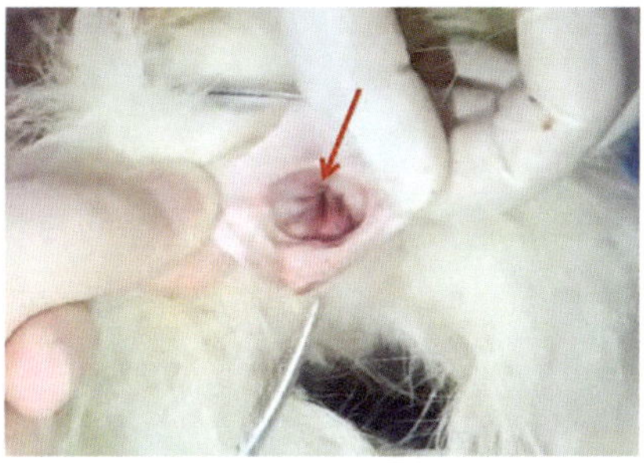 图 9-11 尿道口 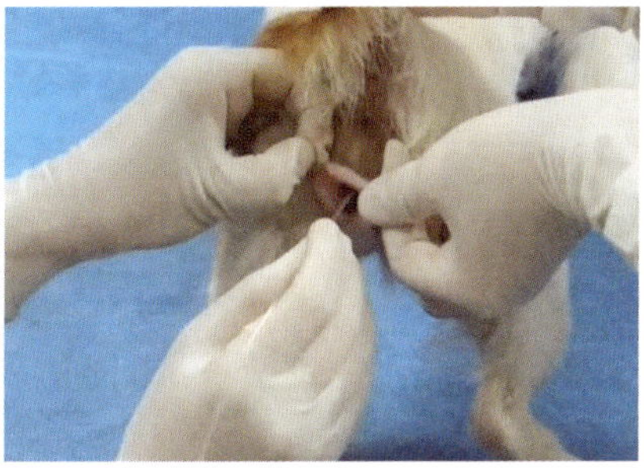 图 9-12 将导尿管通过尿道口插进膀胱 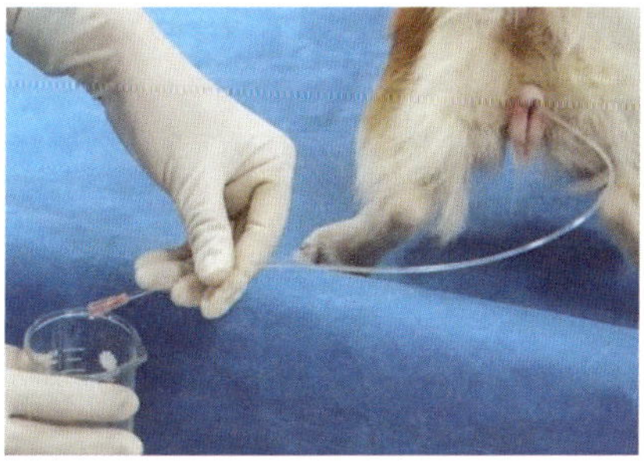 图 9-13 用盛尿容器收集尿液 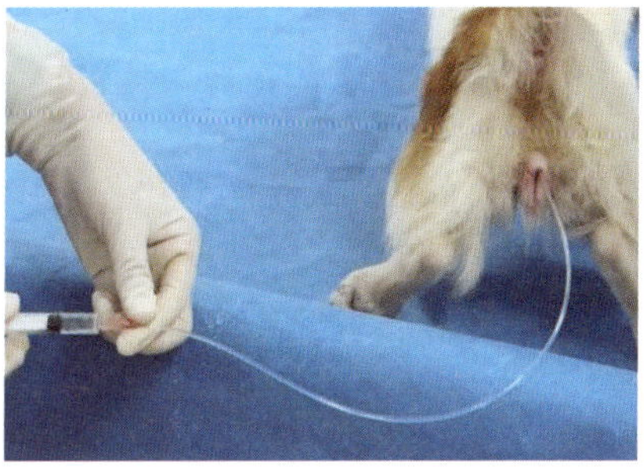 图 9-14 用注射器从导尿管中抽取尿液 **注意：** (1)清洁双手，戴灭菌乳胶检查手套。 (2)选择合适的导尿管，并检查有无损漏。 (3)动物骨盆有损伤时，导尿手法应轻柔，避免对尿道进行损伤。 (4)在尿道中有结石时，可以使用 2 mL 利多卡因溶液注入该区域，帮助松弛尿道、缓解尿道痉挛，有助于结石排出或送入膀胱。 (5)不确定膀胱大小时，不应轻易冲洗；膀胱比较充盈时，加压冲洗应慎重。 (6)插入导尿管时，应注意避开阴蒂窝。

三、尿液样本的保存与注意事项

序号	内容	方法
1	尿液保存	采集尿液后应立即送检或检验，如不能立即送检，最好置于冰箱内保存，一般在 4 ℃冰箱可保存 6～8 h。如尿样需放置较长时间(如 12 h 或 24 h)或天气炎热时，可加适量防腐剂以防止尿液发酵分解。 **注意：** 供细菌学检查的尿样中不可加入防腐剂。

续表

序号	内容	方法
1	尿液保存	常用防腐剂及其用量如下： (1)甲醛溶液。一般用量为每升尿液中加入 1～2 mL。因甲醛能凝固蛋白质而抑制细菌生长，对镜检物质(如细胞、管型等)可起固定形态作用，但不适用于尿蛋白及尿糖等化学成分的检查。 (2)甲苯。一般用量为每升尿液中加 5 mL，可使尿液表面形成薄膜，防止细菌繁殖，用于尿糖、尿蛋白定量测定。检验时应吸取下层尿液。 (3)硼酸。用量为每升尿液中加 2.5 g，对常规检验项目均无影响。 (4)麝香草酚。用量为每升尿液中加 2～3 g，但蛋白质检验时易出现假阳性反应。
2	注意事项	(1)30 min 内分析尿液(尿液不稳定)。尿样在室温下放置时间过长，其中的二氧化碳挥发及细菌过度繁殖，易导致尿液 pH 上升、葡萄糖减少(细菌消耗葡萄糖)。若过度繁殖的为非产脲酶细菌，其代谢葡萄糖产生酸性代谢产物，尿样 pH 呈酸性；若过度繁殖的是产脲酶细菌，尿样 pH 呈碱性。 (2)30 min 后分析尿液的话，需冷藏保存 2 h，并放置在干净紧盖的容器内；室温放置过久会导致细菌增生；不可冷冻尿液。 (3)尿样冷藏后，其中晶体物质的溶解度会降低，导致晶体析出。低温下尿液的密度更高，冷藏后尿样的相对密度大于室温尿。对冷藏的尿样进行检查前，应将尿样温度恢复到室温，以降低因冷藏造成的人为误差。 (4)尿液样本检测前不可离心。 (5)尿液样本不可直接阳光曝晒，避免某些化学物质(如尿胆原等)见光分解或氧化。 (6)尿液样本的检测应在室温下操作。 (7)检测前先混合尿液样本。

课后思考

1. 采集尿液的方法有哪些？
2. 进行尿液分析的尿液样本应如何保存？
3. 简述膀胱穿刺取尿的优缺点。
4. 公犬导尿管导尿时，需注意的问题有哪些？

任务二 尿液的物理性状检查

训练目标	1. 掌握尿液物理性状检查的方法。 2. 能根据尿液物理性状检查结果进行临床判读。 3. 会检测尿比重并进行判读。
主要仪器设备与场地	1. 尿比重折射仪、新鲜尿液样本、一次性滴管、一次性手套、医疗废弃物收集桶。 2. 实验动物、宠物疾病临床检验实训室。

二维码 9-5 尿液物理性状检查(微课)

训练内容与步骤

一、颜色

序号	项目	内容	
1	正常方法	正常动物的尿色为淡黄色、黄色到深黄色，颜色的变化与尿量及尿液所含尿色素和尿胆素的多少有关。	
2	异常	无色或淡黄色	一般为比重低的稀薄尿液，见于动物大量饮水、肾病末期、尿崩症、肾上腺皮质功能亢进、子宫积脓、过量饮水和一些伴有糖尿的疾病。
		暗黄色或褐黄色	一般为比重高的浓缩尿液，见于饮水减少或脱水、急性肾炎、热性疾病、胆红素尿(带黄色泡沫)和尿胆素原尿。
		红色、葡萄酒色或褐色	常见于血尿、血红蛋白尿、肌红蛋白尿、卟啉尿或药物尿。
		绿色	见于用亚甲蓝防腐的尿、胆绿色素尿和吖啶黄素尿。
		乳白色	见于尿中含有乳糜、脓细胞、大量磷酸盐和尿酸盐时。

二、透明度

序号	项目	内容
1	正常	正常动物的新鲜尿液是清亮的，放置时间稍长有结晶盐形成沉淀而变得浑浊。但在正常马属动物的新鲜尿液中，因含有大量碳酸钙结晶和肾盂腺体分泌的黏液，故浑浊不透明。对某些犬猫而言，云雾状尿液可能是正常的。
2	异常	对于犬猫，尿液云雾状或模糊的外观异常，可见于过多的红细胞、白细胞、上皮细胞、细菌或真菌、精子、前列腺液、黏液、结晶。尿液絮状的外观异常，可见于白细胞聚集、上皮细胞聚集、小结石或砂粒等。

三、气味

序号	项目	内容
1	正常	各种动物的新鲜尿液，因含有不同的挥发性有机盐，而具有各自特殊的气味。尿液放置时间过久，由于细菌脲酶作用而使尿素分解生成氨，具有刺鼻的氨味。
2	异常	在病理情况下，当患有膀胱炎或尿道阻塞，膀胱潴留时，尿液可具有刺鼻氨味；当膀胱和尿道患有化脓性炎症、溃疡或坏死时，尿液可有蛋白质腐败的尸臭；当患有酮尿病、糖尿病时，尿液有酮体臭味。

四、尿量

<table>
<tr><th>序号</th><th>项目</th><th colspan="2">内容</th></tr>
<tr><td>1</td><td>正常</td><td colspan="2">各种动物每昼夜的排尿量变化很大，影响因素包括动物品种、体重、年龄、食物中含水量和含盐量、饮水量、运动量、出汗及大肠水分吸收情况、外界环境温度等。成年健康犬猫日排尿量为 20～40 mL/kg，不同个体差异变化较大，应根据具体情况判定正常与否。</td></tr>
<tr><td rowspan="2">2</td><td rowspan="2">异常</td><td>尿量增加</td><td>急性肾病的利尿期、慢性弥漫性肾病、糖尿病、肝脏衰竭、肾上腺皮质功能亢进、高钙血症（通过皮质激素抑制抗利尿激素分泌）、猫甲状旁腺功能亢进、尿崩症、原发性肾性糖尿、精神性烦渴、慢性弥漫性肾盂肾炎、子宫积脓、水肿液吸收等。</td></tr>
<tr><td>尿量减少</td><td>急性肾病、脱水、休克、慢性肾炎末期和尿道阻塞等。</td></tr>
</table>

五、尿比重

(一)临床意义

序号	项目	内容
1	正常	尿比重为单位容积尿液中含固体物质的多少,健康动物每天排出固体物质较恒定,因此,尿量对尿比重影响较大。一般是尿量大时其比重小,尿量小时其比重大。 正常动物的尿比重为1.001～1.065,猫可高达1.08。比重大于1.025(犬大于1.030、猫大于1.035),表明肾脏浓缩能力正常。
2	异常	具有正常浓缩尿液能力的动物,排出的尿液比重比肾小球滤液(等渗尿)比重(1.008～1.012)高。动物机体脱水超过体重3%时,就会引起抗利尿激素(ADH)的释放,使尿液浓缩。 尿比重持续低于1.012时,表示存在有弥漫性肾病、尿崩症或肾脏对ADH不能产生反应。尿比重持续低于1.008时,表示有2/3以上的肾单位丧失尿浓缩功能。新生动物(除犊牛外),肾脏都缺乏足够的尿液浓缩能力。 病理性尿比重降低的原因:与病理性尿量增多的原因基本相同,但原发性肾性糖尿和糖尿病时,尿量增多,尿比重也升高。在慢性弥漫性肾脏疾病时,尿比重可稳定在等渗尿比重(1.008～1.012)。 病理性尿比重增高的原因:与病理性尿量减少的原因基本相同,但急性弥漫性肾炎时,尿量减少,尿比重也降低。

(二)折射仪的使用

序号	项目	内容
1	概述	常使用折射仪,利用光线在碰到溶质时会产生折射的原理对溶液中的溶质进行定量。此工具也可用于评估血液或体液中的蛋白质浓度。因液体密度可受温度的影响,所以,使用折射仪时,需进行温度的校正,以确保测定结果的准确度和重复性。折射仪的优点是使用方便,仅需几滴尿液样本,最好采用离心后的上清液进行测定(图9-15)。 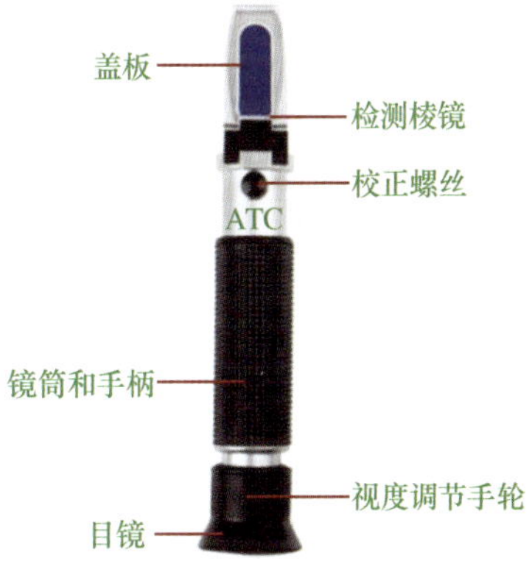 图 9-15 折射仪的构造

续表

序号	内容	方法
2	操作 二维码 9-6 尿液折射仪的使用（微课）	(1)检查并清洁棱镜的防护玻璃罩和盖板。 (2)在棱镜的防护玻璃罩上滴一滴液体样本。 (3)将折射仪朝向人工灯光或自然光。 (4)转动目镜,使亮-暗调节到焦点。 (5)读取并记录正确结果(如比重、蛋白)。 (6)根据制造商的推荐方法清洁折射仪。
3	保养维护	(1)折射仪在每次使用后均需清洁。 (2)棱镜防护玻璃罩和盖板使用酒精擦干。擦拭时应用透镜纸,避免出现刮痕。 (3)折射仪应根据使用情况定期校正(每周或每日)。室温下将蒸馏水滴至折射仪上,其相对折射率应为零,且任何时候均为零。若亮-暗分界线大部分从 0 刻度偏离超过半个刻度,应根据制造商指示的旋转螺旋进行调节。若无法将蒸馏水的折射率调整为 0,折射仪不可再使用。新型的折射仪为数字型的并有个可以自动校正并监控温度的小处理器。

课后思考

1. 尿液物理性状检查包括哪几个方面?
2. 简述尿液颜色异常的临床意义。
3. 简述折射仪的操作步骤。

任务三 尿液的化学性质检查

训练目标	1. 掌握尿液化学性质检查项目的临床意义。 2. 能根据尿液化学性质检查结果进行临床判读。 3. 会使用尿液分析仪。
主要仪器设备与场地	1. 新鲜尿液样本、尿液分析仪、尿液试纸条、试管、无尘纸、一次性滴管、一次性手套、医疗废弃物收集桶。 2. 实验动物、宠物疾病临床检验实训室。

二维码 9-7 尿液的化学性状检查(微课)

训练内容与步骤

一、检查项目

序号	项目	内容
1	酸碱值(pH)	酸碱值可以反映肾脏调节体液酸碱平衡的能力,机体通过尿液排出大量的酸性或碱性物质来维持体内的酸碱平衡。 健康动物尿液的酸碱值主要与饮食有关。酸性尿液也可由以下几种因素造成,包括发热、饥饿、高蛋白饮食、下痢、酸中毒、糖尿病引起的酮尿、尿毒症、过度的肌肉活动,或是使用特定的药物,如利尿剂呋塞米以及尿液酸化剂。
2	蛋白质(PRO)	尿液中蛋白质的检查是判断肾小球(管)损伤的重要指标之一。健康动物的尿液中,大部分的血浆蛋白无法通过肾小球滤过或在到达肾盂前被肾小管重吸收,因此极少有蛋白质存在。除了犬,尿液中若出现蛋白质是不正常的,且大多数是因泌尿道或生殖系统疾病所造成的。在膀胱穿刺、导尿或挤压膀胱采尿时,可引起一定的出血,导致尿液中出现微量的蛋白质。 急性和慢性肾脏疾病可导致蛋白尿,急性肾炎的特征是显著蛋白尿并带有白细胞管型,而在慢性肾脏疾病中,蛋白尿程度则较不明显。但在慢性肾脏疾病中,尿液量通常较多且比重较低,因此,排出的总蛋白量实际上也相当多。尿蛋白质和尿肌酐的比值(UPC)可用来判定慢性肾脏疾病时蛋白质的流失程度。正常犬、猫尿中的比值分别小于0.5、0.6;若值大于1,代表肾小管或肾小球已受到伤害;若值大于5,则表示已发展成为肾小球性疾病。判读UPC结果时,应先排除非肾小球性来源蛋白的可能性,如血尿、脓尿或已有氮质血症的动物。肾性蛋白尿可由创伤、肿瘤、肾脏梗阻引起,也可由药物和化学物质如磺胺类药物、铅、汞、砷等引起肾毒性所引起。由泌尿生殖道的发炎或导尿时创伤所引起的蛋白尿,称为肾后性蛋白尿。

续表

序号	内容	方法
3	尿糖(GLU)	尿糖是指尿液中葡萄糖的含量。尿液中葡萄糖含量多少,可直接反映病患糖尿的严重程度。当肾脏滤过的葡萄糖量超出了其可重吸收的阈值(犬葡萄糖的肾阈值为 180 mg/dL,猫葡萄糖的肾阈值为 280 mg/dL)时,肾小管的重吸收无法跟上葡萄糖自肾小球的滤出速率,导致葡萄糖出现在尿液中。一般情况下,患者血中葡萄糖大于 9.0 mmol/L 时,尿糖测定呈阳性,与血中葡萄糖含量呈正比。 糖尿病动物因为胰岛素分泌不足而导致高血糖及糖尿的发生。含高碳水化合物的饮食也可能导致血液中的葡萄糖含量超过肾阈值而形成糖尿。因此,检测尿液中葡萄糖浓度时,建议先禁食一段时间。猫在恐惧、兴奋时,因肾上腺素的释放可导致高血糖和糖尿。经静脉注射含葡萄糖的液体和麻醉后,通常也会形成糖尿。甲状腺功能亢进、库欣综合征、慢性肝脏疾病的患病动物也会出现糖尿。一种罕见的肾小管对葡萄糖吸收能力下降的情况,可导致血糖正常情况下出现糖尿,称为肾性糖尿。若尿糖值检测反应被过氧化氢、漂白剂、氯或其他具有氧化性的物质污染,则测定结果呈假阳性。
4	酮体(KET)	酮体由脂肪酸不完全代谢形成,包括 β-羟丁酸(78%)、乙酰乙酸(20%)和丙酮(2%)。当机体发生糖代谢障碍时,血中酮体增加并随尿液排出,称为酮体尿。尿液试纸对乙酰乙酸最为敏感,对丙酮轻度敏感,但无法检测 β-羟丁酸。 患有糖尿病的动物因为胰岛素不能有效地代谢碳水化合物,必须增加脂肪分解来达到能量需求,因而经常有酮尿的产生,可为糖尿病酮症酸中毒提供诊断依据。高脂肪的饮食、饥饿、禁食、长时间厌食以及肝功能受损不能贮存足量的肝糖原时,都可能会产生酮血症和酮尿症。酮类具有毒性,会导致中枢神经系统的抑制和酸中毒,长期的酮尿可能导致钠、钾耗尽。含硫成分如胱氨酸、药物治疗如左旋多巴、色素尿、低 pH 尿以及高比重尿,则有可能造成酮尿假阳性反应。
5	胆红素(BIL)	胆红素是血红蛋白分解代谢的中间产物,经肝脏随胆汁排泄入肠,转变为尿(粪)胆原。尿液中检测到的胆色素是胆红素与尿胆原。尿液中仅可发现结合胆红素(水溶性),与白蛋白结合的未结合胆红素为非水溶性,正常情况下无法通过肾小球毛细血管进入滤过液中。但健康犬,尤其是尿相对密度较高的公犬,其对结合胆红素的肾阈值较低,且肾脏具有胆红素结合的能力,因此在尿液中可偶见少量胆红素。猫胆红素的肾阈值是犬的 9 倍,故猫的尿液中出现极少量的胆红素即为异常。

续表

序号	内容	方法
5	胆红素（BIL）	蛋白尿时，结合在白蛋白上的胆红素便有可能出现在尿中而引起胆红素尿。肝脏疾病及胆管阻塞可使结合胆红素无法经由胆道排出而累积于肝细胞中，逆流经由血液进入尿液中而产生胆红素尿。导致输送胆汁的通道阻塞的原因包括胆管结石、胆管区肿瘤、急性肠炎、胰腺炎以及肠道阻塞等。犬的溶血性贫血中，肝脏可能制造过多的结合胆红素进入血液中而导致胆红素尿。胆红素尿会先于胆红素血症出现。检测时应注意使用的尿液不宜暴露于阳光下过久，因为胆红素可能会被紫外线降解成胆绿素，使得检测呈现假阴性。此外，维生素 C 及亚硝酸盐也可能导致假阴性发生。
6	尿胆原（UBG）	肠道中的细菌可将胆红素转变成尿胆原，经由粪便排出。部分尿胆原可经吸收回到肝脏或经血液进入肾脏，而出现在尿液中。当有溶血性疾病时，可能因为胆红素的生成及降解增加，而使尿中出现少量的尿胆原。 尿胆原的检测有可能因为水杨酸、磺胺类以及苯胺酸的出现而呈现假阳性，或因为福尔马林及紫外线的干扰而呈现假阴性。试纸条的检测敏感度与尿胆原的正常值接近，且无法稳定地在尿液中被检测出来，因此诊断应用价值并不高。
7	潜血（BLD）	通过检测尿液中血液的试验可发现血尿、血红蛋白尿和肌红蛋白尿。血尿通常是由泌尿生殖道某处出血所致，在尿液中可见完整的红细胞。血红蛋白尿常由血管内溶血所致的，尿液中可见游离的血红蛋白。肌红蛋白尿是由严重的肌肉损伤导致肌红蛋白从肌细胞释放入血液所致，尿液中可见肌红蛋白。 血尿可见于肾出血、尿路出血、泌尿系统结石、感染等。血红蛋白尿可见于多种引起血管内溶血的情况，包括免疫介导性溶血性贫血、新生儿同种免疫性溶血性疾病、血型不相容性输血、钩端螺旋体病、巴贝斯虫病、某些重金属（如铜）和摄入某些有毒植物。肌红蛋白尿常见于患有劳累性横纹肌溶解症的马。 尿液试纸利用潜血或血红素反应检测血红蛋白和肌红蛋白内的血红素。血尿、血红蛋白尿、肌红蛋白尿都能引起测定结果呈阳性。血尿样本经离心后其上清液不再表现为红棕色，而血红蛋白尿和肌红蛋白尿样本的上清液仍为红棕色，且尿沉渣中无红细胞。若尿中含有血红蛋白，则血浆表现为溶血样；若尿中含有肌红蛋白，会同时伴有明显的肌肉损伤，可通过测定血清肌酸激酶的浓度进一步验证。

续表

序号	内容	方法
8	白细胞（LEU）	中性粒细胞胞浆内含有特异性酯酶，与干化学试纸带膜块中的吲哚酚酯及重氮盐反应，使膜块产生颜色变化；而淋巴细胞、单核细胞不含特异性酯酶，故不与试纸带膜块发生反应。但有的试纸带可检出中性粒细胞和单核细胞中的酯酶（非特异性酯酶）。 此反应可受到硝基呋喃的影响而呈现假阳性，或受维生素 C、高白蛋白（＞300 mg/dL）及头孢菌素、庆大霉素的影响而呈假阴性。白细胞在尿液中数小时内即可能有超过 50％的降解，因此可能存在试纸条检测阳性但显微镜检测为阴性的情况。
9	亚硝酸盐（NIT）	亚硝酸盐测定主要用于尿路感染的快速过筛试验，大多数是由于大肠埃希菌将硝酸盐还原为亚硝酸盐。一些革兰阴性细菌可将尿液中的硝酸盐还原成亚硝酸盐，因此尿中出现亚硝酸盐被用以代表尿中有革兰阴性细菌的存在。但是革兰阳性菌及部分革兰阴性菌没有还原硝酸盐的能力，因此亚硝酸盐阴性不代表尿中没有细菌。 此外，饮食中需含有可排至尿液中的硝酸盐，而且尿液需在膀胱停留足够久的时间才会产生可以检测的亚硝酸盐浓度。通常有泌尿道感染的动物会经常排尿，所以即使有细菌存在，检验也常呈阴性。因此，利用显微镜检查尿沉渣中的细菌是较佳的方法。受细菌污染的尿液可以导致亚硝酸盐呈现假阳性，犬猫尿液若比重较高或含有维生素 C 则可能导致假阴性反应。

二、尿液分析仪的使用

序号	项目	内容
1	校正	（1）取出校正片，正面放置于尿液检体架上（图 9-16）。 （2）按左侧“Calibr”按钮（功能键）（图 9-17），再按“Start”按钮（黄色圆形按钮）（图 9-18）。 （3）听到一声“哔”后，银色卡杆扣住校正片，校正片被拉入仪器中进行判读。 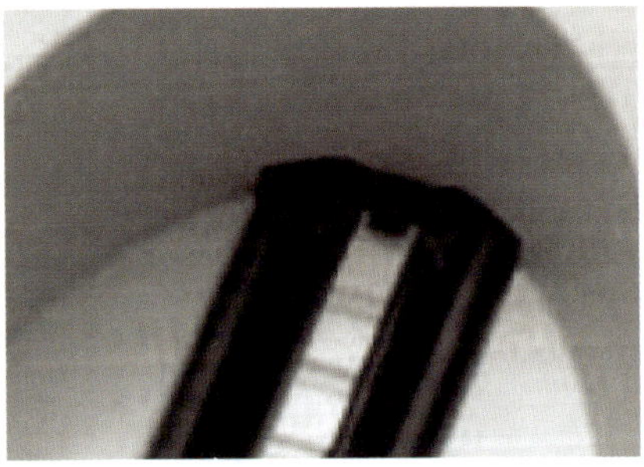 图 9-16　放置校正片于检体架 （4）读取结束后，校正片自动回到原位。 （5）校正无误后，系统自动打印结果。 （6）校正完毕，拿出校正片，丢弃。每 1 个校正片仅可用 1 次。 **注意：**测试前，务必完成校正；每 7 d 需校正 1 次。
二维码 9-8　尿液分析仪的使用（微课）		

续表

<table>
<tr><th>序号</th><th>内容</th><th>方法</th></tr>
<tr><td colspan="2">二维码 9-9 尿液分析仪的校正（虚拟仿真）</td><td>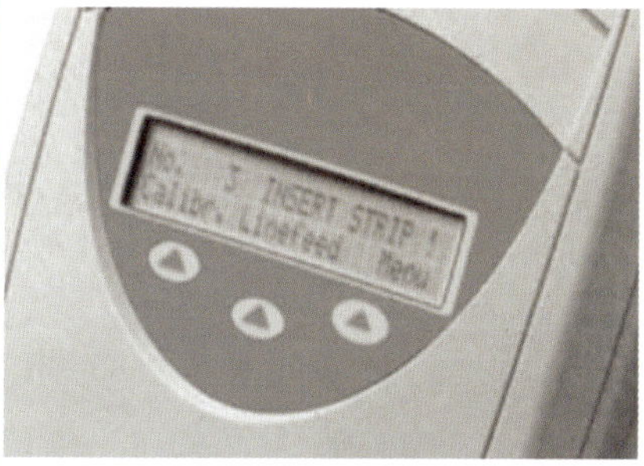

图 9-17 按左侧“Calibr”按钮(功能键)
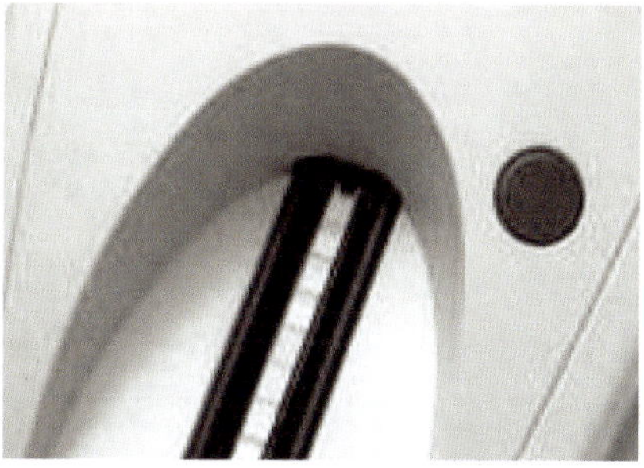
图 9-18 按“Start”按钮</td></tr>
<tr><td colspan="2">二维码 9-10 尿液分析仪的操作（虚拟仿真）</td><td rowspan="2">(1)将尿液试纸放入尿液检体中约 1 s，要确认尿液完全浸湿。
(2)将边缘多余尿液刮除(图 9-19)。
(3)试纸片朝上放入检体架上(图 9-20)，顶住前端，确定银色卡杆是开启的。
(4)按“Start”按钮，开始进行判读(图 9-21)。
注意：开始判读尿液试纸前，仪器会等待 55 s 培育时间，才开始进行判读。
(5)测试完成后，取出尿液试纸并丢弃(图 9-22)，用无尘纸擦拭检体架(图 9-23)。判读结果及时间、日期由打印机输出(图 9-24)。
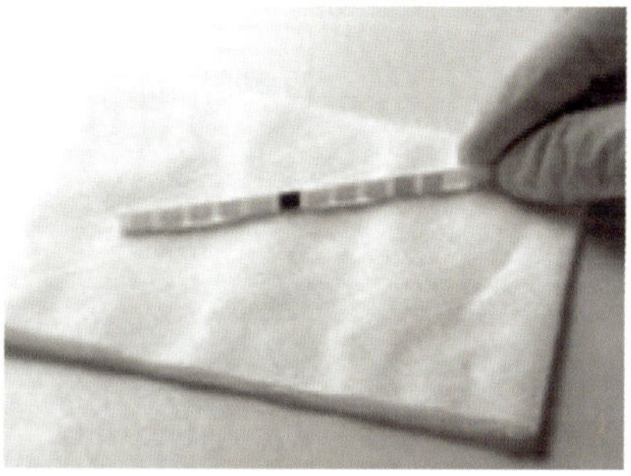
图 9-19 将边缘多余的尿液刮除
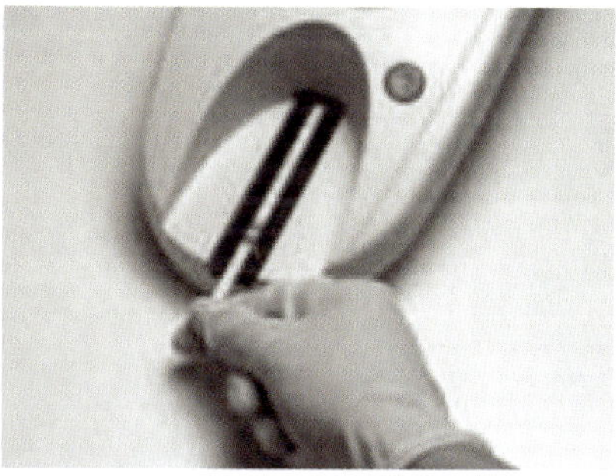
图 9-20 放置尿液试纸
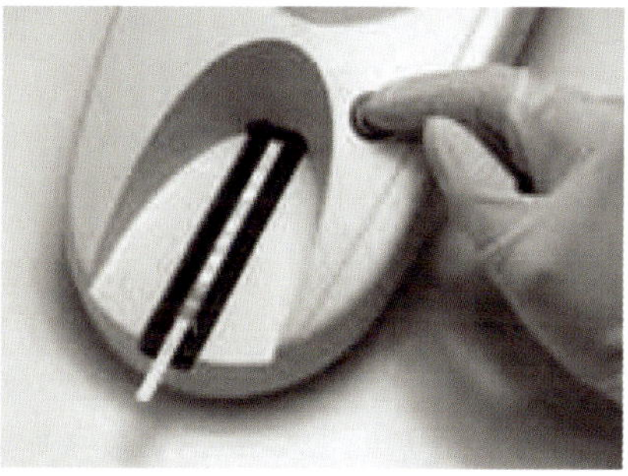
图 9-21 按“Start”按钮
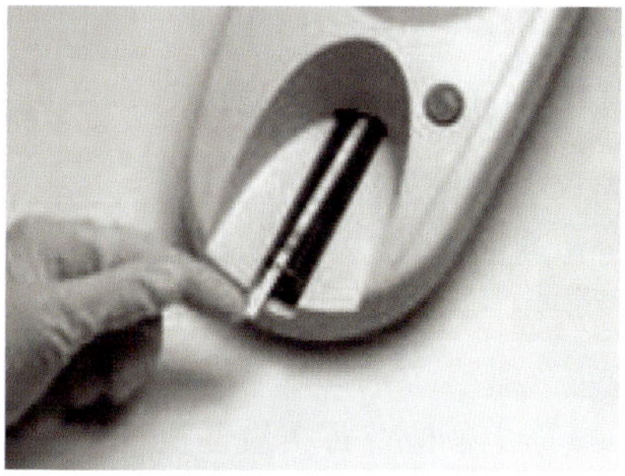
图 9-22 取出尿液试纸</td></tr>
<tr><td>2</td><td>操作</td></tr>
</table>

续表

序号	内容	方法
		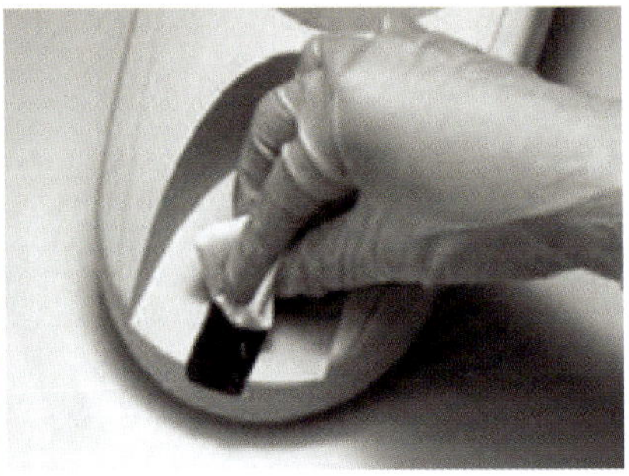 图 9-23　用无尘纸擦拭检体架 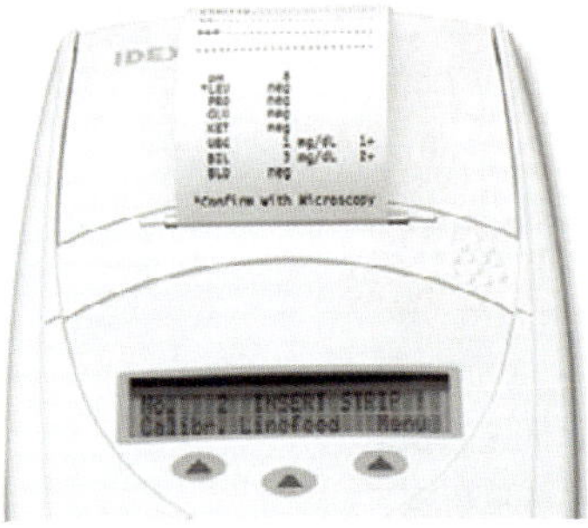 图 9-24　检验结果打印

课后思考

1. 尿液化学性质检查的项目有哪些？
2. 犬、猫胆红素尿的临床意义是什么？有何不同？

任务四　尿沉渣检查

训练目标	1. 熟练掌握尿沉渣镜检标本的制备方法。 2. 掌握尿沉渣检查的临床意义并进行判读。 3. 会使用尿沉渣分析仪。
主要仪器设备与场地	1. 尿沉渣分析仪、新鲜尿液样本、锥形底试管 2 支、试管架、标准离心机、亚甲蓝溶液、一次性滴管、一次性手套、载玻片、盖玻片、医疗废弃物收集桶。 2. 实验动物、宠物疾病临床检验实训室。

训练内容与步骤

一、概述

序号	内容
1	尿沉渣显微镜检查是一种简便的、无创的实验室检查方法，宠物临床上主要用来检查肾实质性疾病，常可为疾病的活动性和严重性提供线索。在尿路感染、肾盂肾炎、急性肾小球肾炎、间质性肾炎、急性肾小管坏死和肾病综合征等的诊断中发挥重要作用。

续表

序号	内容
1	健康动物的正常尿沉渣含少量管型、结晶、上皮细胞、红细胞、白细胞、黏液，雄性动物或最近交配的雌性动物的尿沉渣中可见精子，也可见到脂肪滴、人工制品和污染物。若尿沉渣中出现较多的红细胞、白细胞、增生性和/或肿瘤性上皮细胞、管型、结晶、寄生虫卵、细菌和酵母菌，均可判定为异常，应进行进一步的诊断检查。

二、尿沉渣标本的制作与镜检

二维码 9-11 尿沉渣标本的制备与镜检方法(微课)

序号	项目	内容
1	标本制作	取新鲜无污染的尿液 5～10 mL，放入离心管，以 1 000～2 000 r/min 速度，离心沉淀 5 min；倒去上清液，留 0.5～1 mL 尿液，用手指轻弹离心管使沉淀物充分混匀，用吸管吸取少量沉淀物置于载玻片上，盖上盖玻片即可(也可在尿沉渣中加入一小滴亚甲蓝溶液染色后镜检)。加盖玻片时，先将盖玻片的一边接触尿液，然后慢慢放平，以防产生气泡。
2	标本镜检	镜检时，将聚光镜降低，缩小光圈，使显微镜视野稍暗，以便发现无色而屈光力弱的成分(如透明管型等)；先用低倍镜全面观察标本情况，找到需详细检查的区域后，再换高倍镜仔细辨认细胞成分和管型等。检查时，如遇尿内有大量盐类结晶遮盖视野而妨碍对其他物质的观察，可稍微加温除去这类结晶后再镜检。
3	结果报告	细胞成分按各个高倍视野内最少至最多的数值报告，如白细胞 4～8 个/高倍视野(HPF)；管型及其他结晶成分按偶见、少量、中等量及多量报告，偶见是指整个样本中仅见几个，少量是指每个视野见到几个，中等量是指每个视野可见数十个，多量是指布满每个视野的大部分甚至全部。

三、尿沉渣成分

二维码 9-12 尿沉渣检验项目(微课)

序号	项目	内容
1	红细胞	健康犬猫的尿液中无红细胞。当尿中出现红细胞时,多为病理状态(图 9-25)。尿中红细胞形态与尿液放置时间、浓度和酸碱度有关。新鲜尿中的红细胞形态多为淡黄色圆盘状,红细胞比白细胞小,呈光滑的双凹面形。雌性动物发情时,尿中可有来自生殖道的红细胞。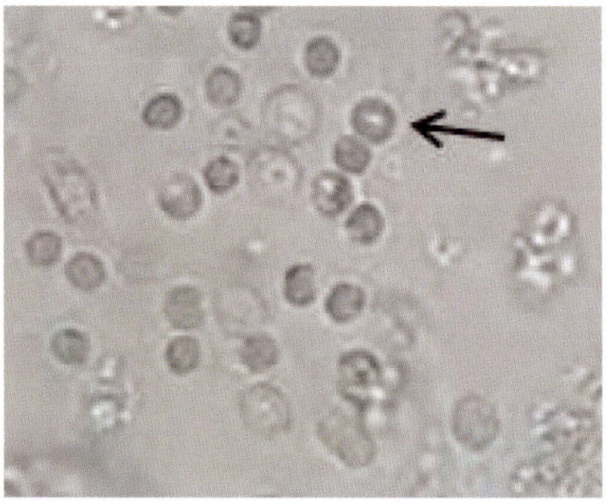图 9-25 红细胞 (引自 Margi Sirois,2022) 临床意义:浓缩尿及酸性尿中的红细胞常皱缩,边缘呈锯齿状;碱性尿和稀薄尿中的红细胞呈膨胀状态,破坏很快。尿液在体内滞留或体外放置过久,血红蛋白可溶解逸出,仅存红细胞空壳阴影,或形成细胞碎片。尿中红细胞的出现,多由肾小球通透性增加所致。尿路的任何部位由于感染、结石等发生损伤,均可导致局部微血管破裂,造成尿液中红细胞的出现。尿中红细胞大量破坏时,血红蛋白逸出,可造成尿蛋白检验呈阳性。
2	白细胞	健康犬猫的尿液中白细胞多是中性粒细胞,一般数量极少,呈散在分布,直径略大于红细胞,形态较整齐,可通过其特有的颗粒或核的分叶来鉴别尿沉渣中的白细胞(图 9-26)。没有泌尿系统或生殖道疾病的动物,尿液中几乎不含白细胞。尿液中通常含有少量白细胞(0～1 个/HPF)。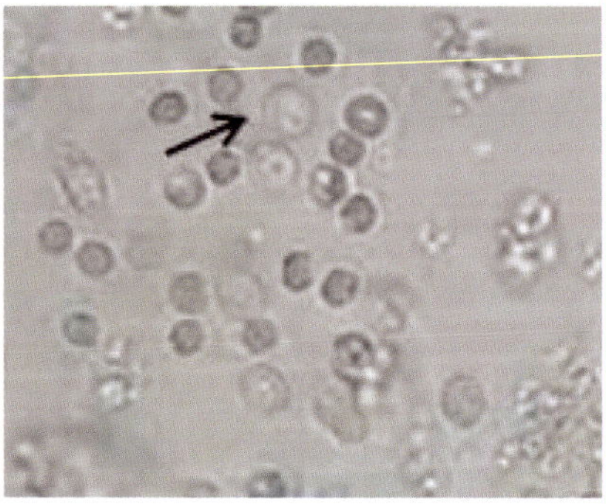图 9-26 白细胞 (引自 Margi Sirois,2022) 临床意义:在每个高倍视野中发现 2～3 个以上白细胞,表明泌尿道或生殖道有炎症。尿液中白细胞过多称为脓尿。脓尿提示存在炎症或感染,多见于肾盂肾炎、肾炎、膀胱炎、尿道炎或输尿管炎。即便并未在尿沉渣中观察到微生物,也应该采取尿液样本进行细菌培养。

续表

<table>
<tr><th>序号</th><th>内容</th><th colspan="2">方法</th></tr>
<tr><td rowspan="4">3</td><td rowspan="4">上皮细胞</td><td colspan="2">尿液中存在少量上皮细胞是正常的，这是正常的衰老细胞脱落的结果，上皮细胞显著增加提示炎症。尿沉渣中可见到 3 种上皮细胞：鳞状上皮细胞、移行上皮细胞和肾小管上皮细胞。区分移行上皮细胞和肾小管上皮细胞通常较为困难，可将这些细胞记录为非鳞状上皮细胞。</td></tr>
<tr><td>肾小管
上皮细胞</td><td>尿液中最小的上皮细胞，来源于肾小管，比白细胞稍大且易与白细胞混淆(图 9-27)。通常为圆形，细胞核较大且细胞质内无颗粒或有小颗粒。肾小管上皮细胞较少见(0～1 个/HPF)。
临床意义：肾实质疾病时，可见数量增加。
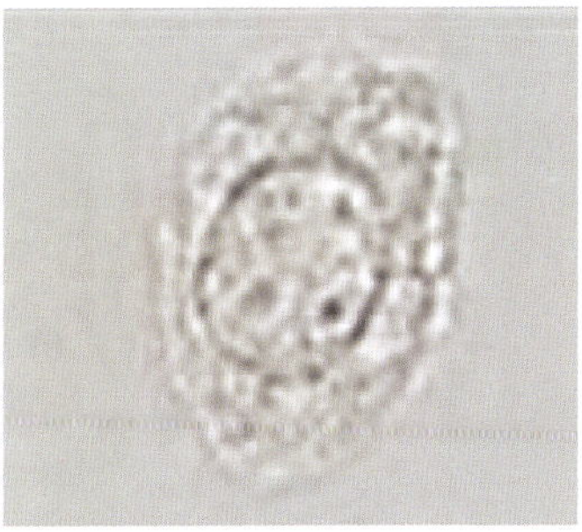
图 9-27　肾小管上皮细胞</td></tr>
<tr><td>移行
上皮细胞</td><td>常来自膀胱、输尿管、肾盂和尿道近端，通常为圆形，也有梨形或带尾状(图 9-28)。含有颗粒，核较小，体积大于白细胞。健康动物的尿沉渣中可见少量(0～1 个/HPF)衰老细胞脱落形成的移行上皮细胞。
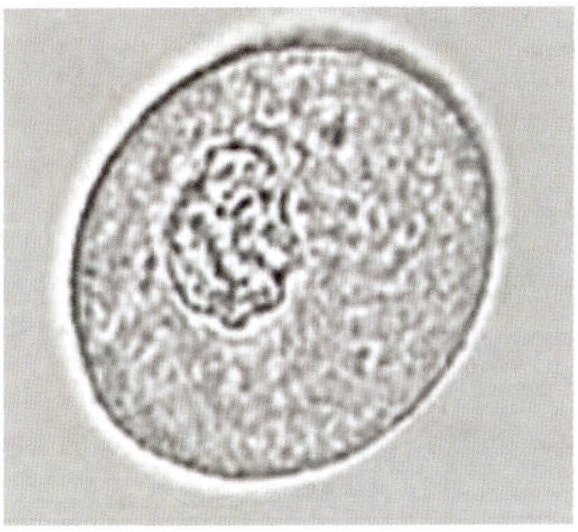
图 9-28　移行上皮细胞
临床意义：移行上皮细胞数量增加，表明存在膀胱炎或肾盂肾炎。导尿法采集的尿样也可能会出现移行上皮细胞数量增加。有膀胱或尿道肿物的动物，如果在尿沉渣中发现非典型性的移行上皮细胞，但无炎症则提示有移行细胞癌。</td></tr>
<tr><td>鳞状
上皮细胞</td><td>细胞大而扁平，核小而圆，似鱼鳞，通常边缘整齐、棱角分明，有时卷曲或折叠，是尿沉渣中可见的最大细胞(图 9-29)。
临床意义：鳞状上皮细胞来自远端尿道、阴道、外阴或包皮，偶见于排泄样本，其存在通常无显著意义。
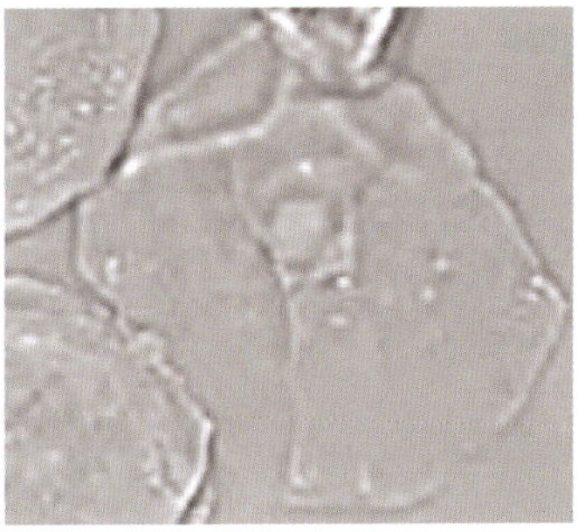
图 9-29　鳞状上皮细胞</td></tr>
</table>

续表

<table>
<tr><th>序号</th><th>内容</th><th colspan="2">方法</th></tr>
<tr><td rowspan="3">4</td><td rowspan="3">管型</td><td colspan="2">管型尿表示尿沉渣中存在管型。在病理状态下，蛋白质在肾小管内凝聚或由蛋白质与某些细胞相结合而形成的圆柱形物体，称为尿圆柱或管型。管型的主要组成是黏液蛋白和细胞。黏液蛋白大多分泌自髓袢上皮、远曲小管及集合管上皮细胞，当其浓缩以后则形成透明管型。当吸附的细胞开始降解，蛋白的表面开始出现颗粒，则改称颗粒管型。颗粒管型又可细分为粗颗粒管型及细颗粒管型。
管型常和蛋白尿同时存在，尿中有多量管型出现时，表示肾有病理性变化。在某些疾病过程中可见到其他特定形态的管型，如血管内溶血伴发的血红蛋白管型、肾脏出血伴发的红细胞管型、严重的胆红素尿伴发的胆红素管型。管型按其形状和特征划分，常见下列几种。</td></tr>
<tr><td>透明管型</td><td>典型结构为质地均匀，边缘光滑，无色半透明的圆柱形，具有平行的侧面，通常末端为圆形（图 9-30）。相对于未染色的样品，染色的尿沉渣中较易辨别出透明管型。无肾脏疾病的动物尿沉渣中可见少量的透明或颗粒管型（每个高倍镜视野下<2 个）。
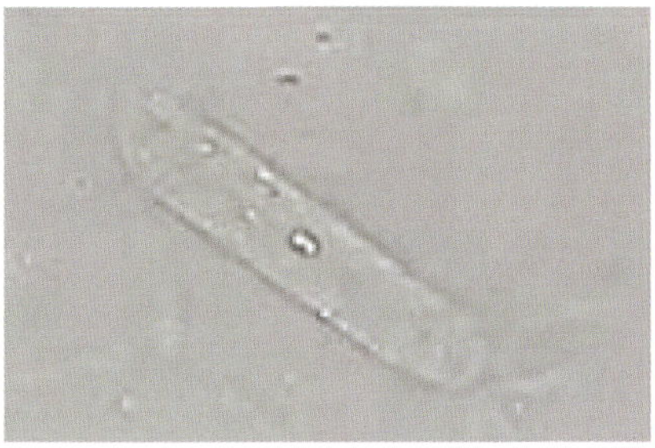
图 9-30 透明管型
（引自 Margi Sirois，2022）
临床意义：透明管型数量增加，表明有轻微的肾刺激。发热、肾灌注不足、剧烈运动或全身麻醉时也会引起其数量增加。</td></tr>
<tr><td>颗粒管型</td><td>为含有颗粒的透明管型，是动物尿沉渣中最常见的类型（图 9-31）。肾小管上皮细胞、红细胞、白细胞被嵌入管型后，变性形成颗粒，形态上粗细不一。颗粒管型较透明管型粗而短，因混有色素，呈黄色或褐色。
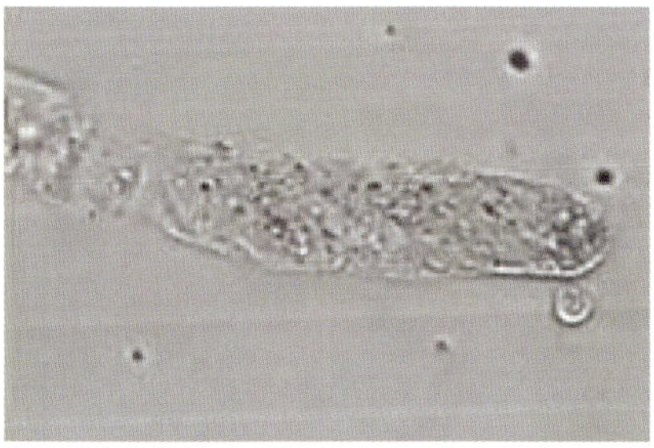
图 9-31 颗粒管型
（引自 Margi Sirois，2022）
临床意义：颗粒管型增多见于急性肾炎，与透明管型相比，提示存在更为严重的肾脏损伤。</td></tr>
</table>

续表

序号	内容	方法	
4	管型	上皮管型	上皮管型由来自肾小管的上皮细胞嵌入透明管型而形成(图 9-32)。管型中的上皮细胞通常是肾小管上皮细胞,这是存在于肾小管内唯一的上皮细胞。 临床意义:这些管型由肾小管内脱落的上皮组成,见于急性肾炎或其他导致肾小管上皮退化的情况。 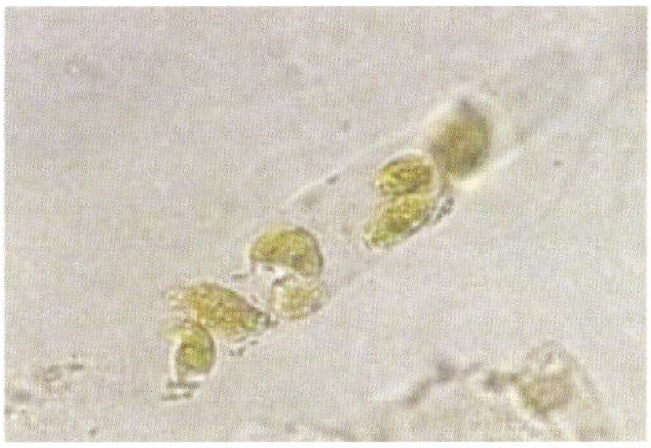 **图 9-32 上皮管型** (引自 Margi Sirois,2022)
		白细胞管型	白细胞管型含有白细胞,主要是中性粒细胞(图 9-33)。若未发生细胞退化,则易辨别该种管型。 临床意义:白细胞和白细胞管型的出现,表明肾小管有炎症。 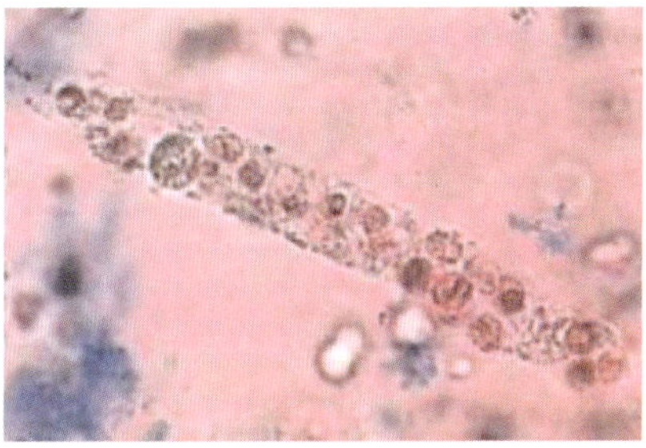 **图 9-33 白细胞管型** (引自 Margi Sirois,2022)
		红细胞管型	红细胞管型呈深黄色至橙色,不一定可见到红细胞膜(图 9-34)。红细胞管型含有红细胞,红细胞在肾小管管腔内聚集时形成。 临床意义:红细胞管型表明肾脏有出血,可能是由创伤或出血性疾病引起的,也可能是炎性损伤的一部分。 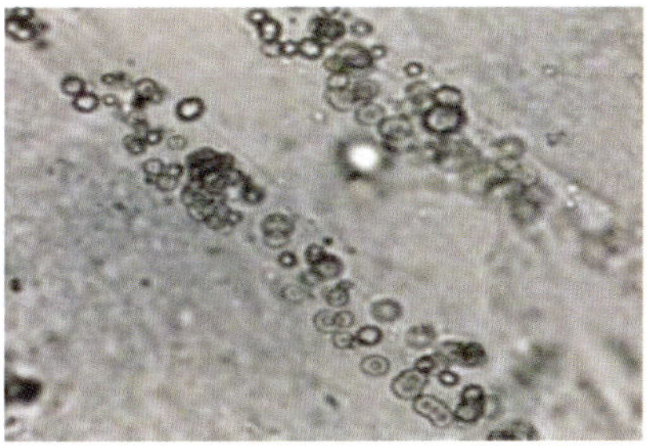 **图 9-34 红细胞管型** (引自 Margi Sirois,2022)

续表

序号	内容	方法	
4	管型	蜡样管型	蜡样型管型一般粗短，末端不整齐，边缘常有缺口，颜色较灰暗，外观似蜡烛，折射性较强（图 9-35）。 临床意义：见于严重的肾小球肾炎、肾淀粉样变性或慢性肾炎的末期。 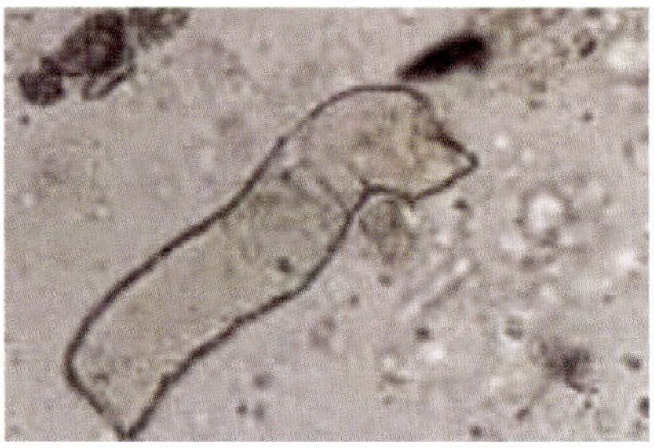 图 9-35　蜡样管型 （引自 Margi Sirois，2022）
		脂肪管型	以透明管型内含有多量脂肪滴为特征，管型较大，表面含有无数折光的脂肪滴（图 9-36）。 临床意义：多见于脂肪性肾病及慢性肾炎等，常为病情严重的标志。大量脂肪管型的出现，表明存在肾小管变性。 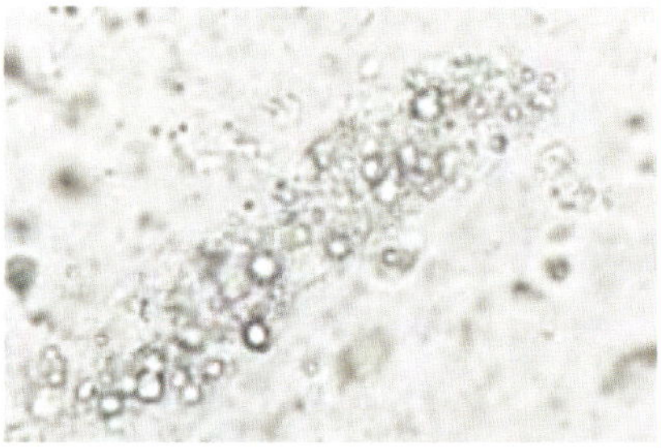 图 9-36　脂肪管型 （引自 Margi Sirois，2022）
5	结晶	尿液中出现结晶称为结晶尿。正常的动物尿液中皆可发现结晶，但并不代表结石的必然存在。当出现尿结石时，尿中也不一定可见结晶。因此，发现尿结晶的最主要意义在于了解尿液微环境的酸碱状态以及是否有导致影响此微环境的疾病因素存在。形成结晶的类型取决于尿液 pH、浓度和温度，以及尿液成分的溶解度。常用偶见、中度、大量，或 1+ 至 4+来报告结晶量。 **注意：**尿样保存时间延长（尤其是冷藏后）会促进结晶在体外形成。为使尿样中的结晶更准确地反映其在动物体内的情况，新鲜的尿样应在收集后的 1 h 内进行分析。	
		鸟粪石结晶	鸟粪石结晶又称为三磷酸盐结晶或磷酸铵镁结晶，可见于碱性至弱酸性尿液中。鸟粪石结晶通常为边缘和末端逐渐变细的六至八面棱柱形，其经典描述为棺盖状，偶可呈齿叶状，尤其是在尿液中氨浓度较高时（图 9-37）。 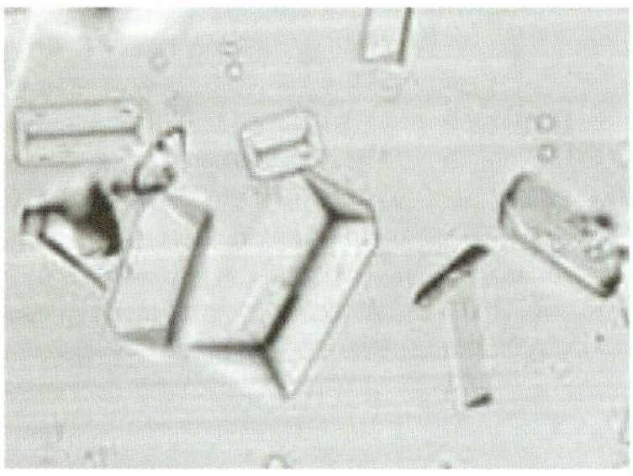 图 9-37　鸟粪石结晶 （引自 Margi Sirois，2022）

续表

序号	内容	方法		
5	结晶	无定形磷酸盐	通常出现于碱性尿液中，表现为颗粒状沉淀（图 9-38）。	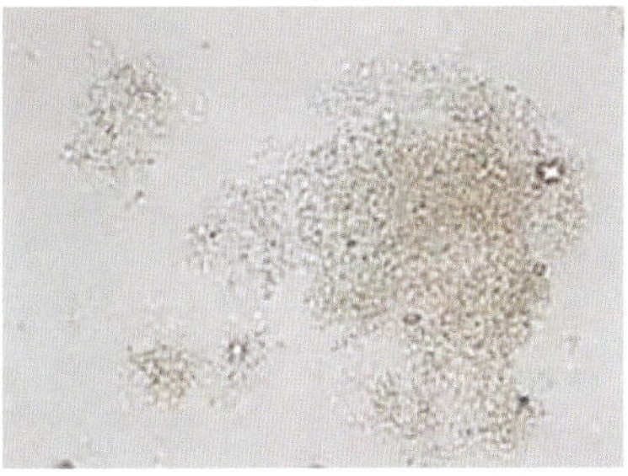 图 9-38　无定形磷酸盐 （引自 Margi Sirois，2022）
		碳酸钙结晶	常见于马和兔的尿液中，呈圆形，多条线条呈中心放射状。或呈现大的颗粒状团块，也可能呈哑铃型（图 9-39）。通常无临床意义。	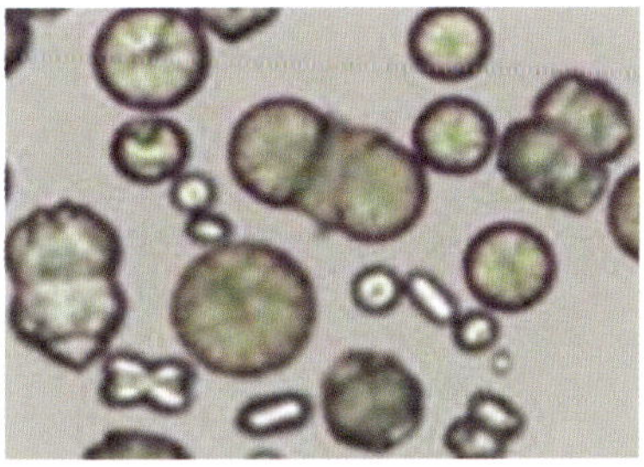 图 9-39　碳酸钙结晶 （引自 Margi Sirois，2022）
		无定形尿酸盐	呈现与无定形磷酸盐类似的颗粒状结晶，见于酸性尿液中（图 9-40）。	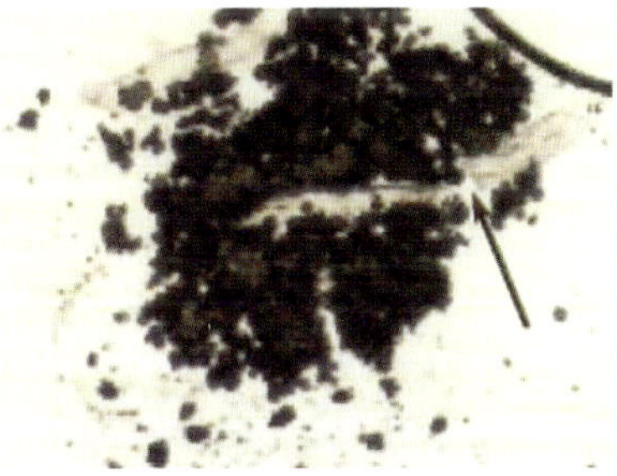 图 9-40　无定形尿酸盐 （引自 Margi Sirois，2022）
		尿酸铵结晶	尿酸铵结晶见于弱酸性、中性或碱性尿液中，呈棕色、有长而无规律突刺（曼陀罗叶状）的圆形。突刺常发生断裂，残留的结晶为棕色，呈放射状细纹（图 9-41）。尿酸铵结晶通常见于患有严重肝病的动物，如门静脉短路。	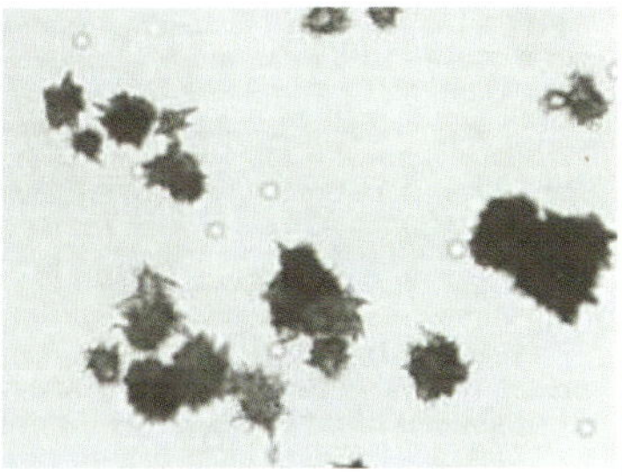 图 9-41　尿酸铵结晶 （引自 Margi Sirois，2022）

续表

<table>
<tr><th>序号</th><th>内容</th><th colspan="2">方法</th></tr>
<tr><td rowspan="3">5</td><td rowspan="3">结晶</td><td>草酸钙结晶</td><td>二水草酸钙结晶通常呈小的正方形，结晶体上有类似于信封背面的“×”形交叉（图 9-42）。一水草酸钙结晶可呈小的哑铃状，也可呈晶体较长且末端稍尖的形状（似栅栏上的条板）（图 9-43）。二水草酸钙结晶可见于酸性和中性尿液中，见于少数犬和马。乙二醇（防冻剂）中毒动物的尿液中常含有大量草酸钙结晶，尤其是一水草酸钙结晶。患草酸盐尿石症的动物尿液中会有大量草酸盐结晶，大量草酸盐结晶也可提示有发生草酸盐尿石症的倾向。
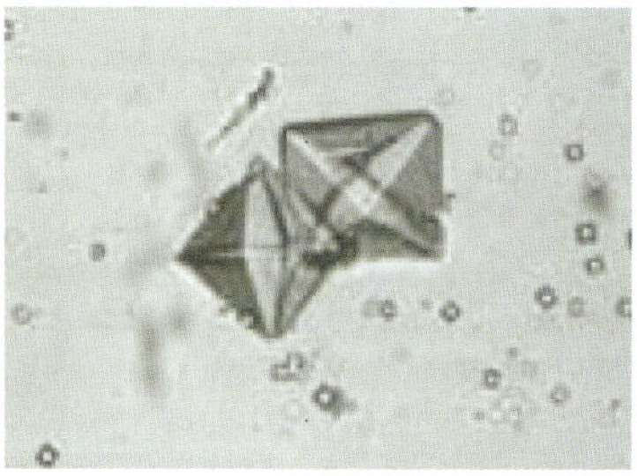
图 9-42 二水草酸钙结晶
（引自 Margi Sirois，2022）
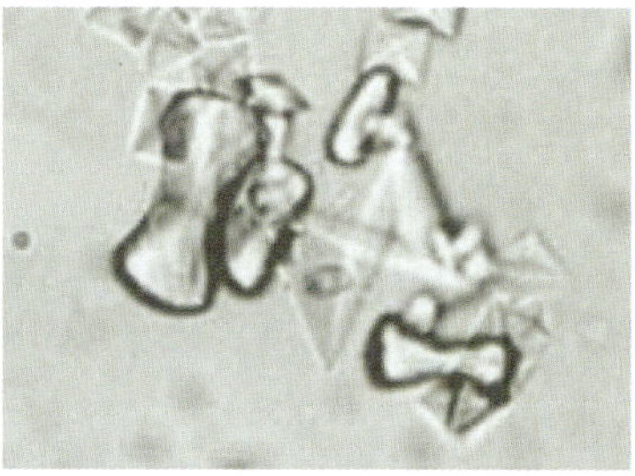
图 9-43 一水草酸钙结晶
（引自 Margi Sirois，2022）</td></tr>
<tr><td>尿酸结晶</td><td>尿酸结晶形状多样，常为钻石状或菱形（图 9-44）。这类结晶为黄色或棕黄色，不常见于犬，但大麦町犬除外。
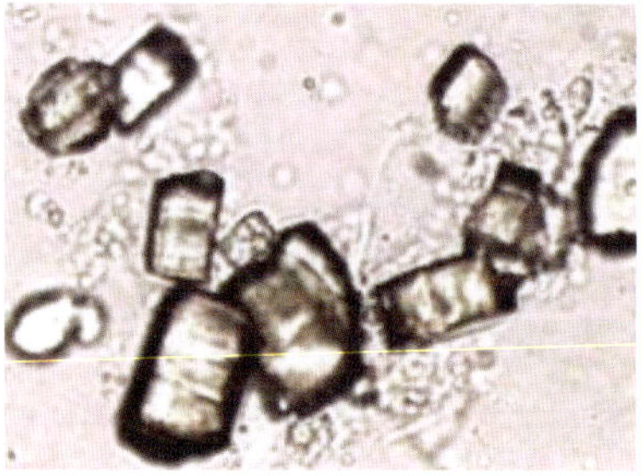
图 9-44 尿酸结晶
（引自 Margi Sirois，2022）</td></tr>
<tr><td>亮氨酸结晶</td><td>亮氨酸结晶呈车轮状或“针垫”状，黄色或棕色（图 9-45）。患肝脏疾病的动物，其尿液中可发现亮氨酸结晶。
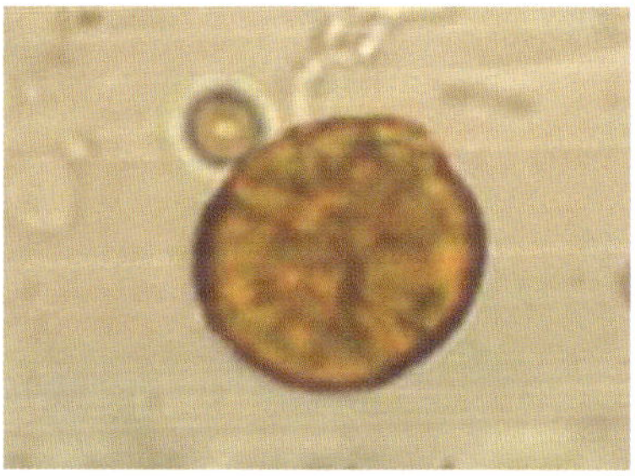
图 9-45 亮氨酸结晶
（引自 Margi Sirois，2022）</td></tr>
</table>

续表

序号	内容	方法		
5	结晶	酪氨酸结晶	酪氨酸结晶为黑色、针状突起且折射较强（图 9-46）。常出现于小簇晶中。患有肝脏疾病的动物尿液中常可见酪氨酸结晶。犬猫尿液中不常见。	 图 9-46 酪氨酸结晶 （引自 Margi Sirois，2022）
		胱氨酸结晶	胱氨酸结晶为无色窄长的扁平六面体形（六角形）（图 9-47）。见于肾小管功能异常或患胱氨酸结石的动物。	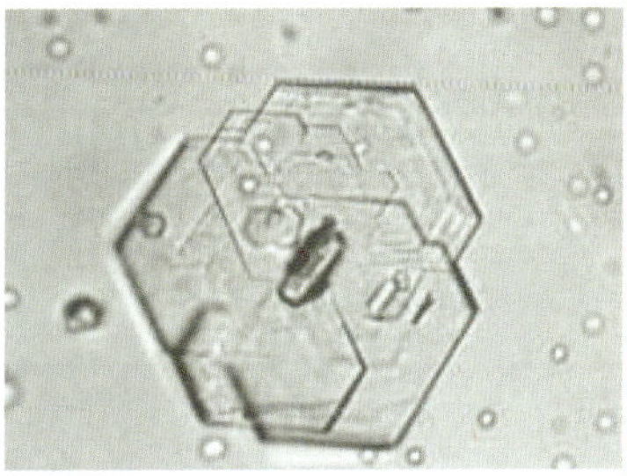 图 9-47 胱氨酸结晶 （引自 Margi Sirois，2022）
		磺胺类结晶	见于用磺胺类药物治疗的动物。磺胺类结晶为圆形，色深，独立结晶呈中央放射状（图 9-48）。在碱性尿液中易溶解，故较少出现在碱性尿液中。碱化尿液和增加动物饮水可辅助性预防肾小管中产生这类结晶。	 图 9-48 磺胺类结晶 （引自 Margi Sirois，2022）
6	微生物	尿沉渣中可能见到的微生物包括细菌、真菌、菌丝以及霉菌等，正常尿液中不应该有细菌的存在，如果同时见到有白细胞，代表尿道或生殖道感染和发炎。 细菌可以在尿液中增殖，在葡萄糖尿中尤其明显。尿中单个或成串的杆菌，一般可以辨认（图 9-49）；单个球菌类似于微小结晶或碎片，在尿中呈布朗运动（液体分子运动），即使在高倍显微镜下也无法		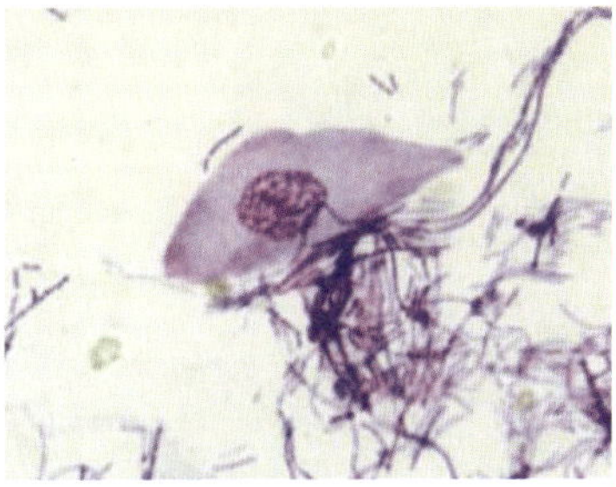 图 9-49 杆菌（革兰染色） （引自 Margi Sirois，2022）

续表

序号	内容	方法
6	微生物	辨认，但成串的球菌容易辨认（图 9-50）。对尿沉渣进行瑞氏或革兰染色时，细菌较容易辨认。 真菌常呈圆形或椭圆形，比红细胞稍小，主要的形态学特征为有出芽现象（图 9-51）。在尿中出现时，常是由于阴道或外生殖器分泌物的污染，或来自免疫抑制及长期使用抗生素的动物。 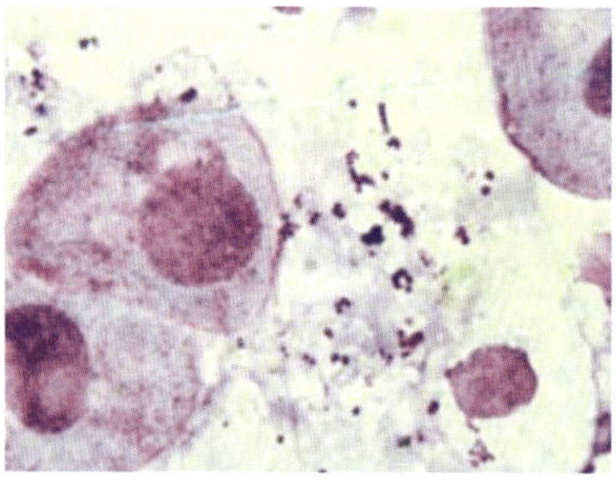 图 9-50　球菌（革兰染色） （引自 Margi Sirois，2022） 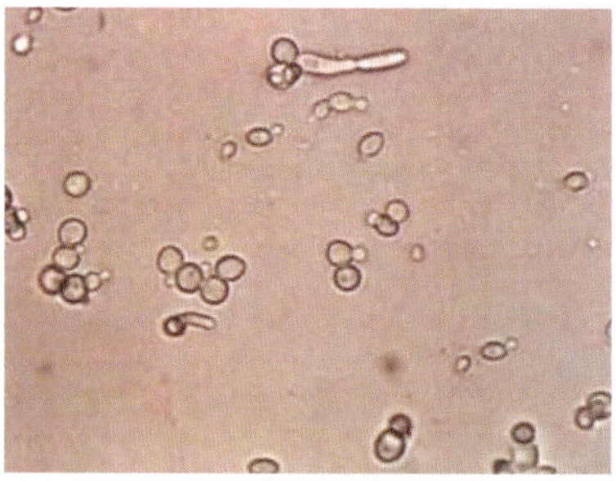 图 9-51　真菌 （引自 Margi Sirois，2022）
7	寄生虫	尿沉渣中能检验到有齿冠尾线虫（如猪肾虫）、膨结线虫（如犬和狼大型肾脏寄生虫）、膀胱毛细线虫（如犬、猫和狐的膀胱寄生虫）等寄生虫的虫卵（图 9-52）；微丝蚴（如犬心丝虫）可见于感染心丝虫成虫犬的尿沉渣中，疾病或尿液采集过程中的创伤导致血液进入尿液时，可见循环血中的微丝蚴。 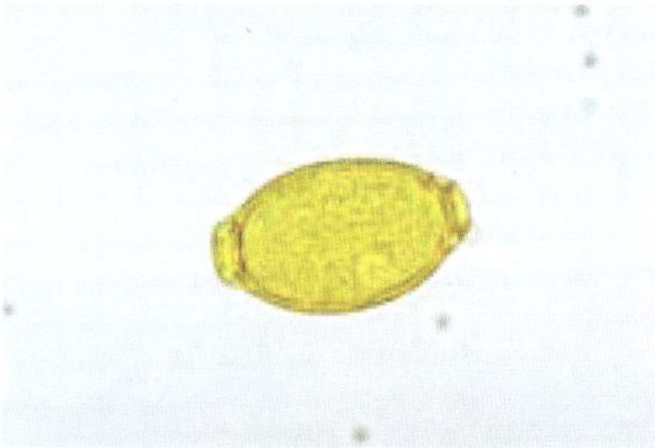 图 9-52　狐膀胱毛细线虫 （引自 Margi Sirois，2022）
8	脂肪	脂肪是一种具有折光性强、大小不一的物体，由于它总浮在表面，镜检时总不能和其他沉渣在一个焦点上同时见到（图 9-53），可染成橘黄色至红色。尿液中含有脂肪时称为脂肪尿，大多数猫皆有一定程度的脂肪尿。 肥胖、糖尿病、甲状腺功能减退及高脂肪饮食皆可能导致出现脂肪尿。清洁不彻底的油镜可能在玻片上形成大小不一，极似脂肪的圆点。 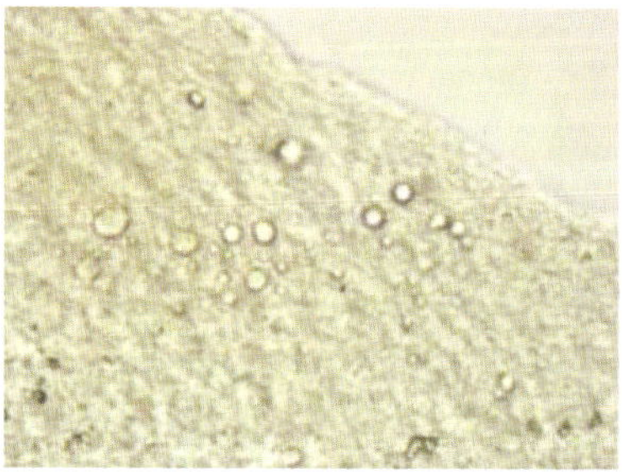 图 9-53　脂肪滴 （引自 Margi Sirois，2022）

续表

序号	内容	方法
9	黏液	为均质物质，常呈细长、弯曲、缠绕的线状，在视野背景调暗时才能看到，黏附在其他物体上时看得更清楚。马肾盂和近端输尿管有黏液分泌腺，因此马尿中有黏液是正常现象，而其他动物尿中有黏液表明尿道受刺激或生殖道分泌物混入了尿液。
10	精子	经常在未去势公犬和公猫尿中见到，容易辨认，但无任何临床意义（图 9-54）。见于近期交配的雌性动物。尿液中存在大量的精子可引起尿蛋白出现假阳性。 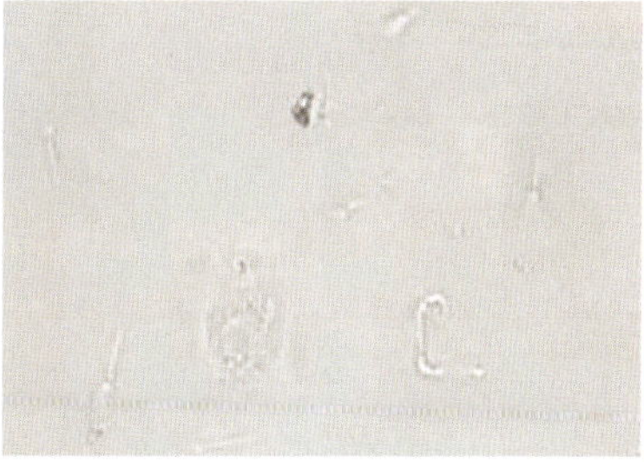 图 9-54 精子 （引自 Margi Sirois，2022）
11	人为污染	在采集、转移或检查过程中，尿液样本可被人为污染，这些污染物易造成混淆。应将这些物质与尿沉渣中的常见物质相鉴别（图 9-55）。 气泡、油滴（常来自导尿管润滑剂）、淀粉粒（来源于外科手套）、毛发、粪便、植物孢子、花粉、棉纤维、粉尘、玻璃粒子、细菌和真菌都可能污染尿液。观察到消化道寄生虫虫卵说明尿液样本被粪便污染。 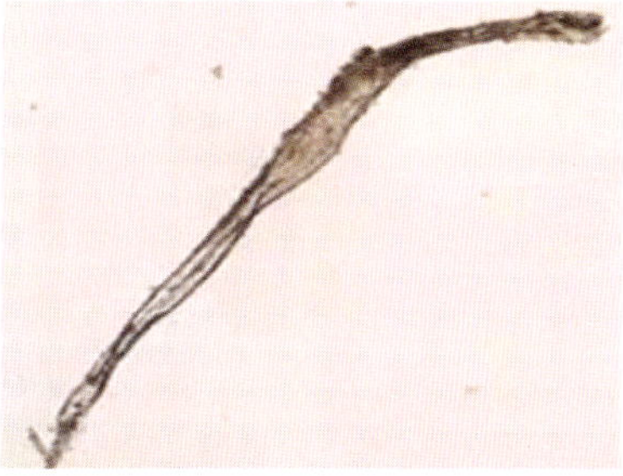 图 9-55 纤维 （引自 Margi Sirois，2022）

四、尿沉渣分析仪的使用

二维码 9-13 尿沉渣分析仪的使用（微课）

二维码 9-14 尿沉渣分析仪的操作（实操视频）

<table>
<tr><th>序号</th><th>操作步骤</th></tr>
<tr><td>1</td><td>将未离心的尿液转移至无菌容器中（图 9-56）。
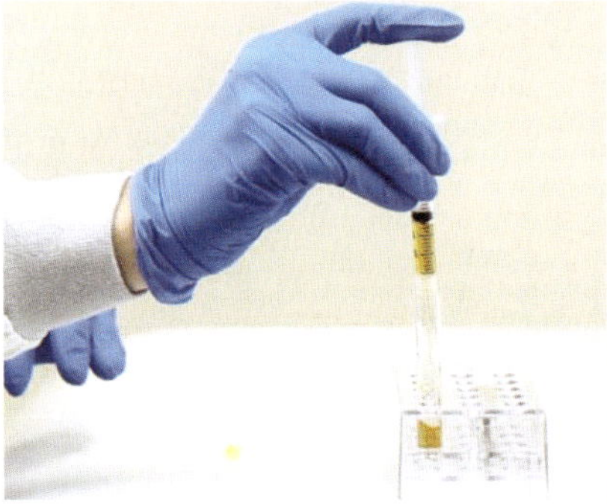
图 9-56　将未离心的尿液转至无菌容器</td></tr>
<tr><td>2</td><td>在尿沉渣分析仪工作站上点击按钮“NEW”，开始测定（图 9-57）。
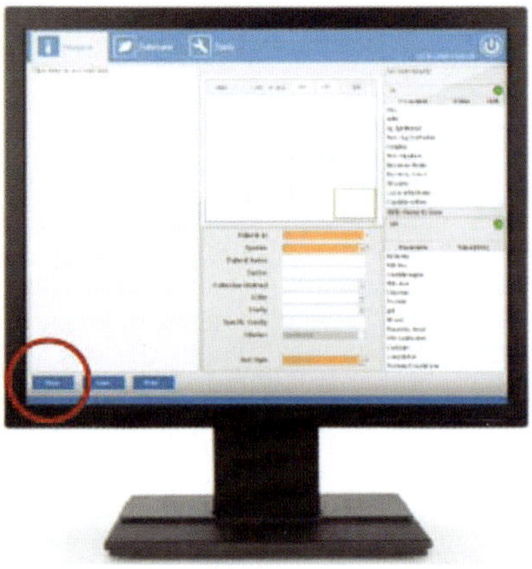
图 9-57　在工作站上点击“NEW”</td></tr>
<tr><td>3</td><td>输入病患动物 ID，选择物种和测试类型，并输入病患动物名称、接诊医生姓名和尿液的物理特征（图 9-58）。
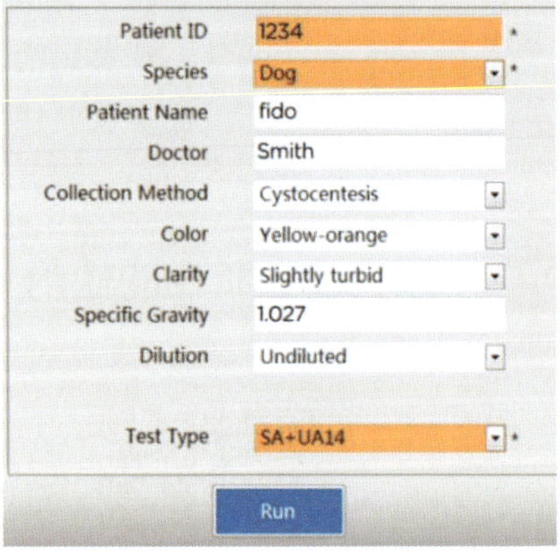

图 9-58　输入信息</td></tr>
</table>

续表

序号	操作步骤
4	以上信息填好后，选择运行按钮；根据屏幕提示，请始终先进行尿沉渣分析仪的检测（图 9-59）。 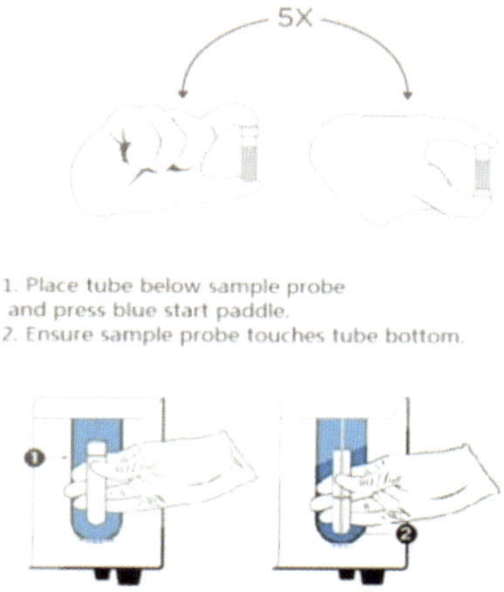 图 9-59　根据屏幕提示进行操作
5	将样本轻轻来回颠倒，防止任何沉淀的发生（图 9-60）。 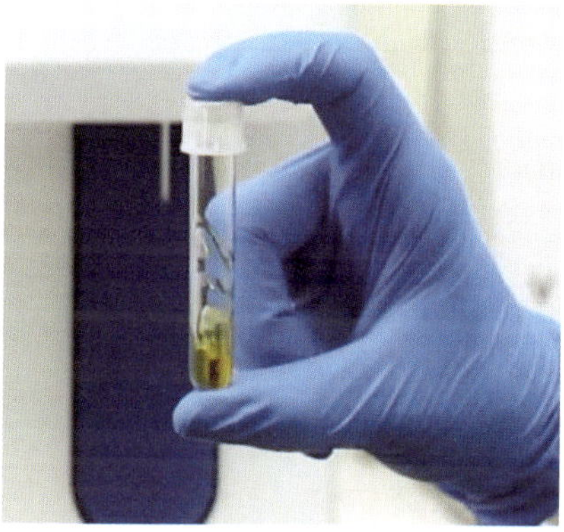 图 9-60　将样本轻轻来回颠倒
6	将试管放在样本探针下方，并按下蓝色启动板（图 9-61），自动吸取尿液样本（图 9-62）。 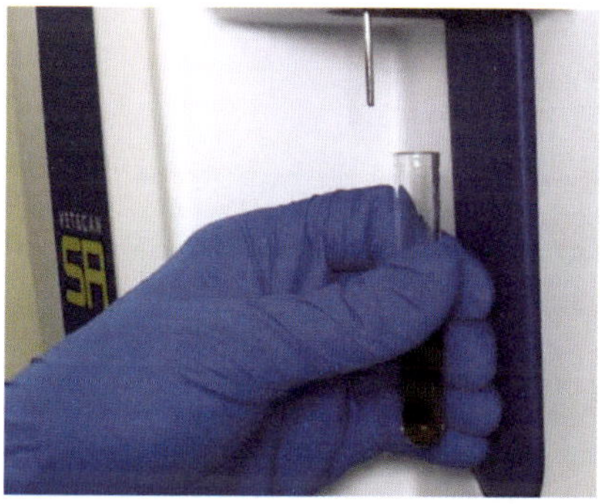 图 9-61　按下蓝色启动板 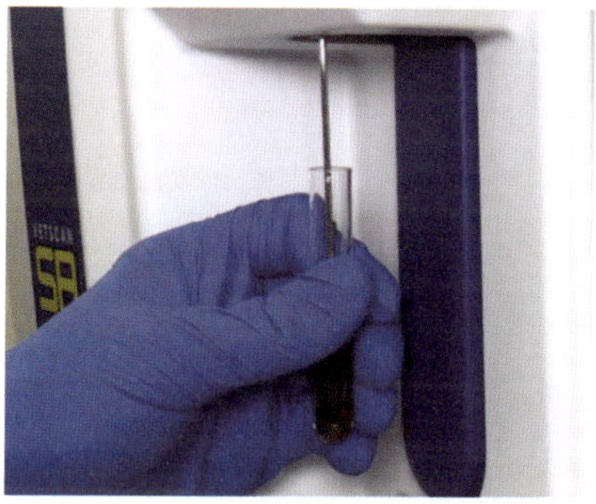 图 9-62　自动吸取尿液样本

续表

序号	操作步骤
7	检测结果会在 5 min 左右显示(图 9-63)。 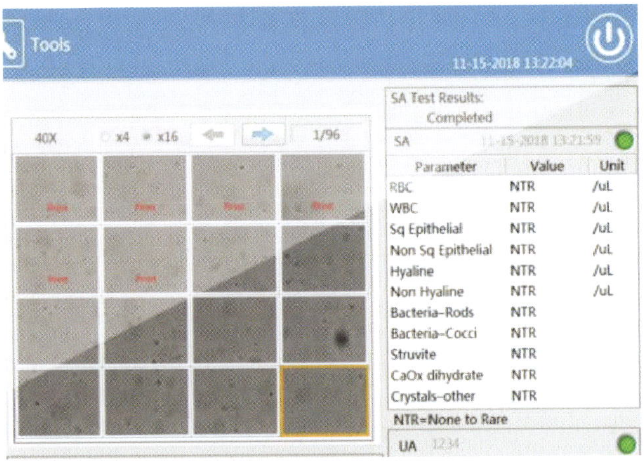 图 9-63 屏幕显示检测结果

课后思考

1. 尿沉渣检查中可见到哪几种上皮细胞?简述其主要的临床意义。
2. 碱性尿液中常见的尿液结晶有哪些?分别简述其临床意义。
3. 酸性尿液中常见的尿液结晶有哪些?分别简述其临床意义。

真题训练

1. 犬尿道炎时,尿沉渣检查会大量出现的细胞是(　　)。【2009 年执业兽医资格考试真题】

A. 小圆上皮细胞　　B. 尾形上皮细胞　　C. 非典型性细胞

D. 大圆上皮细胞　　E. 扁平上皮细胞

答案:E

答案解析 扁平上皮细胞,又称移行上皮细胞,主要来自肾盂、输尿管、膀胱和尿道近膀胱段等处,尿道炎时,炎症的刺激和排尿时尿液对膀胱和尿道近膀胱段壁、输尿管和肾盂近输尿管段的冲刷作用,导致这些部位的扁平上皮细胞大量脱落。

2. 肉食动物尿液常呈(　　)。【2011 年执业兽医资格考试真题】

A. 中性　　B. 强碱性　　C. 弱碱性　　D. 强酸性　　E. 弱酸性

答案:E

答案解析 健康动物的尿液 pH 主要取决于饮食,草食动物常见碱性尿,肉食动物常见酸性尿,杂食动物尿液 pH 取决于所摄入的食物。

3. 犬,9 岁,少尿,尿液浓稠,黄如豆油状。尿中出现多量蛋白质及肾上皮细胞和透明管型。临床血液生化检查最可能见到(　　)。【2012 年执业兽医资格考试真题】

A. 尿素氮升高　　B. 胆固醇升高　　C. 钠离子升高

D. 葡萄糖升高　　E. 甘油三酯升高

答案:A

答案解析 尿素氮升高,通常与肾脏功能异常有关。根据患犬的临床特征,考虑可能存在肾脏损伤或功能障碍,导致尿素氮无法正常排出,从而在体内积累,使血液中尿素氮水平升高。

4. 贵宾犬,雌性,8 月龄,3.84 kg。昨日偷吃了剩菜,现精神差,无食欲,小便呈红色,检查口腔黏膜苍白。血常规检查白细胞数 14.2×10^{9} 个/L,红细胞数 2.9×10^{12} 个/L,血红蛋白数 50 个/L。该病最可能的诊断为(　　)。【2015 年执业兽医资格考试真题】

A. 食物过敏　　B. 洋葱中毒　　C. 维生素 K 缺乏

D. 尿道感染　　E. 生殖道感染

答案:B

答案解析 犬采食含有洋葱或大葱的食物后,可引起洋葱中毒,引起排红色或红棕色尿液、贫血等症状。

5. 猫,10 岁,近来多饮、多尿、多食且体重减轻,尿有明显的烂苹果气味,其血液生化检查显示血糖和酮体升高,此时机体最活跃的代谢途径是(　　)。【2016 年执业兽医资格考试真题】

A. 葡萄糖有氧氧化　　B. 脂肪酸氧化分解　　C. 糖原合成

D. 核酸复制　　E. 蛋白质水解

答案:B

答案解析 本题考查的是糖尿病酮症酸中毒的代谢特点,脂肪酸氧化分解在糖尿病酮症酸中毒时变得非常活跃。由于胰岛素缺乏,机体无法有效利用葡萄糖供能,转而利用脂肪作为能量来源。脂肪酸在肝内被氧化分解,产生大量酮体,导致酮症酸中毒。

6. 糖尿病后期,患犬的尿液常带有(　　)。【2017 年执业兽医资格考试真题】

A. 苦杏仁味　　B. 鱼腥味　　C. 大蒜味

D. 腐臭味　　E. 烂苹果味

答案:E

答案解析 糖尿病后期,患病动物体内脂肪等物质分解代谢,过多的脂肪代谢产生过多的酮体,使得呼出的气体和尿液中有酮体气味,即烂苹果味,引发糖尿病性酮酸中毒。

7. 正常健康状况下尿液呈浑浊状的动物是（ ）。【2022年执业兽医资格考试真题】

A. 犬　　B. 马　　C. 猪　　D. 猫　　E. 羊

答案：B

答案解析 动物正常的新鲜尿液是清亮的，放置时间稍长有结晶盐形成沉淀而变得浑浊。但正常马属动物的新鲜尿液中，因含有大量碳酸钙结晶和黏液，故浑浊不透明。

项目十　粪便检验

知识目标	1. 掌握粪便物理性状的典型变化及其临床意义。 2. 掌握粪便化学成分检查的正常指标及其变化的临床意义。 3. 掌握常见寄生虫、虫卵和细胞的形态特征及其在显微镜下的识别方法。 4. 了解粪便传染病检查的基本原理。
能力目标	1. 能正确进行粪便样本的采集、处理和保存。 2. 能准确观察和记录粪便的颜色、形状、质地等物理性状。 3. 能准确解读粪便化学性质的检测结果并综合判读。 4. 能熟练使用显微镜，准确识别寄生虫、虫卵、细菌、细胞等成分。 5. 能准确解读粪便检验结果并进行综合分析，规范撰写粪便检验报告。
素质目标	1. 具备敏锐的观察力和综合分析能力，准确评估粪便样本的异常变化。 2. 具备吃苦耐劳、不怕脏、不怕累的劳动精神。 3. 具备关爱宠物、善待生命的职业情操。 4. 养成良好的沟通能力和团队协作能力。

二维码 10-1　粪便样本的采集与保存（微课）

任务一　粪便样本的采集与保存

训练目标	1. 熟练掌握犬、猫等动物的粪便采集方法。 2. 熟练掌握粪便样本的保存方法。
主要仪器设备与场地	1. 保定用具、工作服、粪尿杯、肛门管、5 mL 注射器、生理盐水、利多卡因凝胶、甘油、冰箱、一次性手套等。 2. 实验动物、宠物疾病临床检验实训室。

训练内容与步骤

二维码 10-2　粪便样本的采集(肛门管)(实操视频)

一、粪便样本的采集

序号	内容	方法
1	肛门管采集法	小型犬和猫俯卧或站立保定于台面上，中型犬和大型犬可在地面上行俯卧保定或站立保定。 用 5 mL 注射器抽取 5 mL 生理盐水(图 10-1)，拔掉针头，将肛门管连接于针管上(图 10-2)，并将针管中的生理盐水缓慢注入肛门管(图 10-3)。 操作者左手抬起动物尾巴，右手持注射器，右手食指和拇指捏住肛门管前端，并蘸取少量利多卡因凝胶，缓慢将肛门管通过动物肛门插入直肠(图 10-4)，反复轻柔地推注并抽吸生理盐水(图 10-5)，粪便随生理盐水被动抽入针管内，将采集的粪便注入粪尿杯(图 10-6)。 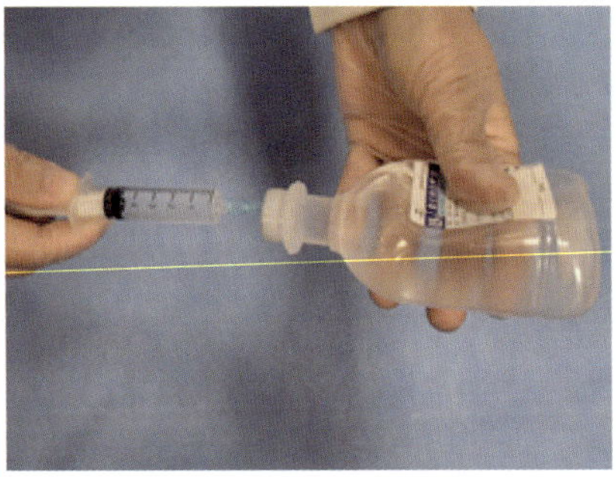 图 10-1　抽取生理盐水 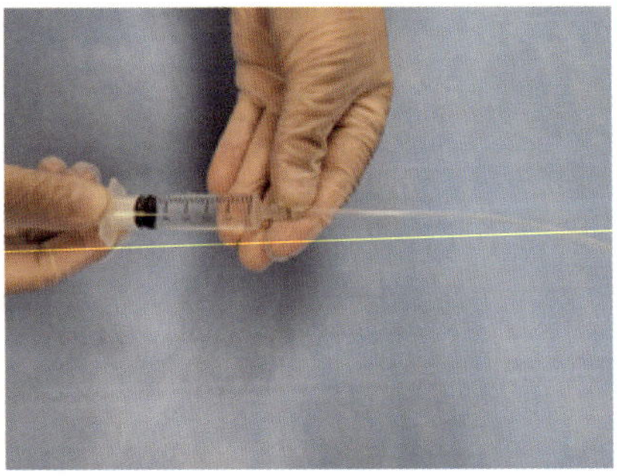 图 10-2　连接肛门管 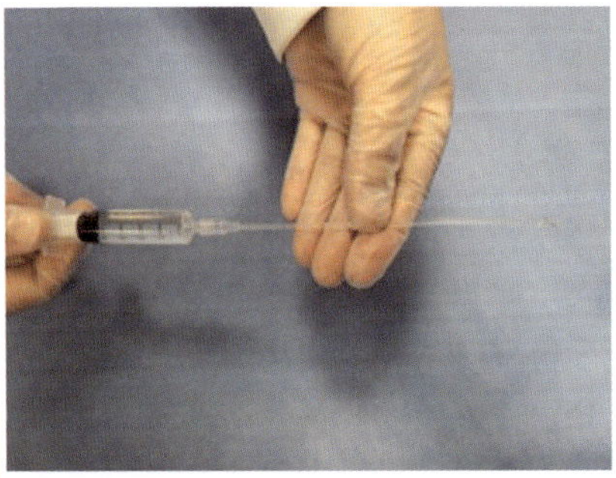 图 10-3　将生理盐水注入肛门管 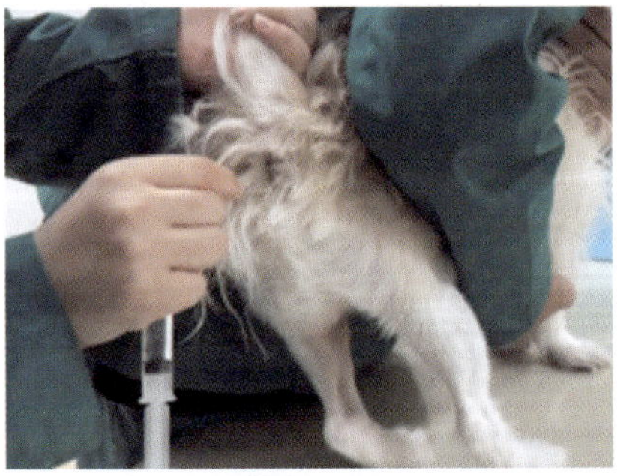 图 10-4　将肛门管插入直肠

续表

序号	内容	方法
1	肛门管采集法	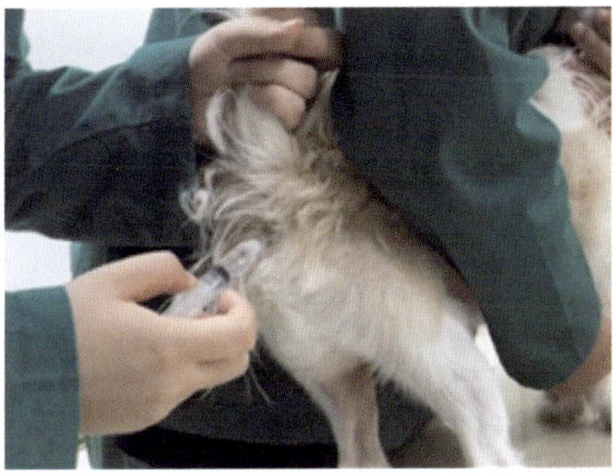 图 10-5 推注并抽吸生理盐水 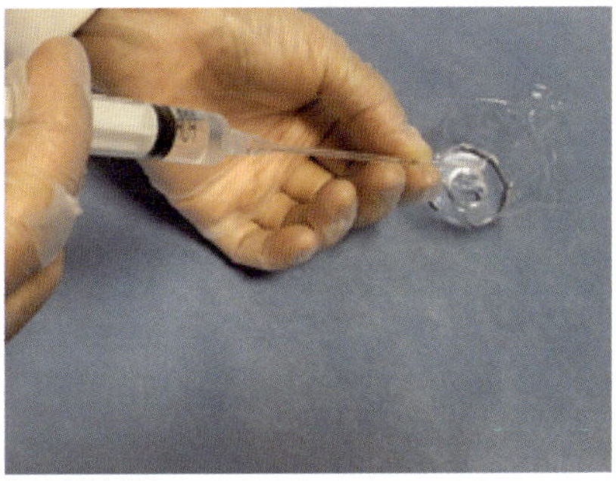 图 10-6 将粪便注入粪尿杯
2	其他方法	(1)宠物主人自带粪便。需考虑以下问题:是否确定为粪便、是否取自该患病动物、粪便排出时间、排便地点、贮存方式等。 (2)可直接采集没有接触地面的新鲜粪便。 (3)可经直肠注入适量缓泻剂(如甘油),排便后收集粪便。 (4)对于大型犬,可佩戴手套,用食指经直肠掏出粪便。

二、粪便样本的保存

序号	内容	方法
1	保存	若粪便采集后数小时内不能进行检查,则应将样本冷藏保存(不能超过 24 h),但不能冷冻保存,冷冻会破坏虫卵。 滋养体随粪便排出后会很快死亡,因此若要检查粪便中的贾第虫、毛滴虫等的滋养体,则需在样品采集后 30 min 内进行检查。
	运输	若要将粪便寄送到其他实验室进行检查,应将粪便样品进行冷藏包装,也可以用等体积的 5%~10%的福尔马林溶液保存蠕虫卵,但保存原虫的滋养体需要用其他特殊的固定液,如聚乙烯醇。

课后思考

1. 用肛门管采集粪便时,需要准备哪些采样材料?
2. 检查粪便中的贾第虫及毛滴虫等的滋养体,在采集粪便时应注意哪些问题?

任务二 粪便物理性状检查

训练目标	1. 能正确判定粪便正常与异常状态。 2. 结合临床病例，识别相关症状及其异常变化。
主要仪器设备与场地	1. 采集于实验动物或临床病例的新鲜粪便。 2. 宠物医院或宠物疾病临床检验实训室。

二维码 10-3 粪便物理性状检查(微课)

训练内容与步骤

一、排粪次数和排粪量

序号	内容	方法
1	正常	非住院动物，需与宠物主人沟通获得动物的排粪次数和排粪量的确切数据。检查时要注意排粪次数和排粪量的多少，与消化系统的状态、饮食、饮水、环境变化等有密切关系。因此，要注意外在因素对排粪次数和排粪量的影响，如吃得多、喝得多、运动量大时可引起排粪次数和排粪量的增加；环境改变可引起排粪次数和排粪量的增加或减少。健康犬猫排粪次数：幼犬为 3～6 次/d，成年犬为 1～2 次/d；排粪量与动物体重及品种有关，4.5 kg 重的犬排粪量为 100～300 g/d；2～4 kg 重的猫排粪量为 50～200 g/d。
2	异常	排粪次数和排粪量增多，见于摄食过多、摄入大量的粗纤维食物、肠炎、服用泻药等。排粪次数和排粪量减少，见于摄食过少、饮水过少、缺乏运动、环境突然改变、便秘、肠梗阻、肠套叠等。

二、粪便颜色

序号	内容	方法
1	正常	非住院动物，需与宠物主人沟通获得动物粪便颜色的确切信息。检查时要注意粪便颜色与粪中所含粪胆素的多少有关。此外，食物、水分、药物也会影响粪便的颜色。因此临床发现粪便颜色异常，首先要排除外源性因素，再考虑消化系统疾病。健康犬的粪便颜色多为淡黄色至黄褐色，健康猫的粪便多呈棕黄色。
2	异常	苍白色粪便多见于阻塞性黄疸；巧克力色或柏油状粪便多见于上消化道出血；红色或红色条纹状粪便多见于下消化道出血；浅灰或灰绿色粪便多见于酸中毒。内服铁制剂、碳粉的宠物粪便可呈黑色，服用钡剂的粪便呈泥土色；食用多量动物肝脏或血液的粪便可呈黑色；食用多量绿色植物的粪便可呈绿色；食用多量骨头的粪便呈灰色。

三、粪便形状

序号	内容	方法
1	正常	非住院动物，多数需要通过与宠物主人沟通获得动物粪便形状的确切信息。食物成分和肠蠕动情况都会影响粪便的形状。犬猫的正常粪便呈圆柱状，有一定的硬固感。
2	异常	吃骨头多时粪便呈坚硬状；吃蔬菜多时粪便多呈软便；吃骨头太多、脱水、肠麻痹、肠狭窄、便秘病例的粪便较硬，而肠道疾病、肠蠕动增加、胰腺功能障碍等会形成黏液便；急性肠炎、细菌性下痢、卡他性肠炎、病毒性肠炎等会形成水样粪便。
3	评分系统	普瑞纳粪便评分系统见表 10-1。

表 10-1 普瑞纳粪便评分系统

评分	粪便形状
1/7	干燥，坚硬，易于捡拾，排便困难，形成粪球（图 10-7）  图 10-7 粪便干燥、坚硬
2/7	成形、不坚硬、分节，易于捡拾（图 10-8）  图 10-8 粪便成形、不坚硬、分节

续表

<table>
<tr><th>序号</th><th>内容</th><th>方法</th></tr>
<tr><td>3</td><td>评分系统</td><td>续表
<table>
<tr><th>评分</th><th>粪便形状</th></tr>
<tr><td>3/7</td><td>湿润、不分节，不易捡拾（图 10-9）。

图 10-9 粪便湿润、不分节</td></tr>
<tr><td>4/7</td><td>湿润、呈柱状，难以捡拾（图 10-10）。

图 10-10 粪便湿润、呈柱状</td></tr>
<tr><td>5/7</td><td>湿润、呈堆状，难以捡拾（图 10-11）。

图 10-11 粪便湿润、呈堆状</td></tr>
<tr><td>6/7</td><td>不成形，呈堆状或滩状（图 10-12）。

图 10-12 粪便不成形</td></tr>
<tr><td>7/7</td><td>水样、呈滩状（图 10-13）。

图 10-13 粪便水样</td></tr>
</table></td></tr>
</table>

四、粪便气味

序号	内容	方法
1	正常	在动物正常粪便中，因含有蛋白质分解产物如吲哚、粪臭素、硫醇、硫化氢等而有臭味，草食动物因采食碳水化合物多而味轻，肉食动物因采食蛋白质多而味重。
2	异常	对食物中脂肪和碳水化合物消化吸收不良时，动物粪便呈酸臭味。肠炎，尤其是慢性肠炎、犬细小病毒病、大肠癌症、胰腺疾病等，由于蛋白质腐败，产生恶臭味。

五、黏液

序号	内容	方法
1	正常	非住院动物，多数需要通过与宠物主人沟通获得动物粪便是否含有黏液的确切信息。健康犬猫粪便无黏液。
2	异常	黏液外观黏稠透明，呈丝状或块状，见于肠炎初期。如消化道上部有炎症，黏液混在粪内，拨开粪球或粪团才能看到；如消化道下部有炎症，黏液多附着在粪便表面。

六、血液

序号	内容	方法
1	正常	非住院动物，多数需要通过与宠物主人沟通获得动物粪便是否含有血液的确切信息。健康犬猫粪便无血液。
2	异常	（1）吞入大量血液：如肺实质出血，需检查呼吸系统上呼吸道出血或创伤。 （2）出血性胃肠炎：鲜红血液不带黏液或脓汁多见于直肠炎症；黑色多见于小肠或其上段出血；带有脓汁的出血多见于溃疡性肠炎。 （3）肠管肿瘤。

课后思考

1. 粪便颜色异常的临床意义有哪些？
2. 根据粪便中含有黏液的不同情况，如何区分小肠性腹泻与大肠性腹泻？

任务三　粪便化学成分检查

训练目标	1. 熟练掌握犬、猫等动物的粪便酸碱度、潜血、胰蛋白酶的检测方法。 2. 能正确判读检测结果。
主要仪器设备与场地	1. 采集于实验动物或临床病例的新鲜粪便、广泛 pH 试纸、10 mL 试管、蒸馏水、便隐血试剂盒、5%碳酸氢钠溶液、已曝光未冲洗的 X 线片、取样器等。 2. 宠物疾病临床检验实训室。

二维码 10-4　粪便化学成分检查(微课)

训练内容与步骤

一、粪便酸碱度检测

序号	内容	方法
1	检测步骤	常用试纸法检测动物粪便的酸碱度。取新鲜粪便 2～3 g,放入试管内加蒸馏水 8～10 mL,混匀,用广泛试纸测定混合液的 pH。也可将试纸用蒸馏水浸湿,贴于粪便表面及内部,分别测定其 pH,视试纸变色程度与标准比色卡对比而定。
2	临床意义	健康犬猫粪便的 pH 呈中性或弱碱性,这与犬猫食入的蛋白质在肠内分解过程中形成大量的游离氨有关。pH 降低可见于肠卡他引起的肠内糖类异常发酵;pH 升高可见于胃肠炎引起的蛋白质腐败分解增加。

二、粪便潜血检测

序号	内容	方法
1	检测步骤	潜血是指胃肠道有少量出血,肉眼和显微镜不能发现的出血。使用粪便隐血试剂盒快速检测粪便,具体步骤如下。 (1)打开测试卡正面的盖子,取不同部位的粪便样本 10～50 mg(火柴头大小),涂抹在测试卡 A 窗和 B 窗方格内,不要超出方格之外,合上盖子。 (2)将测试卡背面朝上,打开封盖。 (3)在方格内滴 1 滴显色剂 A,待试剂完全渗透之后,再滴 1 滴显色剂 B,2 min 内读取结果。 (4)结果判读:滴显色剂 B 后立即产生蓝紫色,报告为 4+;10 s 内产生蓝紫色,报告为 3+;1 min 内产生紫红色,报告为 2+;1～2 min 内产生紫红色,报告为 1+;2 min 内无蓝紫色或紫红色,报告为阴性(−)。 (5)粪便潜血检测(FOBT)报告方式:阴性(−)或阳性(4+至 1+)。

续表

序号	内容	方法
2	临床意义	健康犬猫的潜血检测呈阴性，潜血检测呈阳性可见于各种消化道出血疾病，尤其是上消化道出血，如消化道溃疡(胃溃疡、结肠溃疡)、出血性胃肠炎、钩虫病等。 **注意：**凡采食动物血液、各种肉类、铁剂，以及采食大量未煮熟的绿色植物或蔬菜时，均可出现假阳性反应。因此，采食血液和肉类后，应素食 3 d 以后再进行检测；采食绿色植物或蔬菜后，应将粪便加入蒸馏水经煮沸破坏植物中过氧化氢酶后，再进行检测；血液未与粪便混合均匀或粪便中混进维生素 C 可出现假阴性。

三、粪便胰蛋白酶检测

序号	内容	方法
1	检测步骤	用胶片法检测粪便胰蛋白酶，具体步骤如下。 (1)试管内加入 5%碳酸氢钠溶液 9 mL，加入 1～2 g 新鲜粪便，混合均匀。将一条已曝光未冲洗的 X 线胶片放入试管中，37 ℃放置 50 min 左右或室温放置 1～2 h，取出用水冲洗。 (2)结果判读：X 线胶片变得透明为阳性；X 线胶片无变化为阴性。
2	临床意义	正常犬猫的粪便中都含有胰蛋白酶，所以用胶片法或明胶试管法检测粪便中胰蛋白酶都是阳性。当检验粪便中胰蛋白酶缺少或没有，即阴性时，表示胰腺外分泌功能不足、胰管堵塞、肠激酶缺乏或肠道疾病等。

课后思考

1. 粪便潜血检测阳性的临床意义有哪些？
2. 进行粪便胰蛋白酶检测的依据是什么？

任务四 粪便传染病检测

训练目标	1. 熟练掌握犬细小病毒(CPV)、犬冠状病毒(CCV)和猫细小病毒(FPV)的胶体金检测方法。 2. 能正确判读检测结果。
主要仪器设备与场地	1. CPV、CCV 及 FPV 的检测试纸板、棉棒等。 2. 实验动物、宠物疾病临床检验实训室。

训练内容与步骤

一、检测方法

序号	内容	方法
1	犬 CPV、CCV 检测	小型犬俯卧或站立保定于台面上，中型犬和大型犬可在地面上行俯卧或站立保定。用棉棒通过肛门进入直肠获取粪便，立即将棉棒浸入样本缓冲液中搅拌混匀，取出 CPV 或 CCV 试纸板平放于桌面上，吸取混合上清液并缓慢滴 3～4 滴于样本孔中，直到显示窗中有液体流出，5～10 min 读取结果。
2	猫 FPV 检测	猫俯卧或站立保定于台面上。用棉棒通过肛门进入直肠获取粪便，立即将棉棒浸入样本缓冲液中搅拌混匀，取出 FPV 试纸板平放于桌面上，吸取混合上清液并缓慢滴 3～4 滴于样本孔中，直到显示窗中有液体流出，5～10 min 读取结果。

二、结果判读

<table>
<tr><th>序号</th><th>内容</th><th colspan="2">方法</th></tr>
<tr><td>1</td><td>阳性</td><td>C 线和 T 线都出现为阳性。</td><td rowspan="3">注意：
胶体金快速诊断试纸有较高的准确性。有时检查结果为弱阳性，甚至阴性，此时应以临床症状作为诊断的基础。</td></tr>
<tr><td>2</td><td>阴性</td><td>只有 C 线出现为阴性。</td></tr>
<tr><td>3</td><td>无效</td><td>只有 C 线出现为阴性，未出现 C 线为无效结果，需重新做。</td></tr>
</table>

课后思考

使用胶体金试纸检测 CPV。若检测结果为阴性，该宠物是否一定未感染此病毒？若检测结果为弱阳性，该宠物是否一定感染了此病毒？请分析以上问题，并提出进一步的解决方案。

任务五 粪便显微镜检查

训练目标	1. 熟练掌握直接涂片法、饱和盐水漂浮法、沉淀法等待检样本制备方法。 2. 能正确使用光学显微镜检查粪便样本。 3. 能准确鉴别常见消化产物、细胞、寄生虫及其虫卵和微生物等。
主要仪器设备与场地	1. 采集于实验动物或临床病例的新鲜粪便、漂浮液(饱和盐水)、载玻片、盖玻片、涂抹棒、一次性吸管、离心机、离心管、10 mL试管、显微镜等。 2. 实验动物、宠物疾病临床检验实训室。

训练内容与步骤

一、检查方法

二维码 10-5 粪便显微镜检查方法(微课)

二维码 10-6 直接涂片法(动画)

(一)直接涂片法

序号	内容	方法
1	概述	直接涂片法可用于检测能动的原生生物(如三毛滴虫属或贾第虫属滋养体)。该方法操作最为简便,但检出率相对较低。粪便涂片也可以风干并染色,以鉴别肠道单细胞寄生虫(如贾第虫属、隐孢子虫属)。
2	方法一	(1)取 50%甘油水溶液或生理盐水 1~2 滴,滴于载玻片上。 (2)取少量粪便与载玻片上的甘油水溶液或生理盐水混匀,去除大的杂质。 (3)盖上盖玻片,放置显微镜下直接观察(图 10-14)。

续表

序号	内容	方法
		 图 10-14　直接涂片法(1～3 为检查步骤)
	方法二	(1)吸取采集的粪便与生理盐水的混合液(具体方法详见本项目"任务一　粪便样本的采集与保存")。 (2)于载玻片的 2 个不同位置上分别滴 1 滴(图 10-15)。 (3)分别盖上盖玻片,放置显微镜下直接观察(图 10-16)。 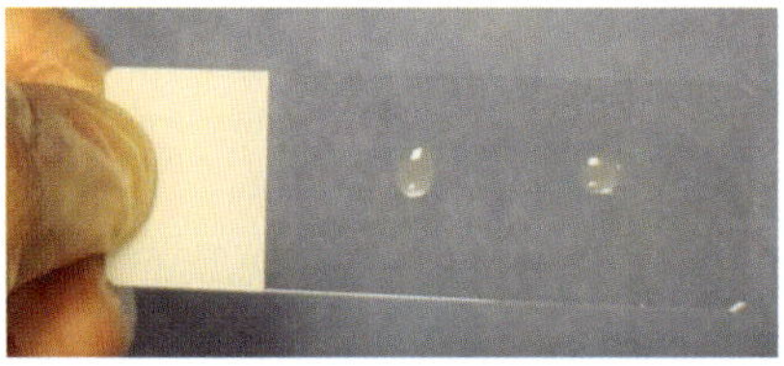 图 10-15　滴 2 滴于载玻片上  图 10-16　分别盖上盖玻片

(二)漂浮法

序号	内容	方法
1	概述	粪便漂浮法是兽医学粪便检查中常用的技术,利用比重比虫卵大的溶液稀释粪便,将虫卵漂浮于液体表面,起到富集纯化虫卵和卵囊的作用,可有效漂浮常见蠕虫卵和原虫包(卵)囊。通常氯化钠主要用于线虫和绦虫卵的漂浮液,氯化锌或硫酸锌的饱和溶液广泛用于吸虫卵。该方法优点是成本低、操作简单;缺点为必须迅速检查载玻片,否则寄生虫虫卵等会发生渗透变形而难以识别,培养基结晶会干扰显微镜下的视野。由于漂浮液的比重很高,漂浮液的高渗作用会使吸虫卵变形。
二维码 10-7　粪便浮集法(动画)		
2	简单漂浮法	敏感性高于直接涂片法,但低于离心漂浮法。 (1)取约 2 g 粪便放于一平皿或烧杯中,并将其压碎。 (2)加入 10 mL 漂浮液。 (3)用涂抹棒搅匀,使溶液均质化。 (4)用 3～5 层纱布或金属丝网(孔径为 250 μm)过滤。 (5)将滤液转移至试管中,继续添加漂浮液直至在顶端形成弯月面(凸圆顶液面,注意不要溢出)。 (6)垂直加盖玻片于液面上,静置 10～20 min。 (7)迅速垂直揭取盖玻片置于载玻片上。 (8)等待镜检(图 10-17)。

续表

序号	内容	方法
		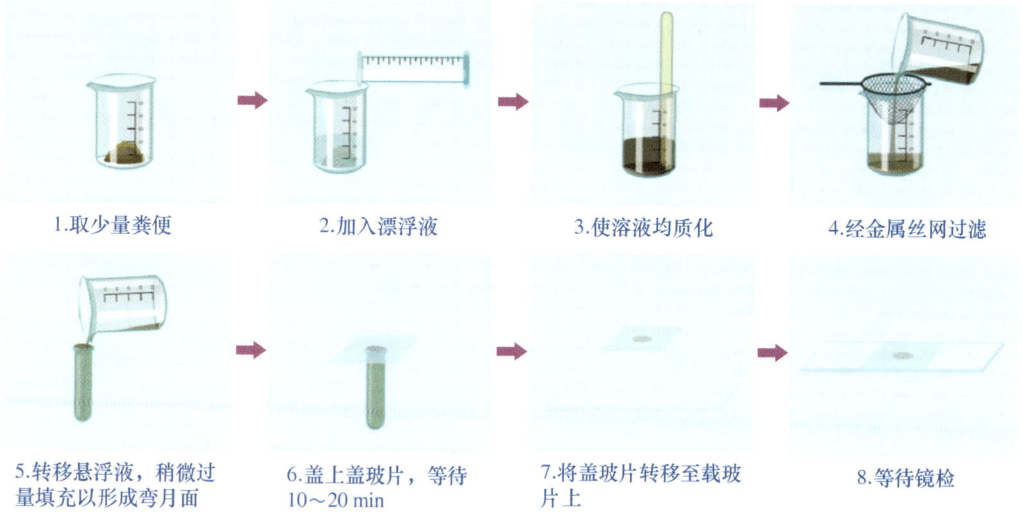 图 10-17 **漂浮法**(1～8 为检查步骤)
3	离心漂浮法	(1)取 2 g 粪便放于一平皿或烧杯中，并将其压碎。 (2)加入 10 mL 漂浮液搅匀。 (3)用 3～5 层纱布过滤，将滤液置于离心管中，继续添加漂浮液直至在顶端形成凸圆顶液面(不要溢出)，垂直加盖玻片于液面上。 (4)用离心机离心 5 min(1 500 r/min)，垂直揭取盖玻片置于载玻片上，镜检。

(三)沉淀法

序号	内容	方法
1	概述	用于分离吸虫、棘头虫及某些不易被常用漂浮液所漂浮分离的绦虫和线虫卵。该法的优点是可以检测大重量或容易变形的卵，这些卵无法通过漂浮法凝集。也可检测粪便量多的样本。缺点为操作费时。
2	操作	(1)取约 10 g 粪便放于平皿或烧杯中，并将其压碎。 (2)加 100 mL(5～10 倍量)清水。 (3)用涂抹棒搅拌至彻底均匀。 (4)用 3～5 层纱布或金属丝网(孔径为 250 μm)过滤，建议使用 250 mL 锥形容器或 500 mL 烧杯。 (5)静置混合物 20 min 至 1 h。 (6)倒掉 70%的上清液。 (7)重新加水；重复步骤(5)(6)(7)，至上清液清亮为止。 (8)倒掉 90%的上清液。
二维码 10-8 沉淀法(动画)		

续表

序号	内容	方法
		(9)保留约为沉淀物的 1/2 的溶液量。 (10)用一次性吸管吹吸均匀。 (11)吸取混合液，并滴 1 滴于载玻片上。 (12)加盖玻片镜检(图 10-18)。

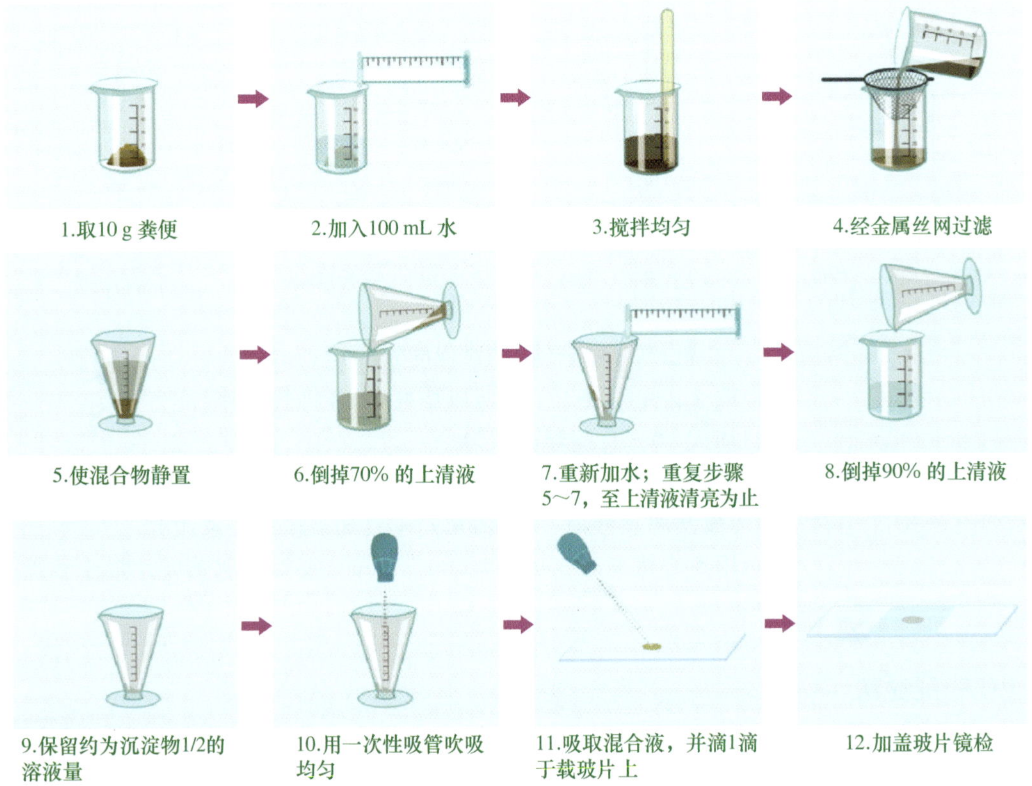

图 10-18　沉淀法(1~12 为检查步骤)

(四)显微镜使用的注意事项

序号	内容	方法
1	选择适宜的镜检倍数	以 10×物镜观察载玻片，大多数显微镜的目镜是 10×镜头，因此放大率可达 100×。检查应从盖玻片的一角开始，然后有序地观察完整个玻片。40×物镜(与目镜相乘总放大率为 400×)用于更仔细地检查很小的寄生虫如贾第虫或隐孢子虫。但 100×物镜(油镜)不能用于漂浮法玻片的检查，这不仅是因为油镜可能会直接接触漂浮液而对物镜产生损伤，而且油镜头可能压迫盖玻片而使盖玻片下的液体产生涡流，导致液体中的目标物处于流动状态，从而难以对结构进行观察。

续表

序号	内容	方法
2	寄生虫虫卵的观察	大多数寄生虫虫卵和幼虫色泽淡或完全无色，不易被观察到，所以最重要的是使寄生虫与背景的对比度最大化。在观察玻片的过程中增加对比度的最好方法是保持载物台下的聚光镜位于低位，如果这一聚光镜不可用，通常的做法则是减小显微镜的可变电阻或降低可变光圈的光圈数（孔径）来降低光线强度以增加对比度。当然，精细的检查要用更高的功率以增加光线强度。
3	调整焦距	观察玻片时，用焦距微调器上下调节，稍稍改变焦平面可有助于读片。线虫虫卵通常与原虫包囊或卵囊的差异很小，微调操作可使结构更易观察。

二、检查项目

二维码 10-9　粪便显微镜检查项目（微课）

（一）消化产物

序号	内容	方法
1	植物	草食动物粪便中存在大量植物纤维；肉食动物饲料中掺入蔬菜，粪便中常会见到植物纤维，其细胞壁较厚（图 10-19、图 10-20）。 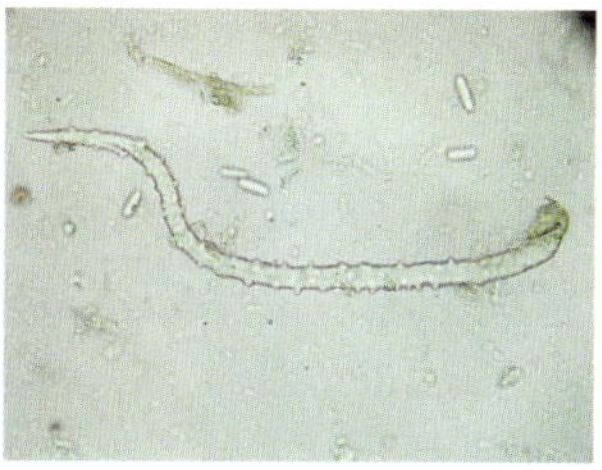 图 10-19　植物纤毛 （引自范开，刘明江，张兆霞，2021） 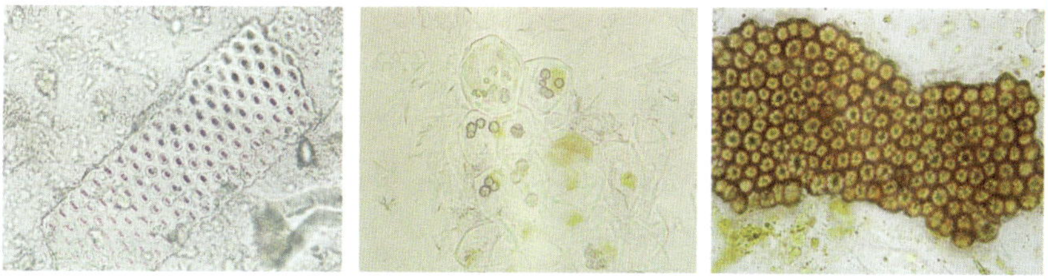 图 10-20　植物细胞 （引自范开，刘明江，张兆霞，2021）

续表

序号	内容	方法
2	肌纤维	在低倍镜下似蜡样，呈较鲜明的黄色，形状不定。消化较充分时，内部结构较均匀（图 10-21）；消化不充分时，在高倍镜下可见内部未消化的肌丝和横纹（图 10-22）。肉食动物粪便中有时可见。摄食过多或消化不良时，可大量出现。 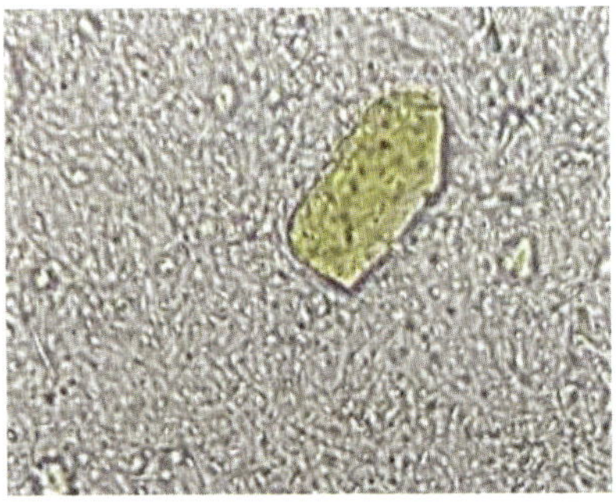 图 10-21 粪便中消化良好的肌纤维 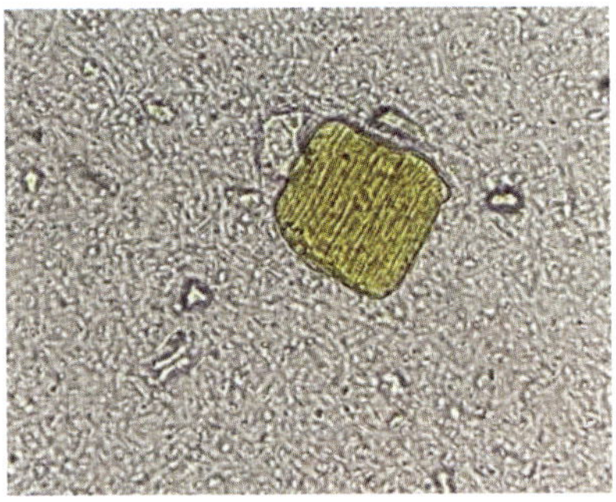 图 10-22 粪便中消化不良的肌纤维
3	脂滴	中性脂肪即脂肪小滴，大小不一，圆形，折光性强的小球状（图 10-23）。正常的粪便中很少出现大量的脂滴，可见于腹泻、阻塞性黄疸、肠道胆汁缺乏、脂肪吸收障碍、胰液分泌不全、消化障碍等。 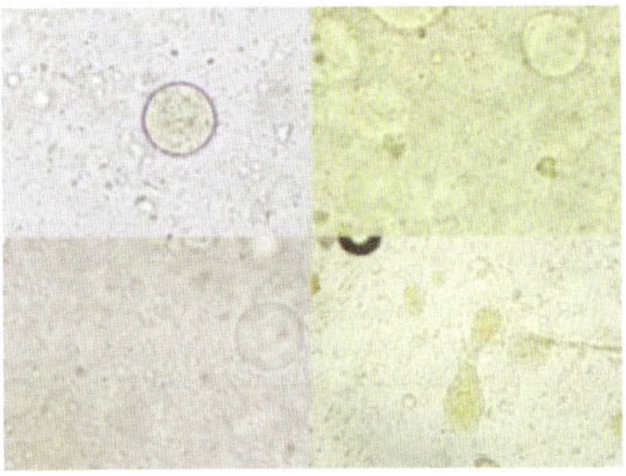 图 10-23 粪便中的脂滴 （引自范开，刘明江，张兆霞，2021）
4	淀粉颗粒	颗粒细小，呈球形，有时数个淀粉球聚集成团（图 10-24）。经碘染色呈棕黑色或蓝紫色。摄入过多或消化不良时大量出现。部分植物细胞内也含大量淀粉成分，经碘染色后呈蓝紫色（图 10-25）。 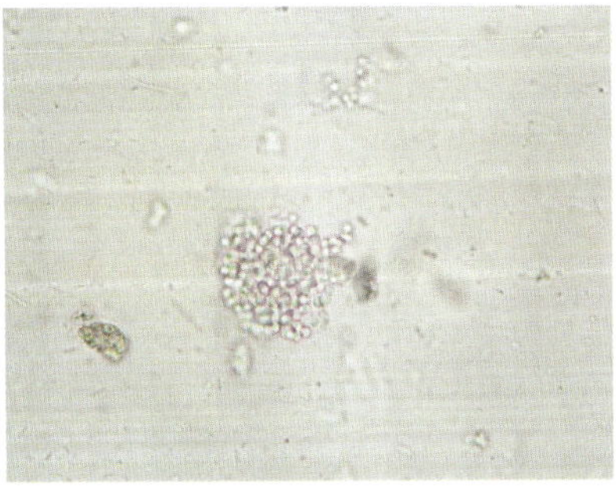 图 10-24 淀粉颗粒（未染色） （引自范开，刘明江，张兆霞，2021） 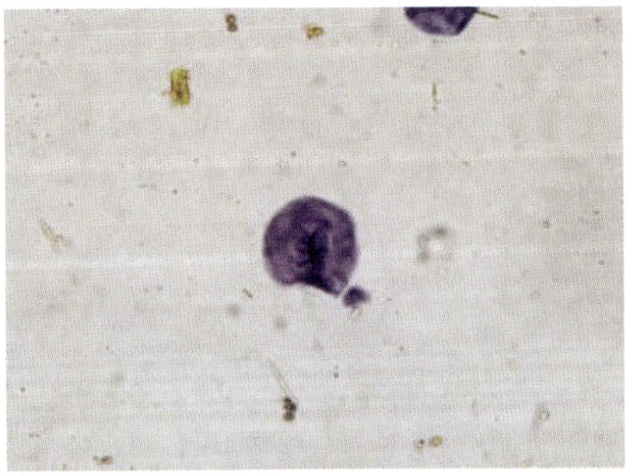 图 10-25 淀粉颗粒（碘染色） （引自范开，刘明江，张兆霞，2021）

(二)细胞

序号	内容	方法
1	白细胞	正常粪便中应不见或偶见白细胞(图 10-26)。粪便中的白细胞或脓细胞来自肠壁的渗出,常混杂于大量黏液中,聚集成团。低倍镜观察,又未经碘染色,有时不易发现。大量白细胞或脓细胞的存在,提示严重的肠炎。 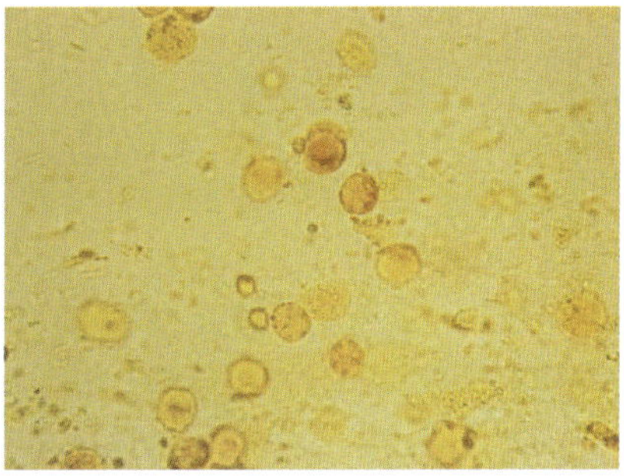 图 10-26 粪便中的白细胞(碘染色) (引自范开,刘明江,张兆霞,2021)
2	红细胞	正常粪便中应不见或偶见红细胞(图 10-27)。红细胞抵抗力弱,在肠道中易被消化而被破坏。粪便中正常形态的红细胞可见于后部肠道近期出血,如异物损伤、感染性大肠炎导致的出血等。前段肠道出血,粪便中红细胞形态常变形,破坏严重。 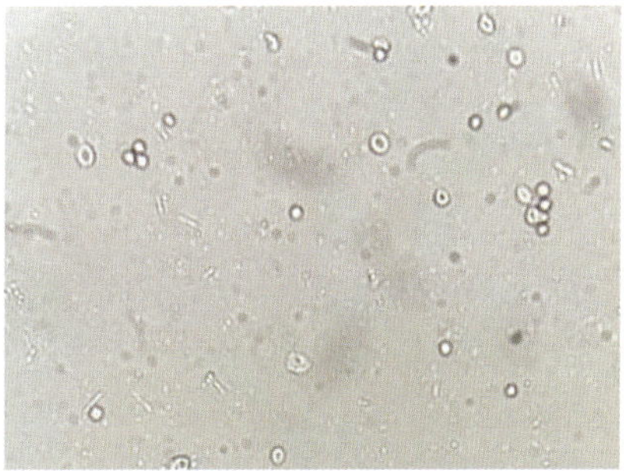 图 10-27 粪便中的红细胞
3	上皮细胞	大而扁平,来自肠壁。肠炎时常与白细胞、脓细胞同时大量存在(图 10-28、图 10-29)。 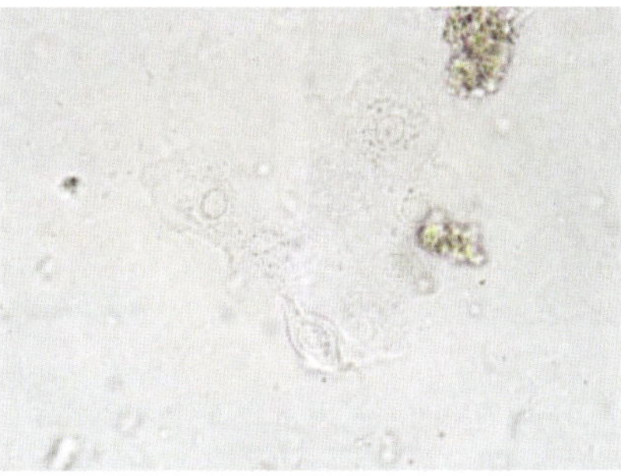 图 10-28 粪便中的上皮细胞(未染色) (引自范开,刘明江,张兆霞,2021) 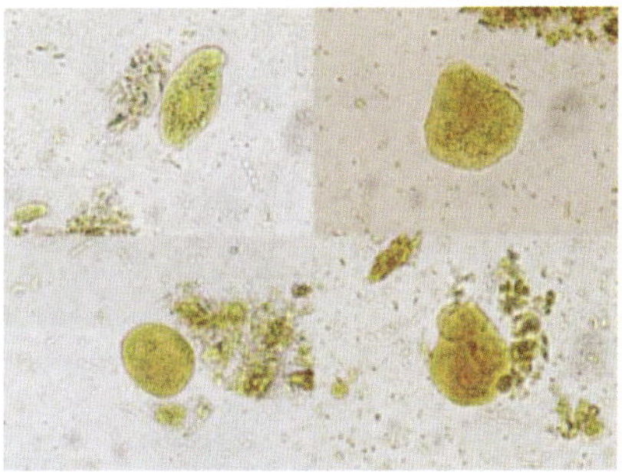 图 10-29 粪便中的上皮细胞(碘染色) (引自范开,刘明江,张兆霞,2021)

(三)寄生虫及其包(卵)囊

序号	内容	方法
1	蛔虫 及其虫卵	蛔虫的虫卵呈球形或椭球形,卵壳厚,多层,外层粗糙,表面凹凸不平,原无色,常被粪便内胆色素染为黄色至棕绿色,卵壳内为球形细颗粒的胚细胞,极少含有粗大颗粒(图 10-30、图 10-31、图 10-32)。有时见动物吐出或随粪便排出白色线状虫体(图 10-33、图 10-34)。 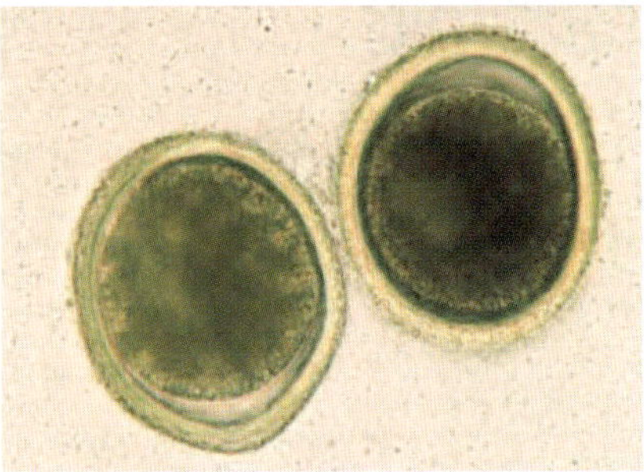 图 10-30　犬弓首蛔虫虫卵,(68～85) μm×(64～72) μm (引自 Byron L. Blagburn, Michael W. Dryden,1999) 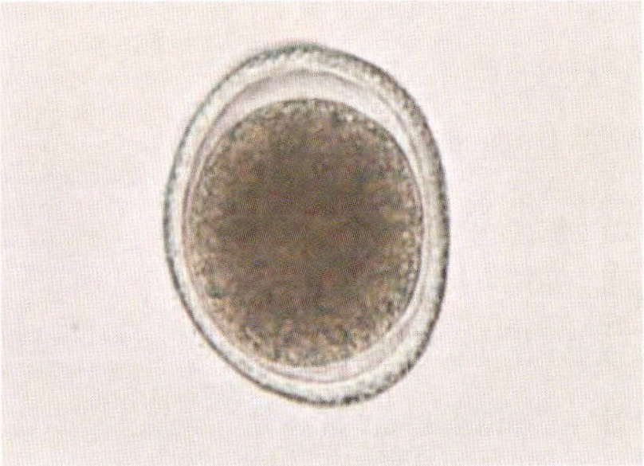 图 10-31　猫弓首蛔虫虫卵,65 μm × 70 μm (引自 Byron L. Blagburn, Michael W. Dryden,1999) 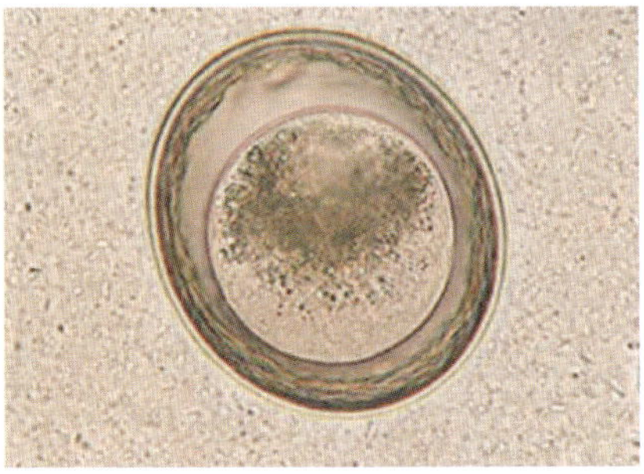 图 10-32　狮弓首蛔虫虫卵,(49～61) μm×(74～86) μm (引自 Byron L. Blagburn, Michael W. Dryden,1999) 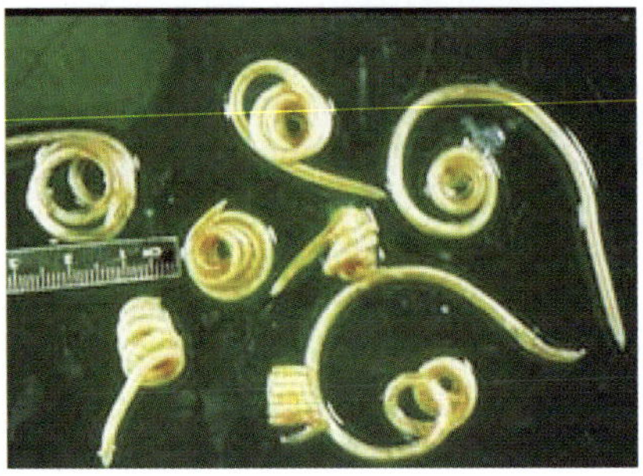 图 10-33　蛔虫成虫 (引自 Byron L. Blagburn, Michael W. Dryden,1999) 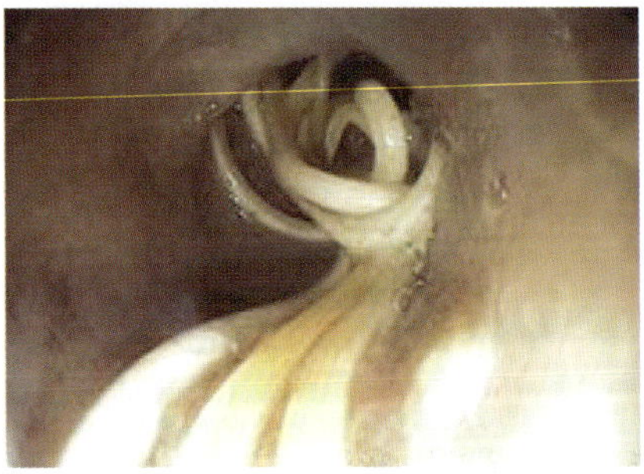 图 10-34　肠道内的蛔虫成虫 (引自 Byron L. Blagburn, Michael W. Dryden,1999)
2	钩虫 及其虫卵	钩虫的虫卵呈椭圆形,卵壳为明显的一层,极薄而透明,无色,内含多个卵胞,卵壳与卵胞间清澈透明,大小为(52～79) μm × (28～58) μm(图 10-35)。成虫长约 1 cm,白色,线状,附着于肠道黏膜上,引起肠炎、出血(图 10-36)。

续表

序号	内容	方法
2	钩虫 及其虫卵	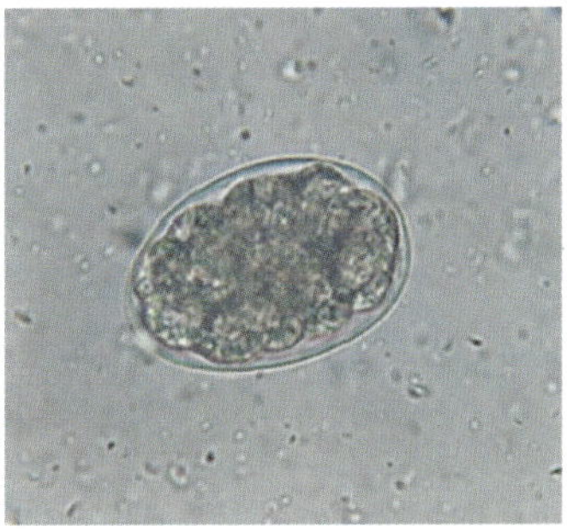 图 10-35 钩虫虫卵 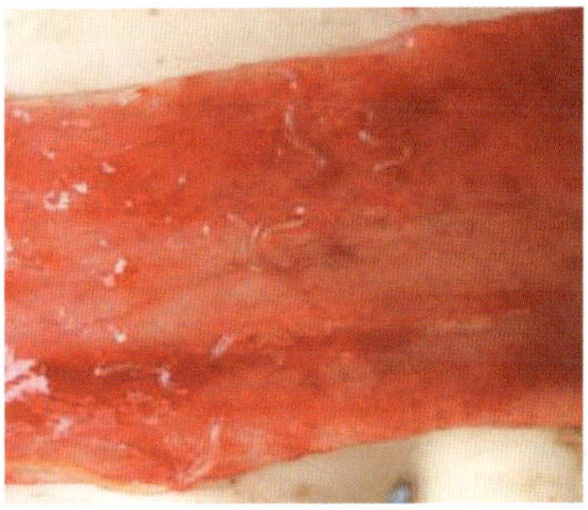 图 10-36 钩虫成虫 （引自范开，刘明江，张兆霞，2021）
3	等孢属 球虫	犬猫球虫病是由艾美耳科等孢属的球虫寄生于犬猫的肠上皮细胞内而引起的一种疾病。卵囊呈卵圆形，无色，壁薄而光滑，单层，大小为（38～51）μm ×（27～39）μm（图 10-37）。 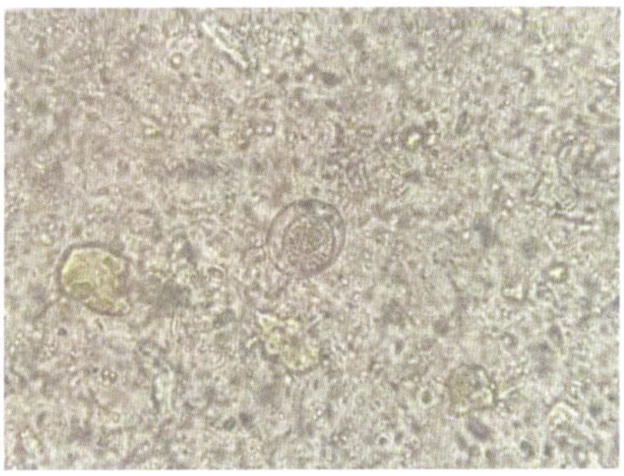 图 10-37 等孢属球虫
4	毛滴虫	毛滴虫主要寄生于犬猫的大肠，毛滴虫主要靠直接接触传播，可引起犬猫腹泻。犬猫中流行的毛滴虫主要包括人五毛滴虫（图 10-38）及胎儿三毛滴虫（图 10-39），且犬群主要流行人五毛滴虫，猫群主要流行胎儿三毛滴虫。大小为（6～11）μm ×（3～4）μm（图 10-40、图 10-41）。 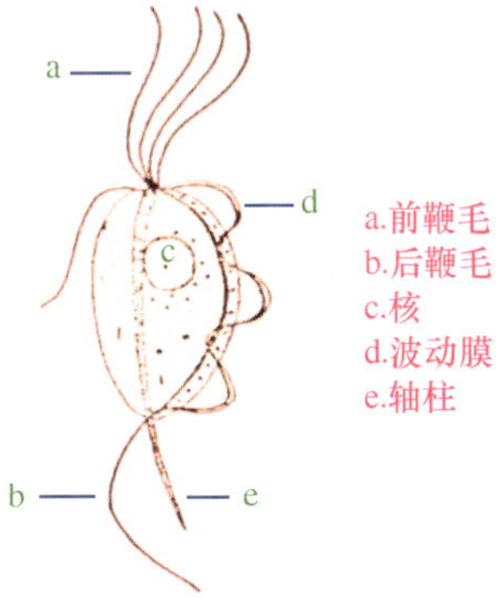 图 10-38 人五毛滴虫 （引自 Modified from Wenrich SH，1947） 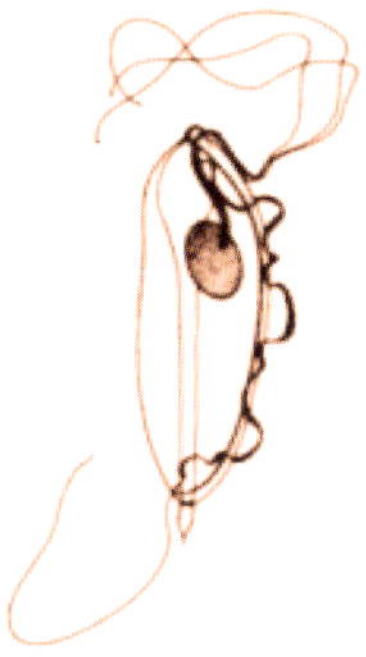 图 10-39 胎儿三毛滴虫 （引自 Modified from Hampl V，2001）

续表

序号	内容	方法
4	毛滴虫	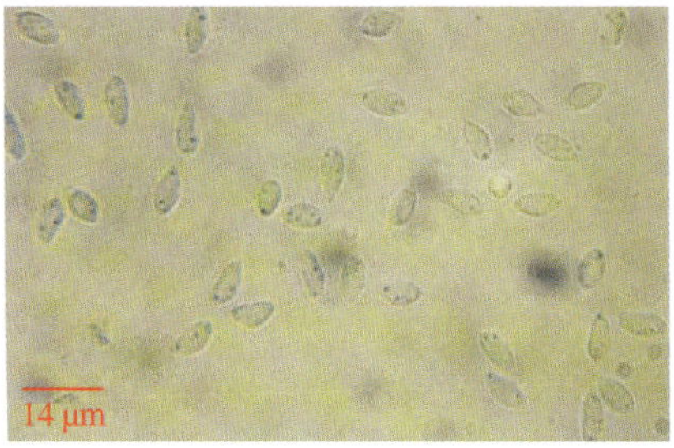 图 10-40　未染色毛滴虫 （引自 Anne M. Zajac，Gary A. Conboy，2015） 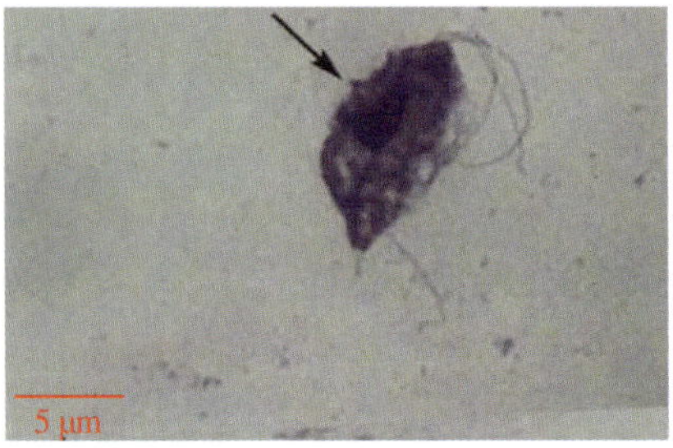 图 10-41　染色毛滴虫 （引自 Anne M. Zajac，Gary A. Conboy，2015）
5	贾第鞭毛虫	贾第鞭毛虫虫体有滋养体和包囊两种形态。滋养体腹背位观，呈梨形，轴对称，前部呈圆形，尾部逐渐变尖；侧面观，背部隆起，腹面扁平；大小为（12～17）μm ×（7～10）μm，腹面有 2 个吸盘，有 2 个核、4 对鞭毛，靠尾部的鞭毛较明显（图 10-42）。包囊呈椭圆形，内部常见 2～4 个核，大小为（9～13）μm ×（7～9）μm（图 10-43）。在生理盐水稀释的样本中，可靠鞭毛运动。可感染猪、犬、猫、鼠等，致腹泻。在低倍镜下有时可察觉到其运动，应以高倍镜观察鉴别。 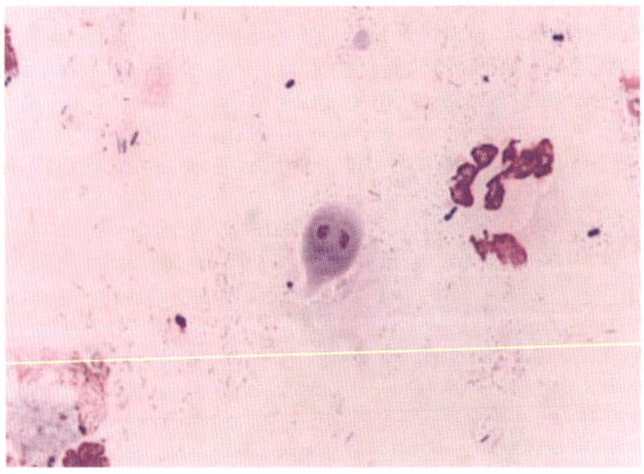 图 10-42　贾第鞭毛虫滋养体（瑞氏-吉姆萨染色） 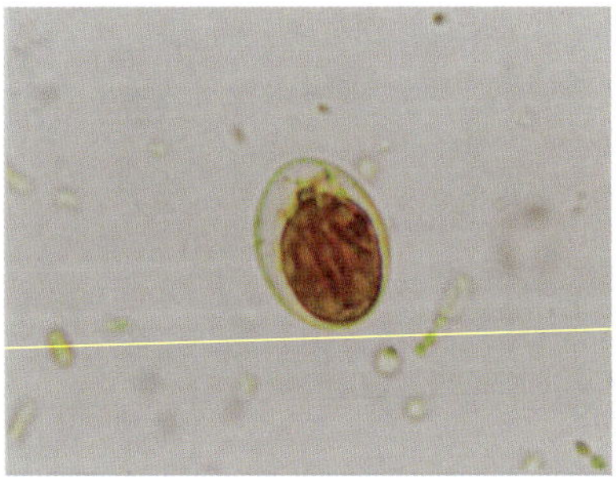 图 10-43　贾第鞭毛虫包囊（碘染色） （引自范开，刘明江，张兆霞，2021）
6	绦虫及其虫卵	绦虫成虫多数寄生于脊椎动物消化道内。绦虫蚴多寄生在宿主的实质器官内，包括肝、肺、脑、肌肉、心、肾、脾、骨或其他组织中，引起的疾病往往较其成虫对宿主所造成的危害更为严重。复孔绦虫寄生于犬、猫小肠中，成虫最长可达 50 cm（图 10-44），贮卵囊中含有 20 个左右虫卵，内含六钩蚴（图 10-45）。

续表

序号	内容	方法
6	绦虫 及其虫卵	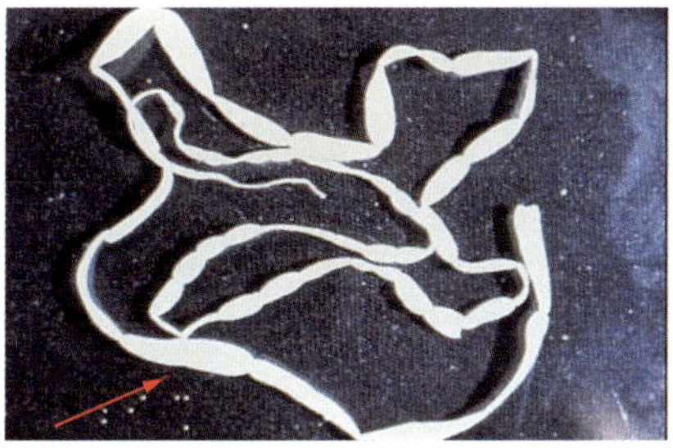 图 10-44　犬复孔绦虫成虫 (Copyright 2006 University of Pennsylvania) 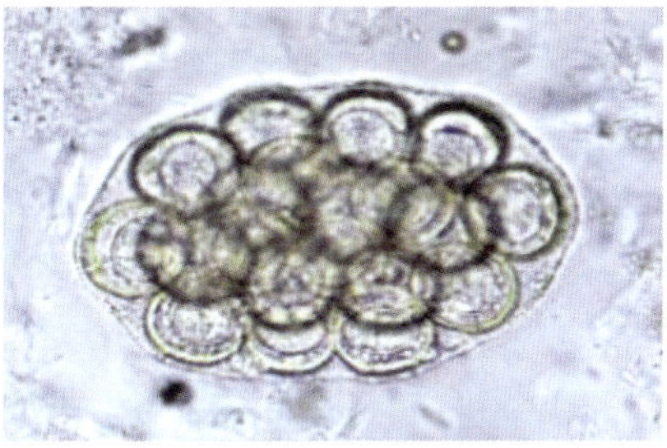 图 10-45　犬复孔绦虫虫卵 (Copyright 2006 University of Pennsylvania)
7	后睾吸虫 及其虫卵	寄生于犬猫的后睾科吸虫主要包括华支睾吸虫、猫后睾吸虫及麝猫后睾吸虫。虫卵呈卵圆形，淡黄色，大小为(26～30) μm ×(10～15) μm，一端有卵盖，另一端有小的突起，内含毛蚴(图 10-46)。华支睾吸虫成虫大小为(10～25) mm×(3～5) mm(图 10-47)，猫后睾吸虫略小。 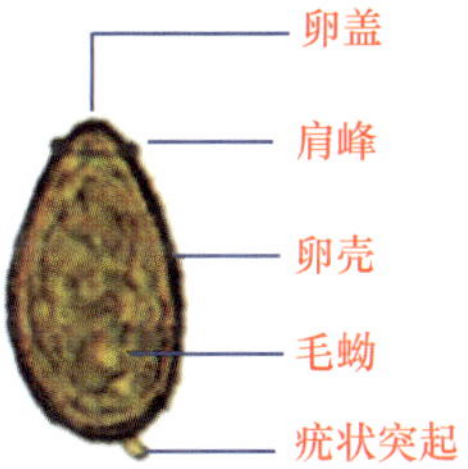 图 10-46　华支睾吸虫虫卵 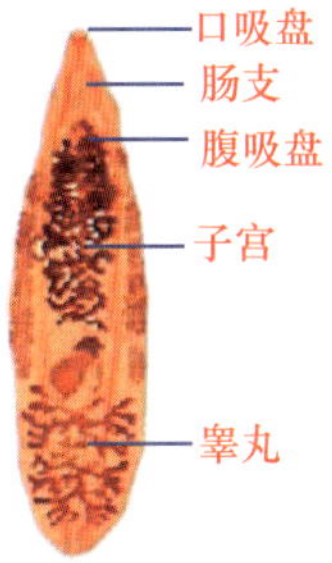 图 10-47　华支睾吸虫成虫
8	鞭虫卵	寄生于犬猫大肠(主要为盲肠)，可引起犬猫消化吸收障碍及贫血。主要为犬狐毛尾线虫、猫毛尾线虫和锯形猫尾线虫。成虫长 40～70 mm，虫体前部细长，约占体长的3/4，呈毛发状。卵棕黄色，腰鼓形，两端有卵塞，内含单个胚细胞，大小为(70～89) μm ×(37～40) μm(图 10-48)。 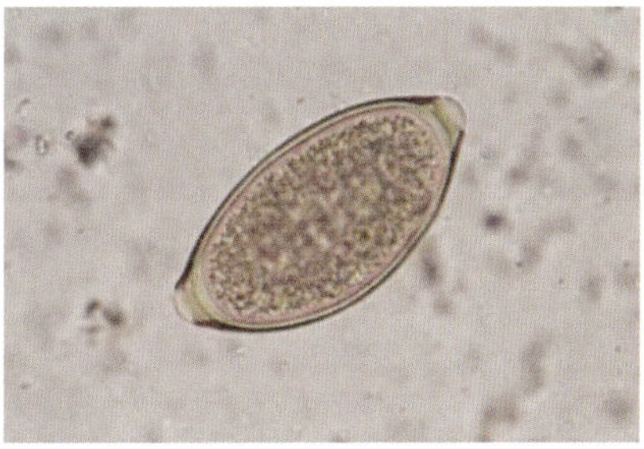 图 10-48　鞭虫卵

(四)微生物

序号	内容	方法
1	细菌	健康犬猫肠道中常见的细菌是杆菌(图 10-49)，有或无球菌。 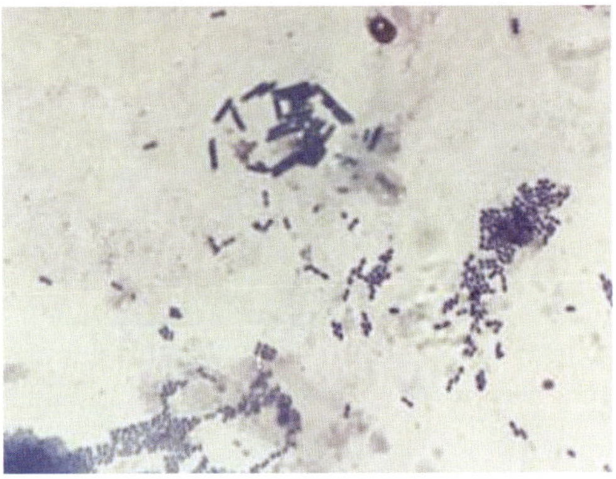 图 10-49　大量杆菌
2	真菌	粪便中常有少量真菌(图 10-50、图 10-51)。消化道内有害真菌数量过多时，也可引起胃肠炎。另外，动物服用酵母片等微生物制剂后，肠道内也可见相应的真菌。 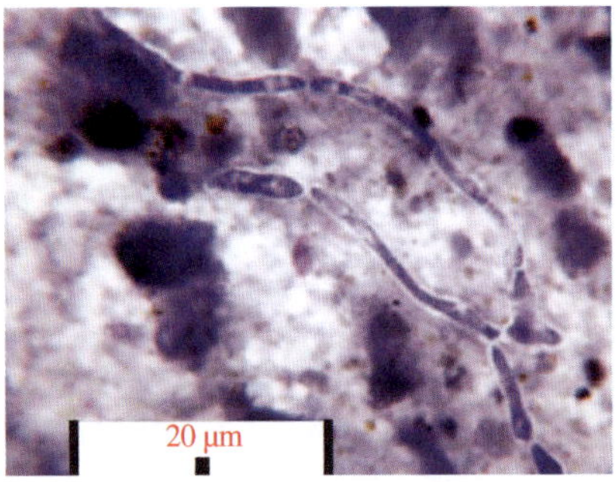 图 10-50　犬粪便中白色念珠菌(瑞氏-吉姆萨染色) (引自 Rose E. Raskin，Denny J. Meyer，2018) 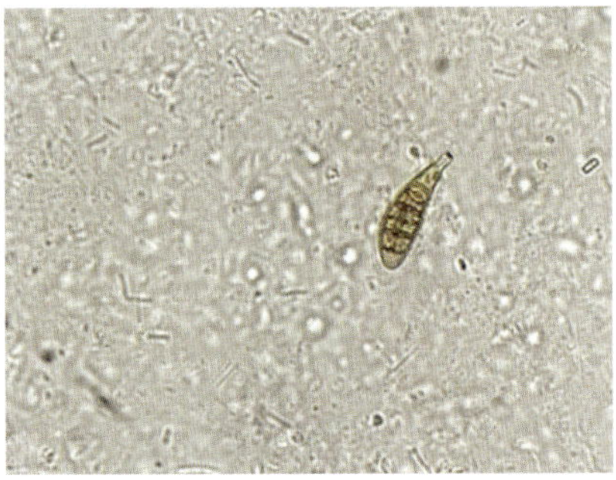 图 10-51　犬粪便中的链格孢菌

课后思考

1. 分析直接涂片法、漂浮法与沉淀法各有哪些优缺点?
2. 粪便显微镜检查的注意事项有哪些?

真题训练

1. 成年猫出现消瘦、下痢、贫血和消化不良等症状，有喂生鱼史。用丙硫咪唑驱虫，精神与食欲好转。进一步诊断该病，首选的检查方法是（　　）。【2012 年执业兽医资格考试真题】

A. 血液检查　　B. 尿液检查　　C. 粪便检查
D. 皮屑检查　　E. 体表淋巴结穿刺检查

答案：C

答案解析 病猫有喂食生鱼的生活史，结合临床特征和治疗药物，初步诊断为华支睾吸虫病。华支睾吸虫的发育过程需要 2 个中间宿主，第一中间宿主为淡水螺，第二中间宿主为淡水鱼、虾。人、犬、猫等终末宿主因食入含有囊蚴的生鱼虾而遭到感染。用漂浮法等检查粪便可发现虫卵。

2. 从粪便中检出含六钩蚴的虫卵，该动物感染的寄生虫是（　　）。【2013 年执业兽医资格考试真题】

A. 线虫　　B. 球虫　　C. 绦虫　　D. 血吸虫　　E. 棘头虫

答案：C

答案解析 绦虫的虫卵呈圆形或椭圆形，内含六钩蚴。

3. 犬新孢子虫在犬肠上皮细胞内发育的方式类似于（　　）。【2013 年执业兽医资格考试真题】

A. 球虫　　B. 蛔虫　　C. 滴虫　　D. 贾第虫　　E. 巴贝斯虫

答案：A

答案解析 犬新孢子虫是一种原虫，其生活史和发育方式与球虫相似。犬作为终末宿主食入含有新孢子虫组织包囊的动物组织，在肠道上皮内进行有性生殖，形成卵囊。

4. 能够通过胎盘传播的蛔虫是（　　）。【2016 年执业兽医资格考试真题】

A. 猪蛔虫　　B. 禽蛔虫　　C. 马副蛔虫
D. 狮弓首蛔虫　　E. 犬弓首蛔虫

答案：E

答案解析 6 月龄以上的犬感染犬弓首蛔虫后，幼虫随血流到达体内各器官组织中，形成包囊，但不进一步发育，如被其他肉食动物摄食后，包囊中幼虫可发育为成虫。母犬怀孕后，幼虫可经胎盘感染胎儿或产后经母乳感染幼犬。

5. 犬，消化不良，下痢，消瘦，贫血，粪便检查见有多量虫卵，形似电灯泡，一端有卵盖，另一端有一小突起，内含毛蚴。治疗该病的药物是（　　）。【2017 年执业兽医资格考试真题】

A. 左旋咪唑　　B. 阿苯达唑　　C. 伊维菌素
D. 三氮脒　　E. 盐霉素

答案：B

答案解析 根据题中虫卵形似电灯泡，考虑诊断为华支睾吸虫病。华支睾吸虫的虫卵很小，形似电灯泡，上端有卵盖，后端有一小突起，内含毛蚴。治疗华支睾吸虫病的主要药物包括吡喹酮、阿苯达唑和六氯对二甲苯等。

6. 可用毛蚴孵化法确诊的寄生虫病是（　　）。【2017 年执业兽医资格考试真题】

A. 片吸虫　　B. 日本分体吸虫病　　C. 华支睾吸虫病

D. 捻转血矛线虫病　　E. 胎生网尾线虫病

答案：B

答案解析 日本分体吸虫病的诊断方法主要包括病原学诊断（粪便毛蚴孵化法）和免疫学诊断（间接血凝试验）。粪便毛蚴孵化法是指清晨从家畜直肠中采取粪样或采取新排出的粪便，淘洗后直接镜检粪便沉渣或进行毛蚴孵化，发现虫卵或毛蚴即可确诊。

7. 痒螨的感染途径是（　　）。【2017 年执业兽医资格考试真题】

A. 经口感染　　B. 经呼吸道感染　　C. 接触感染

D. 经胎盘感染　　E. 自身感染

答案：C

答案解析 接触感染，是痒螨的主要感染途径。痒螨通常寄生于宿主的皮肤表面，通过直接的身体接触或在宿主之间共用生活用具（如笼具、刷子等）进行传播。痒螨是寄生于多种动物皮肤表面而引起的寄生虫病，各种家畜体表寄生的痒螨虽形态相似，但有宿主特异性，不相互传染。

8. 猫，食欲不振，腹泻，消瘦，贫血。粪检见大量电灯泡状虫卵，一端有卵盖，另一端有一小突起，内含毛蚴。治疗该病的药物是（　　）。【2018 年执业兽医资格考试真题】

A. 氨丙啉　　B. 吡喹酮　　C. 左旋咪唑

D. 地克珠利　　E. 磺胺嘧啶

答案：B

答案解析 该虫卵描述符合华支睾吸虫虫卵特征。主要的治疗药物有吡喹酮、丙硫咪唑和六氯对二甲苯等。

9. 隐孢子虫卵囊含有的子孢子数为（　　）。【2019 年执业兽医资格考试真题】

A. 2　　B. 4　　C. 8　　D. 12　　E. 16

答案：B

答案解析 隐孢子虫在发育过程中先后经历卵囊、子孢子、滋养体、裂殖体、裂殖子、配子体和配子等形式。卵囊随粪便排出体外，是隐孢子虫的感染阶段，呈圆形或椭圆形，成熟的卵囊内含 4 个子孢子和 1 个残留体。

10. 兔的中型艾美耳球虫卵囊含有的孢子囊数为（　　）。【2020 年执业兽医资格考试真题】

A. 10 个　　B. 4 个　　C. 2 个　　D. 6 个　　E. 8 个

答案：B

答案解析 中型艾美尔球虫寄生于空肠和十二指肠，可引起较为严重的肠球虫病。卵囊中等大小，呈短卵圆形，淡黄色，乱囊壁光滑有微孔，其大小为(18～33) μm×(13～21) μm。孢子化时间为42～47 h。卵囊内有4个孢子囊，每个孢子囊内有2个子孢子。

11. 每日排粪次数异常的是(　　)。【2022年执业兽医资格考试真题】

A. 猪2～5次　　B. 犬5～8次　　C. 牛10～18次

D. 马8～12次　　E. 羊3～8次

答案：B

答案解析 健康犬排粪次数，幼犬为3～6次/d，成年犬为1～2次/d。

项目十一　皮肤检验

知识目标	1. 熟悉宠物皮肤的正常结构与生理功能。 2. 掌握宠物常见皮肤病的分类、病因、临床表现及实验室诊断要点等。 3. 了解宠物皮肤检验技术的原理。
能力目标	1. 能正确进行皮肤样本的采集、处理和保存。 2. 能熟练使用显微镜进行皮肤样本的观察与分析，识别并鉴定寄生虫、真菌、细菌等微生物及异常细胞。 3. 能熟练使用伍德氏灯并正确判读结果。 4. 能够熟练使用显微镜，准确识别寄生虫、虫卵、细菌、细胞等成分。 5. 能准确解读检验结果并进行综合分析，规范撰写皮肤检验报告。
素质目标	1. 具备敏锐的观察力和综合分析能力，能够准确识别和分析皮肤病变。 2. 具备关爱宠物、善待生命的职业情操，对宠物进行细致的检查与关怀。 3. 养成良好的沟通能力和团队协作能力。

任务一　皮肤样本的采集及处理

训练目标	1. 能正确识别宠物被毛病变区和健康区。 2. 熟练掌握犬、猫等宠物的皮肤样本及耳道分泌物样本的采集方法。 3. 熟练掌握皮肤样本透明法及染色方法。
主要仪器设备与场地	1. 保定用具、工作服、剪毛剪或推子、手术刀片或刮刀、载玻片、盖玻片、10%氢氧化钾溶液、矿物油、透明胶带、棉棒、瑞氏-吉姆萨染液、Diff-Quik 染液、染色缸、染色架、洗瓶、计时器、一次性手套等。 2. 实验动物、宠物疾病临床检验实训室。

二维码 11-1 皮肤样本的采集与处理(微课)

训练内容与步骤

一、皮肤样本的采集

(一)动物保定

序号	内容	方法
1	保定方法	小型犬和猫俯卧保定或站立保定于台面上,中型犬和大型犬可在地面上行俯卧保定或站立保定。

(二)皮肤样本的采集方法

序号	内容	方法
1	皮肤浅刮	按需剃毛,保留 2～3 mm 毛干(保证皮屑和结痂不被剔除)。在采样刀片上涂抹矿物油或在皮肤上滴几滴矿物油(图 11-1)。用刀片轻轻刮除矿物油,并将采集的病料转移至载玻片(图 11-2)上,镜检(注意将聚光器调低)。 可用于检查姬螯螨、疥螨、耳痒螨、虱子、皮肤癣菌孢子、细菌等。这些螨虫生活在表皮或皮肤表面,一般无须刮到渗血。 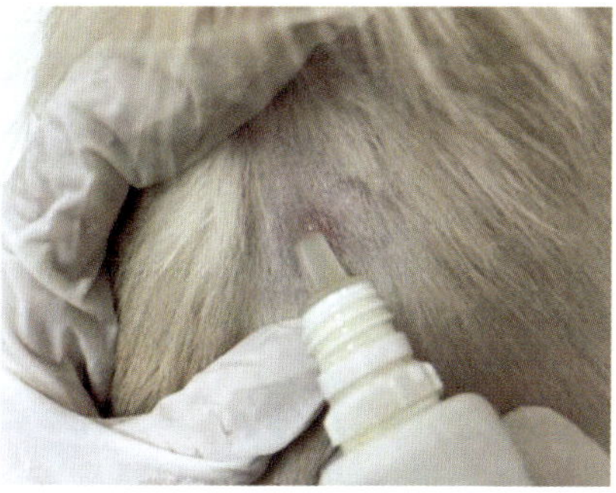 图 11-1 在剃毛处直接滴几滴矿物油 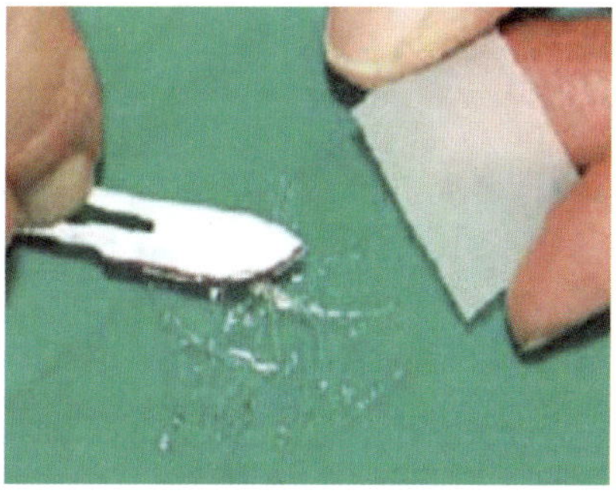 图 11-2 将刮取物转移至干净的载玻片
2	皮肤深刮	按需剃毛,深刮前挤压皮肤(图 11-3),将螨虫从毛囊深部挤出,使用沾有矿物油的刀片顺着毛发生长的方向刮片,直到观察到毛细血管渗血(图 11-4),将病料转移至载玻片上,镜检。 可用于检查蠕形螨等。

续表

序号	内容	方法
2	皮肤深刮	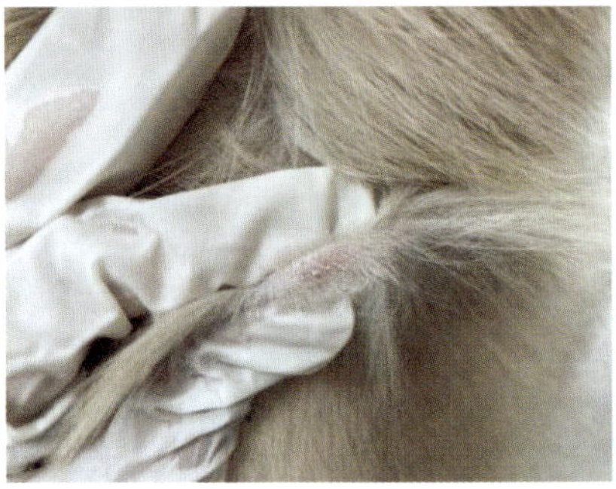 图 11-3　深刮前挤压皮肤 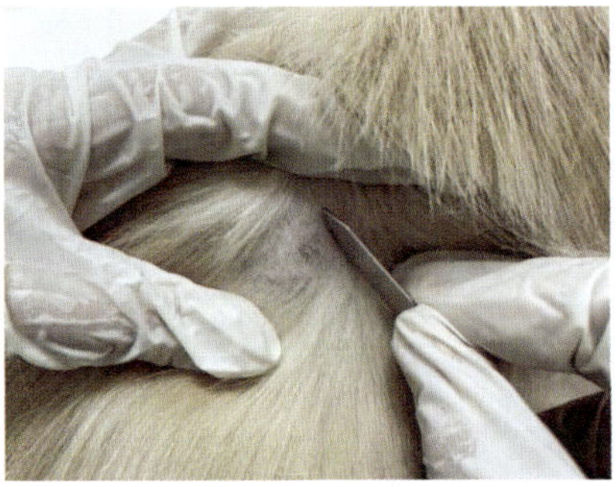 图 11-4　刮至微微渗血
3	拔毛镜检	在部分脱毛或全部脱毛的区域使用镊子或止血钳拔下少量毛发，拔出时沿毛发生长方向拔出（图 11-5、图 11-6、图 11-7）；将镊子或止血钳贴近皮肤表面，钳夹所有毛干将其拔出，置于载玻片上，镜检。 可用于检查蠕形螨、皮肤癣菌、细菌等。 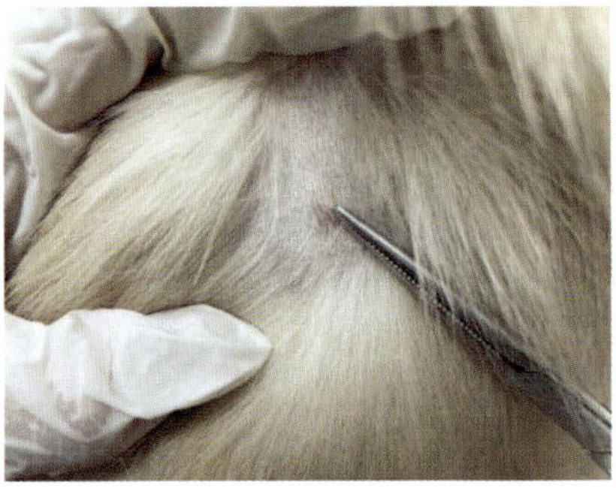 图 11-5　拔毛镜检 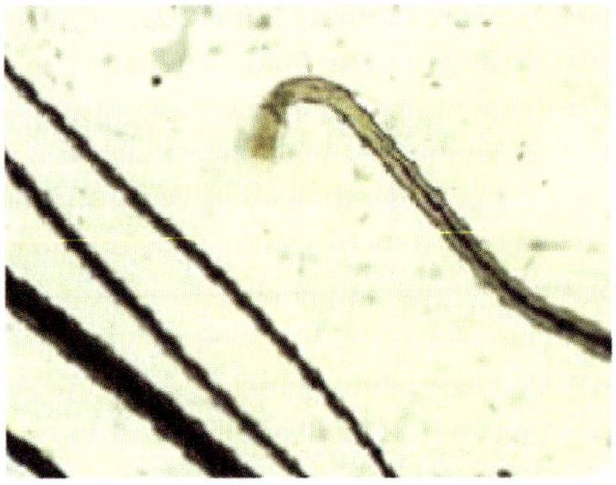 图 11-6　生长期毛发毛根 （引自 S. Bettenay） 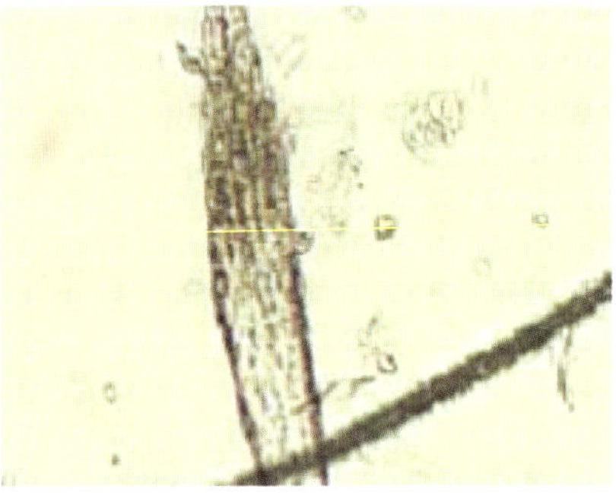 图 11-7　休止期毛发毛根 （引自 S. Bettenay）
4	透明胶带法	用采样胶带的粘贴面贴在病变区（有皮屑、瘙痒、断毛等）的皮肤表面或粘贴在经手术刀片刮过的皮肤表面以采集皮肤表面的病原，然后将胶带（粘贴面朝下）粘在载玻片上和/或粘在滴有 1 滴 Diff-Quik Ⅱ 液的载玻片上，显微镜镜检。 可用于检查皮肤癣菌、马拉色菌、螨虫、细菌、跳蚤、虱子等。

续表

<table>
<tr><th>序号</th><th>内容</th><th>方法</th></tr>
<tr><td>5</td><td>耳道分泌物检查</td><td>用无菌棉棒在耳道内滚动采集样本(图 11-8),将棉棒在载玻片上滚动均匀涂布样本(可使用氢氧化钾透明化处理)(图 11-9),盖上盖玻片后,镜检;或将采样后的棉棒在载玻片上来回滚动几次,待样本风干后,染色镜检。
可用于检查耳痒螨、细菌、真菌。
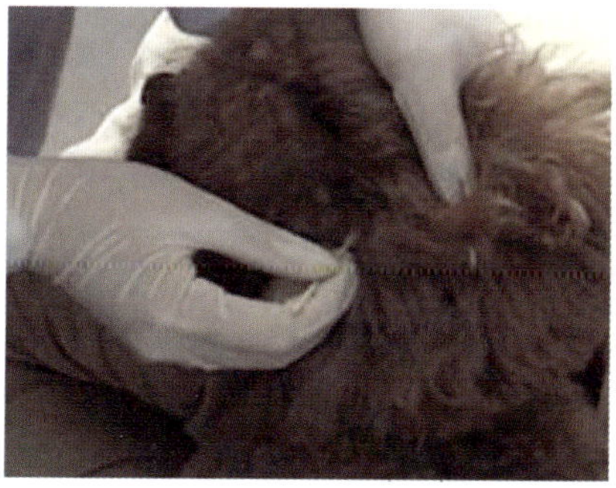
图 11-8 用无菌棉棒在耳道内采集样本
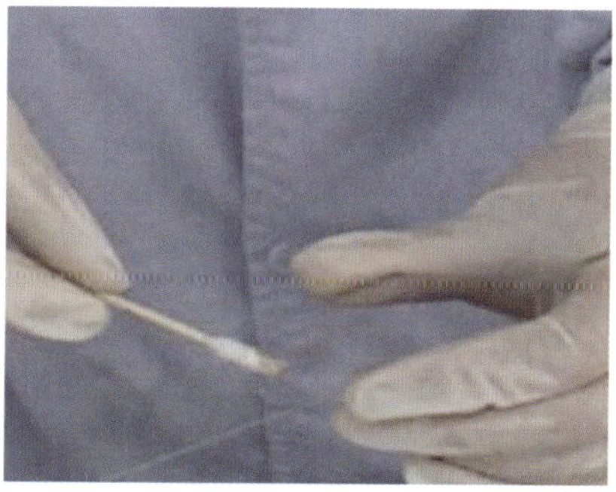
图 11-9 采样后的棉棒在载玻片上涂片</td></tr>
<tr><td>6</td><td>注意事项</td><td>临床中很难通过临床症状区别疥螨、蠕形螨、真菌、细菌等,因此采集皮肤样本时多同时进行皮肤深刮和拔毛以求采集到尽可能多的病原,避免二次采样。同时应学会识别皮肤病变区域,如出现脱毛、毛发断裂、瘙痒、皮屑、结痂、红疹等区域。</td></tr>
</table>

二、样本的处理

(一)透明法

<table>
<tr><th>序号</th><th>内容</th><th colspan="2">方法</th></tr>
<tr><td>1</td><td>KOH 透明法</td><td>在涂片上滴加 1～2 滴 10%KOH,压上盖玻片,轻微加热。</td><td rowspan="2">注意:未经任何处理的皮肤涂片,视野中布满折光不均匀的斑驳皮屑团块,难以有效检出寄生虫,应将涂片透明化后再镜检。</td></tr>
<tr><td>2</td><td>油法透明法</td><td>在涂片上滴加 1 滴矿物油或稀薄的树脂(如显微镜镜头油),压上盖玻片,稍微加热或不加热。</td></tr>
</table>

(二)染色

序号	内容	方法
1	瑞氏-吉姆萨染色	(1)滴加瑞氏-吉姆萨染液(A 液),覆盖样本(计其滴数,以盖满血膜为宜),静置 1 min。

续表

序号	内容	方法
1	瑞氏-吉姆萨染色	(2)再滴加等量的磷酸盐缓冲液(B 液),用洗耳球轻轻吹打,将 A 液和 B 液充分混合,静置 3 min。 (3)用镊子水平夹起载玻片一端,边倾倒边用水流冲洗。 **注意**:此过程切勿先倾倒染液再冲洗,以防有沉渣沉淀在标本上。 (4)待冲洗干净,玻片晾干或用滤纸吸干,待检。
2	Diff-Quik 染色	(1)将涂片浸入 Diff-Quik Fixative 液固定 20 s。 (2)立即取出玻片浸入 Diff-Quik Ⅰ 液,染色 5～10 s(上下提动玻片 2～3 次,使染液均匀分布)。 (3)取出玻片用滤纸吸除多余的染液,立即浸入 Diff-Quik Ⅱ 液,染色 10～20 s(上下提动玻片 2～3 次,使染液均匀分布)。 (4)立即取出玻片,用流水冲洗,晾干或用滤纸吸干,待检。 **注意**:染色时间可随染液和样本不同进行调整。

课后思考

1. 采集皮肤样本时,皮肤浅刮与深刮分别适合哪些病原的检查?
2. 皮肤样本透明化处理的目的是什么? 有哪些具体方法?

任务二　伍德氏灯检查

训练目标	1. 熟练掌握伍德氏灯的使用方法,能熟练使用伍德氏灯。 2. 能正确辨别苹果绿色荧光。
主要仪器设备与场地	1. 实验动物或临床病例、伍德氏灯等。 2. 宠物医院或宠物疾病临床检验实训室。

二维码 11-2　伍德氏灯的使用(微课)

训练内容与步骤

一、检查方法

序号	内容	方法
1	动物保定	小型犬俯卧或站立保定于台面上，中型犬和大型犬可在地面上行俯卧或站立保定。
2	检查方法	对于出现掉毛、丘疹、脓疱或结痂的动物（图 11-10 至图 11-12），应使用伍德氏灯检查。在暗室内使用伍德氏灯照射患病部位的毛发、皮屑或皮肤缺损区。 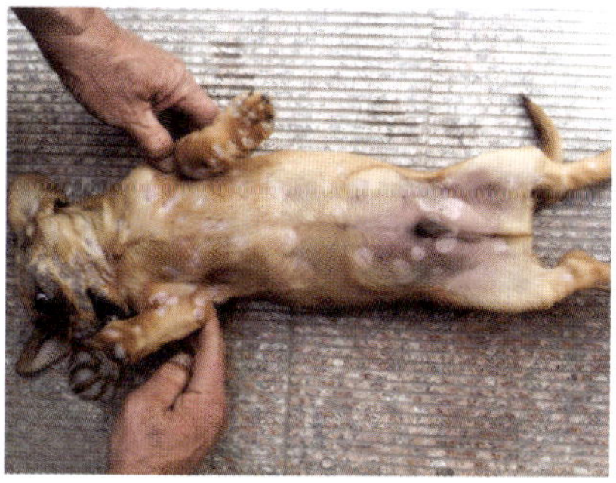 图 11-10　患犬掉毛区域（躯干部） 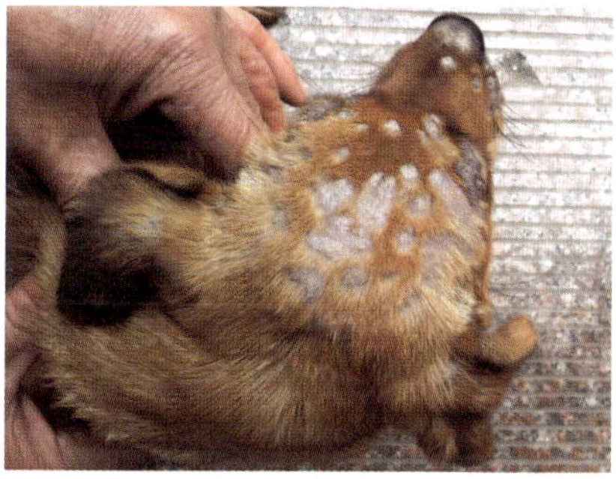 图 11-11　患犬掉毛区域（头部） 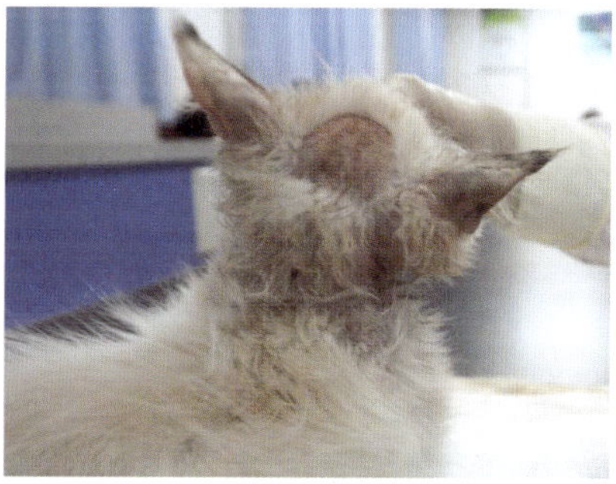 图 11-12　患猫掉毛区域 **注意：** （1）温度会影响光线的波长和强度，因此仪器一般应预热 5 min 后再使用。 （2）伍德氏灯须在暗室内使用。 （3）使用之前，应将皮肤表面清洁干净，以防干扰。 （4）保持伍德氏灯距离患病动物的皮肤表面 5～6 cm 为宜。

二、结果判读

序号	内容	方法
1	阳性	50%～60%的犬小孢子菌感染会让毛干发出苹果绿色荧光(图 11-13)。 **注意：** 药物、沐浴露、细菌(假单孢杆菌)或偶然脱落的皮屑也可发出荧光，但是这些荧光不会沿着毛干分布。 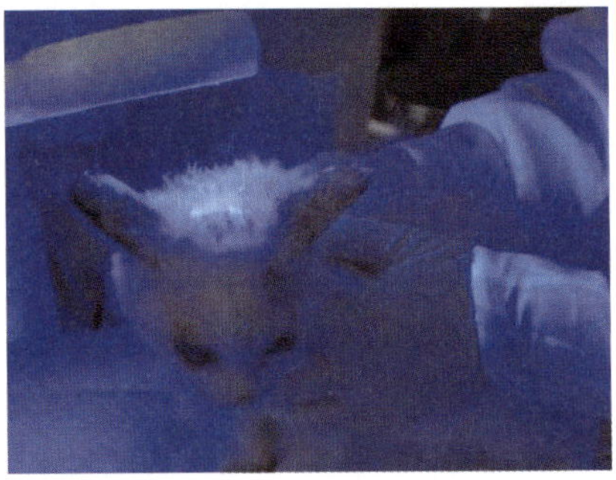 图 11-13　伍德氏灯检查阳性结果
2	阴性	石膏样小孢子菌和须毛癣菌感染的毛发几乎无荧光。 **注意：** (1)没有荧光的区域不排除皮肤癣菌病的可能。 (2)对于阴性结果，建议全身刷毛后收集，进行显微镜检查和真菌培养。

课后思考

1. 患病宠物的皮肤出现哪些临床症状时即可进行伍德氏灯检查？
2. 如果疑似真菌感染的患犬伍德氏灯检查结果为阴性，还需进行哪些检查来确诊？

任务三　皮肤样本显微镜检查

训练目标	1. 能正确使用显微镜观察皮肤和耳道分泌物样本。 2. 能正确识别皮肤癣菌孢子、马拉色菌、细菌、螨虫、跳蚤、虱子等。 3. 能正确判读检验结果，填写检验报告单。
主要仪器设备与场地	1. 采集于实验动物或临床病例的皮肤样本或耳道分泌物样本、显微镜等。 2. 宠物医院或宠物疾病临床检验实训室。

二维码 11-3　皮肤样本显微镜检查(微课)

二维码 11-4　猫耳痒螨检耳镜检查(实操视频)

二维码 11-5　猫耳痒螨显微镜检查(实操视频)

二维码 11-6　蠕形螨显微镜检查(实操视频)

训练内容与步骤

一、皮肤样本显微镜检查项目

序号	内容	方法
1	螨虫	(1)犬疥螨,呈圆形,微黄白色,背面稍隆起,腹面扁平(图 11-14)。 (2)犬蠕形螨,呈半透明乳白色,虫体狭长如蠕虫样(图 11-15)。 (3)耳痒螨,呈椭圆形,足体凸出(图 11-16)。 (4)姬螯螨,虫体较大,身体略呈六边形,成虫有四对伸出身体边缘的足,触须有强有力的弯曲尾爪(图 11-17)。 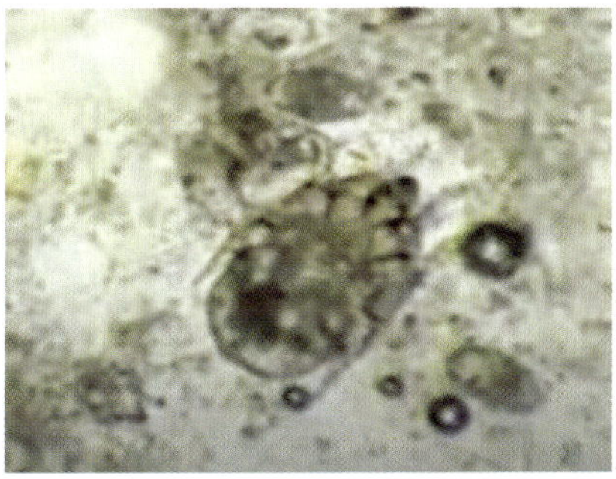 图 11-14　疥螨及其虫卵 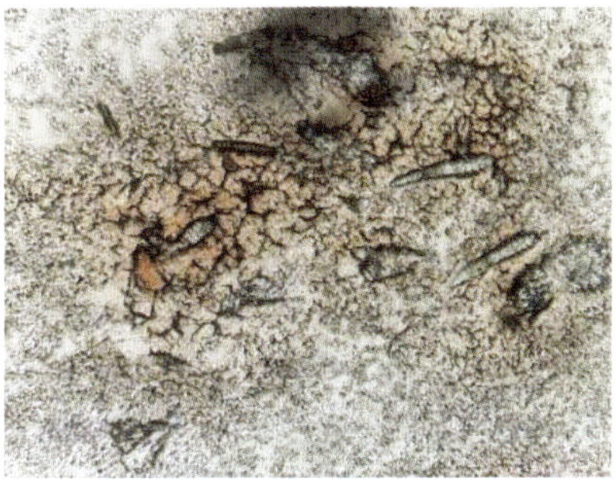 图 11-15　蠕形螨

续表

序号	内容	方法
1	螨虫	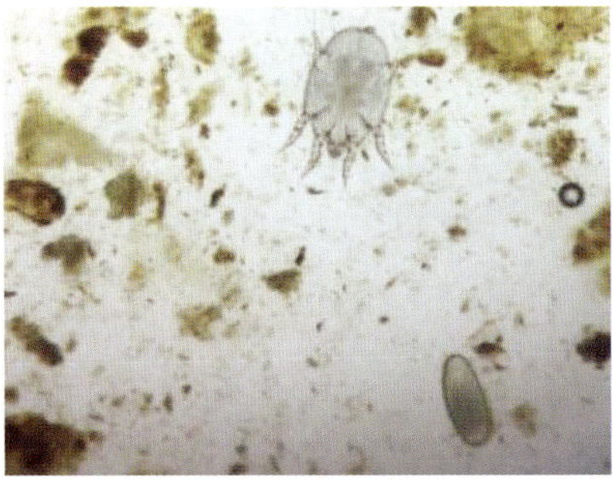 图 11-16　耳痒螨及其虫卵  图 11-17　姬螯螨
2	细菌	染色后镜检可见球菌(图 11-18)、杆菌(图 11-19)等细菌。 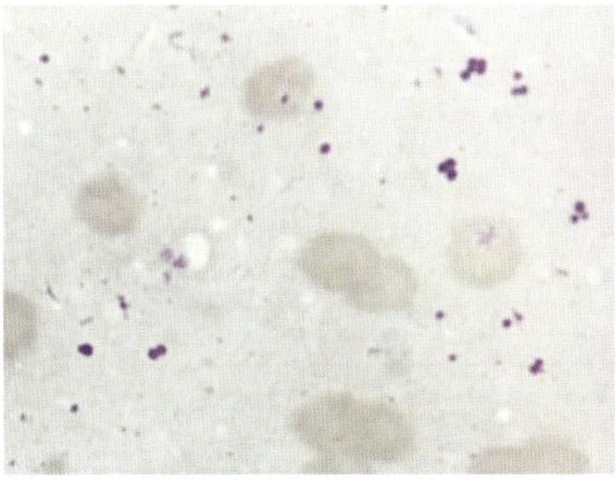 图 11-18　球菌 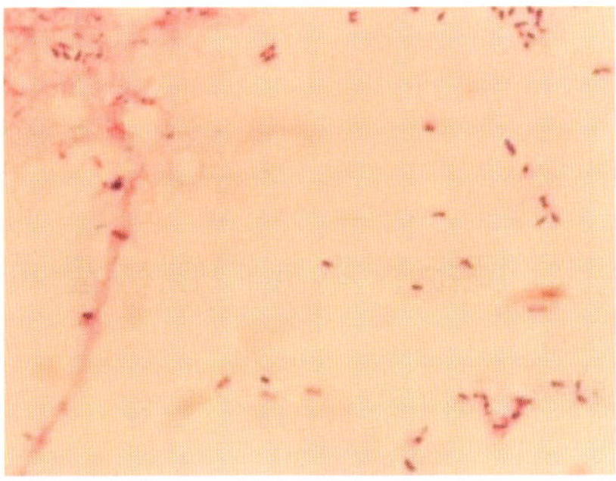 图 11-19　杆菌
3	真菌	犬小孢子菌多为棱形、厚壁、带刺、多隔的大分生孢子；石膏样小孢子菌多为椭圆形、壁薄、带刺的含有数个分隔的大分生孢子(图 11-20)；须毛癣菌为链状的、圆形或棒状的分生孢子，多附于毛干；马拉色菌是具有厚壁的单细胞酵母菌，呈椭圆形、圆形或圆筒形，细胞在出芽时呈“花生样”(图 11-21)；新型隐球菌是一种环境腐生真菌，细胞学检查可见基部狭窄的薄壁芽生酵母菌，周围包以大小不等的、透明而有折光性的荚膜(图 11-22)。 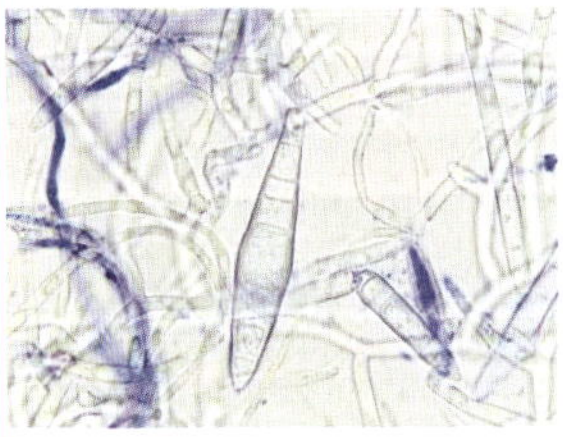 图 11-20　石膏样小孢子菌大分生孢子 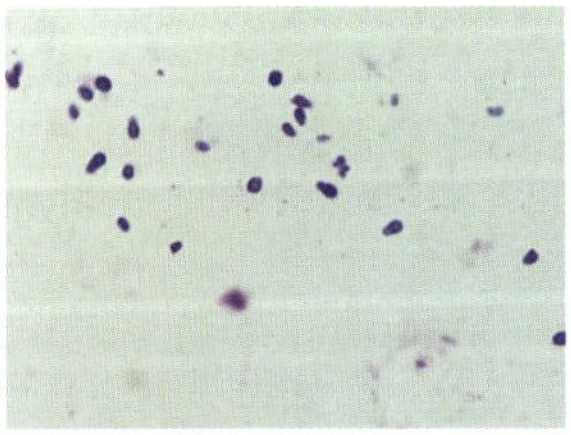 图 11-21　马拉色菌 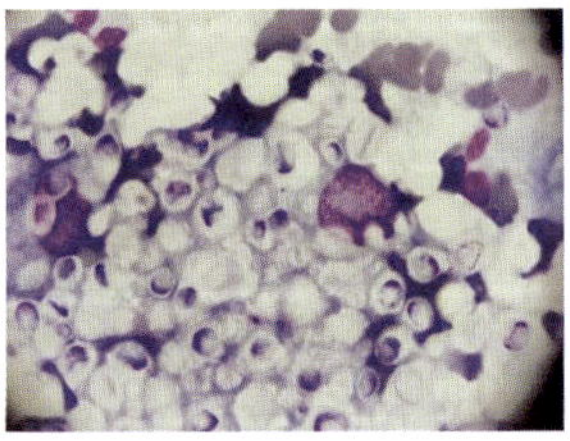 图 11-22　隐球菌

续表

序号	内容	方法
4	其他	(1)蜱虫呈红褐色或灰褐色，长卵圆形，背腹扁平(图 11-23)。 (2)跳蚤口器锐利，腹部宽大，后腿发达、粗壮(图 11-24)。 (3)虱子体形较小，无翅，身体扁平(图 11-25)。 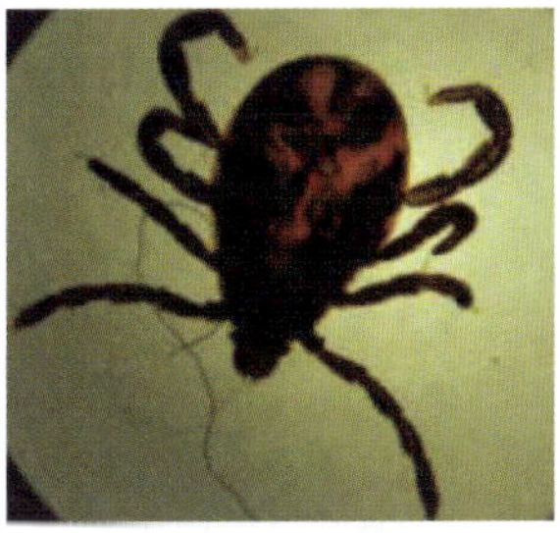 图 11-23 蜱虫 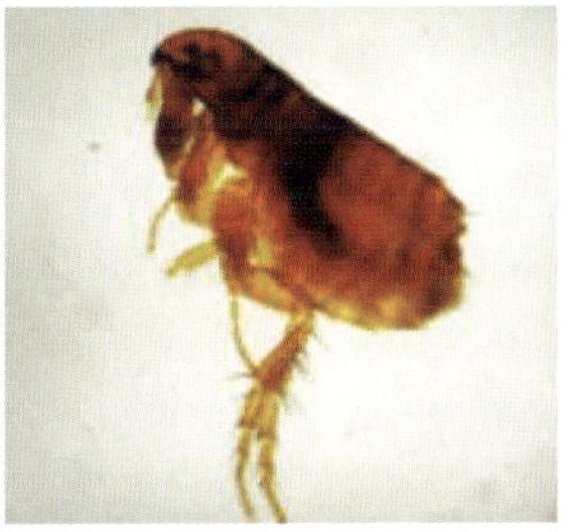 图 11-24 跳蚤 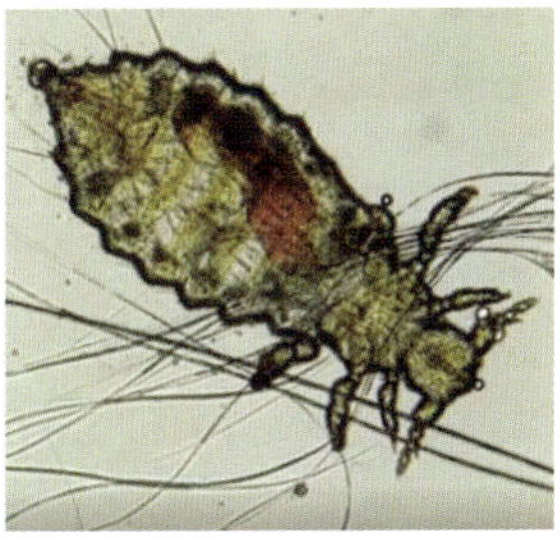 图 11-25 虱子

二、皮肤样本显微镜检查的注意事项

序号	内容	方法
1	透明化后的样本	以 10×物镜观察载玻片，大多数显微镜的目镜是 10×镜头，因此放大率可达 100×。检查应从盖玻片的一角开始，然后有序地观察完整个玻片。40×物镜(与目镜相乘总放大率为 400×)用于更仔细地检查寄生虫及其虫卵。
2	染色后的样本	在载玻片上滴 1 滴香柏油，用油镜进行观察，观察完毕用擦镜纸和擦镜液擦洗镜头。

课后思考

1. 显微镜下各种螨虫的形态分别有何特点？
2. 犬常见皮肤癣菌病感染的典型表现有哪些？其病原形态分别有哪些特点？

真题训练

(1～2 题共用题干)

大丹犬，四肢、躯干、腹部多处有铜钱大脱毛区，局部皮屑较多，并有向外扩散趋势。【2009 年执业兽医资格考试真题】

1. 根据临床表现，该病最不可能的病原是(　　)。

A. 马拉色菌　　B. 须发癣菌　　C. 球孢子菌

D. 犬小孢子菌　　E. 石膏样小孢子菌

答案:C

答案解析 马拉色菌为酵母样真菌,主要导致被毛着色(棕色或红棕色),患部皮肤湿红,轻度到严重的瘙痒,伴有局部或广泛性脱毛、慢性红斑和脂溢性皮炎。须发癣菌、犬小孢子菌和石膏样小孢子菌均为真菌性皮肤病的病原;该病以断毛、少毛、无毛和掉毛,脱毛区皮屑较多。皮肤型球孢子菌病表现为在皮肤损伤局部形成硬结,继而发展成中心溃疡面,相近淋巴结肿胀成硬结。

2. 如用伍德氏灯检查荧光呈阳性,最适合的治疗药物是(　　)。

A. 制霉菌素　　B. 伊维菌素　　C. 头孢噻呋

D. 赛拉菌素　　E. 泰乐菌素

答案:A

答案解析 伍德氏灯检查荧光阳性,提示为真菌感染。抗真菌药主要有两性霉素 B、制霉菌素、灰黄霉素、酮康唑和克霉唑等。

(3~5 题共用备选答案)【2009 年执业兽医资格考试真题】

A. 疥螨病　　B. 脓皮症　　C. 蠕形螨病

D. 马拉色菌病　　E. 犬小孢子菌感染

3. 犬患部皮肤刮片镜检见多量革兰阳性球菌,最可能的诊断是(　　)。

答案:B

答案解析 犬脓皮症是由化脓菌感染引起的皮肤化脓性疾病,中间型葡萄球菌(革兰阳性菌)是主要的致病菌。

4. 犬患部皮肤刮片镜检可见长条形或长椭圆形虫体,最可能的诊断是(　　)。

答案:C

答案解析 根据镜检结果可知该犬为寄生虫病。疥螨病的病原成虫身体呈圆形,微黄白色;蠕形螨病的病原虫体呈长条形或椭圆形,半透明乳白色。

5. 犬大量脱毛,瘙痒,用伍德氏(Wood's)灯照射患部呈现苹果绿色荧光,最可能的诊断是(　　)。

答案:E

答案解析 提示真菌感染。犬小孢子菌感染后,断毛、少毛、无毛和掉毛是主要的临诊表现,脱毛区呈圆形,皮屑较多,伍德氏灯照射患部可见苹果绿色荧光。

6. 同窝 4 只 3 月龄的波斯猫,近期先后发生头部、爪部成片脱毛现象,患部皮肤干燥。本病最可能的病原是(　　)。【2010 年执业兽医资格考试真题】

A. 蠕形螨　　B. 马拉色菌　　C. 钩虫幼虫

D. 犬小孢子菌　　E. 深红酵母菌

答案:D

答案解析 犬小孢子菌主要感染犬、猫，尤其是幼年犬、猫，免疫功能低下的动物及长毛猫，引起犬、猫发生真菌性皮肤病。犬、猫感染后，患部出现断毛、少毛、无毛和掉毛等临床症状，形成圆形或椭圆形脱毛区，边界清晰，皮屑较多。患犬面部、耳朵、四肢、趾爪和躯干等部位易被感染，病变处被毛脱落，皮肤可能出现红斑、结痂或鳞屑；患猫以低于6月龄的幼猫为主，以圈状掉毛为主，并不断向外扩散。

（7～11题共用备选答案）【2011年执业兽医资格考试真题】

A. 犬癣病　B. 皮肤马拉色菌病　C. 甲状腺功能减退性皮肤病

D. 犬肾上腺皮质功能亢进症　E. 犬过敏性皮肤病

7. 患犬后肢对称性脱毛，食欲亢进，腹部膨大，多饮多尿。该犬应为（　　）。

答案：D

答案解析 肾上腺皮质功能亢进通常是指肾上腺皮质分泌过多糖皮质激素所导致的一组临床症候群，患犬多表现为多饮多尿、腹部膨大和对称性脱毛等。

8. 一青年犬，周期性瘙痒，频繁而剧烈，面部、腋窝、耳郭、腹股沟较重。该犬应为（　　）。

答案：E

答案解析 犬遗传性过敏性皮炎是犬过敏性皮肤病的一种常见类型，多发于青年犬。其特征为周期性瘙痒，瘙痒频繁而剧烈，常见部位包括面部、四肢屈曲部位、腋窝、耳郭和腹股沟等。应诊断为犬过敏性皮肤病。

9. 患犬被毛着色，患部皮肤湿红，脂溢性皮炎，患部发生苔藓化，色素沉积。该犬应为（　　）。

答案：B

答案解析 马拉色菌病是由马拉色菌过度增殖引起的皮肤病，主要表现包括被毛着色（红色或红棕色）、患部皮肤湿红、脂溢性皮炎（皮肤油腻、鳞屑增多）以及轻度到严重的瘙痒；慢性病例可能出现皮肤苔藓化（增厚、粗糙）和色素沉积。

10. 患犬颈部、背部、胸腹两侧被毛稀疏短而细，皮肤干燥，有异味，精神差，不愿走动。该犬应为（　　）。

答案：C

答案解析 甲状腺功能减退性皮肤病是由甲状腺激素分泌不足引起的皮肤病。主要表现为颈部、背部、胸腹两侧被毛稀疏、短而细，皮肤干燥，常有异味；脱毛处皮肤可见色素过度沉着苔藓化（增厚、粗糙），皮温降低，皮屑增多；患犬精神差，不愿走动。

11. 患犬患处出现圆形的脱毛区，皮屑较多。该犬为（　　）。

答案：A

答案解析 患真菌性皮肤病的犬患部断毛、掉毛或出现圆形脱毛区，皮屑较多；患病犬面部、耳朵、四肢、趾爪和躯干等部位易被感染。

12. 成年犬，外耳道瘙痒、被毛着色、皮肤湿红。此犬最可能患（　　）。【2014年执业兽医资格考试真题】

A. 脓癣　B. 蠕形螨病　C. 念珠菌病

D. 马拉色菌病　　　　E. 犬小孢子菌病

答案:D

答案解析 根据病犬的临床特征,初步诊断为马拉色菌病,常发生于犬外耳道、口周、肛周和潮湿的厚皮处。被毛着色、患部皮肤湿红、脂溢性皮炎等是本病的主要表现。

13. 金毛猎犬,3月龄,近日口唇部出现红疹,而后在腋下和股内侧也出现红疹,患部瘙痒感不明显,患部刮皮诊断未见蠕形螨,真菌检查呈阴性。该病最可能的诊断是(　　)。【2016年执业兽医资格考试真题】

A. 脓癣　　　　B. 疥螨病　　　　C. 湿疹

D. 马拉色菌症　　　　E. 幼犬脓皮症

答案:E

答案解析 根据该犬的表现,初步诊断该犬患有幼犬脓皮症。犬脓皮症是由化脓菌(如葡萄球菌)感染引起的皮肤疾病,多发于2～9月龄幼犬。病灶多为圆形红斑、丘疹、脓疱等,在其腹部或腋窝处的稀毛区出现非毛囊炎性脓疱。脓疱破溃后形成黄色结痂或环状皮屑,瘙痒感通常不明显。

14. 猫身上发现细小虫体,左右压扁,三对有力足,无翅,该虫为(　　)。【2023年执业兽医资格考试真题】

A. 痒螨　　　　B. 疥螨　　　　C. 蠕形螨　　　　D. 蚤　　　　E. 虱

答案:D

答案解析 跳蚤成虫体形微小或小型,无翅,体侧扁,前后肢长,后肢尤其粗壮发达,善于跳跃,通常生活在哺乳类动物身上,少数寄生在鸟类身上。

项目十二　细胞学检验

知识目标	1. 掌握细胞学样本的采集、固定、制片和染色等步骤及注意事项。 2. 掌握正常及异常细胞的类型及形态特征。 3. 了解细胞学检验在宠物疾病诊断中的应用。
能力目标	1. 能正确进行细胞学样本的采集、处理和保存。 2. 能熟练进行细胞学样本的制片和染色操作。 3. 能熟练使用显微镜等仪器对细胞学涂片进行观察与分析。 4. 能准确解读检验结果并进行综合分析，规范撰写细胞学检验报告。
素质目标	1. 具备敏锐的观察力和综合分析能力，能够准确识别细胞形态变化。 2. 具备规范严谨、精益求精、敢于质疑的科学精神。 3. 树立敬佑生命、关注宠物健康的价值观。 4. 养成良好的沟通能力和团队协作能力。

任务一　细胞学样本的采集

训练目标	1. 能根据病变特点选择合适的细胞学样本采集方法。 2. 熟练掌握犬、猫等宠物的细胞学样本采集方法。 3. 掌握细胞学样本的浓集技术。
主要仪器设备与场地	1. 保定用具、工作服、载玻片、盖玻片、灭菌棉签、不同型号的注射器、手术刀片、EDTA 抗凝管、镊子、消毒用品、低速离心机、细胞离心机、试管、石蜡、滤纸等。 2. 实验动物或临床病例；宠物疾病临床检验实训室或宠物医院。

二维码 12-1　细胞学样本的采集(微课)

训练内容与步骤

一、动物保定

序号	内容	方法
1	保定	小型犬和猫可俯卧、侧卧或站立保定于台面上，中型犬和大型犬可在地面上行俯卧、侧卧或站立保定。必要时可使用镇静药。

二、细胞学样本的采集方法

(一)拭子法

序号	内容	方法
1	概述	当不能进行按压、刮取和抽吸时(如耳道、阴道、窦道等)，通常选择棉签涂抹，如耳道、窦道和阴道的细胞学样本的收集。
2	步骤	(1)先用 0.9%生理盐水将无菌棉签湿润(最好使用人造丝绵)。 (2)将蘸湿的棉签放入体腔，轻轻旋转至少 1 圈(图 12-1)。 (3)沿载玻片长轴轻轻滚动棉签，滚动涂抹 2～3 排(图 12-2)。切勿来回摩擦，以免损伤细胞。 (4)轻轻摇动玻片，使其风干，染色镜检。 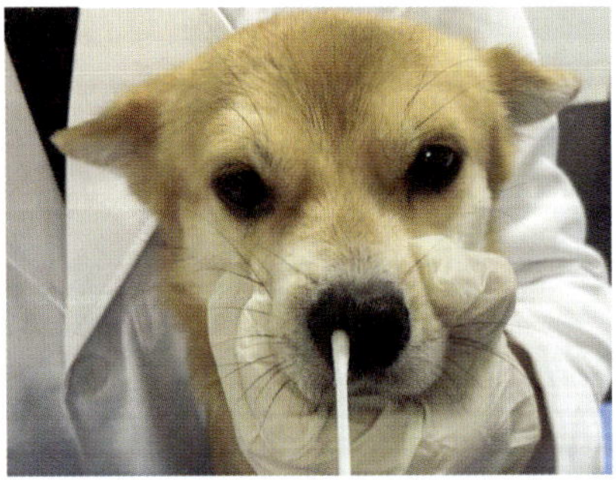 图 12-1　将蘸湿的棉签放入体腔 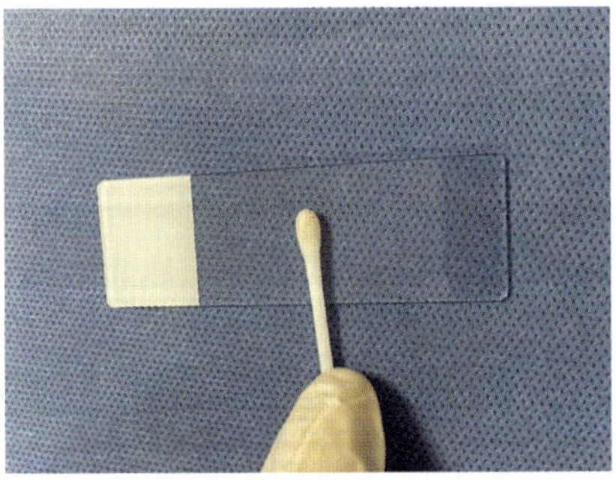 图 12-2　沿载玻片长轴轻轻滚动棉签

（二）刮片法

序号	内容	方法
1	概述	可用于尸体剖检或手术切除的组织，或是活体动物外部病变的组织采样。刮取样本的优点是能从组织上收集大量的细胞，尤其在病变坚硬且能获得细胞量低的时候。刮片法的主要缺点是采样较困难，而且只能收集浅表的细胞。制取的浅表性病变经常只能反映出继发的细菌感染和/或炎症引起的组织发育不良，因而会大大妨碍对肿瘤的诊断。 刮片时，应该先清洁病变部位，并吸干其表面的液体。使用手术刀片对手术切除或剖检采集样本的新鲜切面进行轻柔刮擦，采集足够的样本。
2	步骤	（1）对于活检样品，用手术刀片刮取，使组织暴露出新鲜创面。 （2）吸干组织表面过多的水分。 （3）捏住刀片，垂直于组织表面刮取（图 12-3）。 （4）在干净的载玻片上将样本展开，展开动作类似涂抹花生酱。若玻片上样品显得太厚，可以采用压迫制片法（图 12-4）。 （5）轻轻摇动玻片，使其风干，染色镜检。 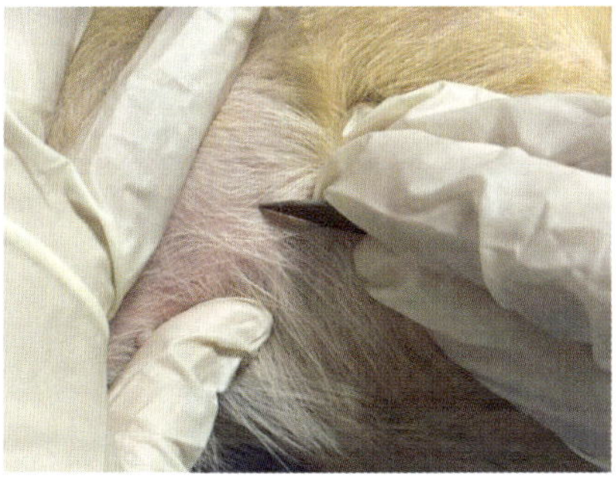 图 12-3　垂直于组织表面刮取 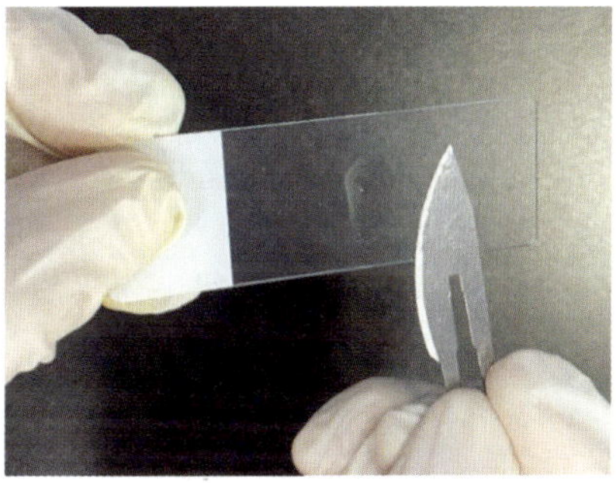 图 12-4　在干净的载玻片上将样本展开

（三）压印法

序号	内容	方法
1	概述	压印法细胞学评估用于活体动物体表的病变，或手术及尸体剖检时切除的组织。此法采样容易，且不会受到很多限制，但收集的细胞量不如刮片法多，其样品比细针活检法更容易含有大量的污染物（如细菌）。因此，浅表病变的压片结果经常只反映出局部继发的细菌感染和/或炎症引起的组织发育不良。在许多病例中，细菌和组织发育不良会明显干扰对肿瘤的准确诊断。

续表

序号	内容	方法
2	步骤	(1)暴露出一小块组织的新鲜创面。 (2)用干净吸水的材质吸干样本表面的血液和组织液直到近乎干燥。 (3)用载玻片的中心接触被吸干的组织表面,然后按压,重复接触组织,让这些接触点形成有序排列,在这个过程随时按需吸干水分(图 12-5)。 (4)轻轻摇动玻片,使其风干,染色镜检。 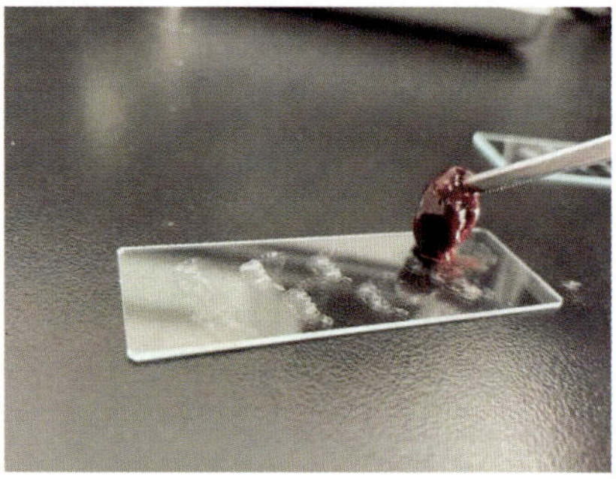 图 12-5 压印法 **注意:**不要将组织在玻片上滑动,应轻轻接触玻片后直接提起。

(四)细针活检法

序号	内容	方法
1	概述	细针活检法可用于采集肿块,包括淋巴结、结节性病变和内脏器官的样本。对于皮肤病变,此方法的优势是可以避免浅表的污染(如细菌和细胞)。但相比刮片法等,该法采集的细胞较少。实施细针活检法时,既可以进行抽吸也可以不抽吸。
2	采样准备	采样部位的准备:如果要对部分样本进行微生物学检查,或要穿透体腔采样(如腹腔、胸腔和关节腔),需要对采样部位按照手术程序进行准备,其他的准备方法与疫苗接种或静脉注射时一样,可以用酒精棉签清洁采样部位。 注射器和针头的选择:细针活检抽吸法可使用 21~25G 针头和 2~20 mL 注射器。抽吸的组织越柔软,使用的针头和注射器越小。即使对纤维瘤这样的硬质组织,也很少需要用大于 21G 的针头。当使用较大号的针头时,更易抽吸到组织团块,导致适宜制备细胞学涂片的游离细胞较少,并且较大的针头容易造成更多的血液污染。 注射器的大小取决于所抽组织的质地。柔软、易脱落细胞的组织,如淋巴结,通常用较小的注射器(5 mL)。硬质组织,如纤维瘤和鳞状细胞癌,需要较大的注射器,形成足够的负压采集组织细胞。对于大部分组织而言,若要提供足够的负压采集组织细胞,需要使用 10 mL 或 20 mL 的注射器。
3	细针抽吸活检	穿刺时,应牢牢固定皮肤和肿块,控制好针头的方向。将带有注射器的针头刺入肿块的中心,通过抽拉注射器栓,造成强力的负压,注射器栓

续表

<table>
<tr><th>序号</th><th>内容</th><th>方法</th></tr>
<tr><td>3</td><td>细针
抽吸活检</td><td rowspan="2">抽拉的长度应接近注射器体积的 2/3～3/4。要对肿块的多处进行采样，必须避免将样本抽入针筒内，还应注意不能抽吸肿块周围的组织污染样本。如果肿块足够大且动物足够安静，可以在维持住负压吸引力的同时改变针头在肿块中的方向。若肿块不够大，或动物较难保定，不适合针头的来回移动，应先释放负压，然后改变针头的穿刺方向，再抽吸产生负压吸引力。通常，高质量的采样不应该在注射器中见到样本，有时甚至在针座中也看不到抽吸出的物质。
对多处进行采样后，便可解除注射器内的负压，并将针头抽离肿块和皮肤，然后将针头与注射器分离，在注射器中抽入空气。再次连接针头和注射器，针头对准载玻片，迅速推挤注射器栓，使针筒和针座内的组织排出，置于载玻片的中心。
步骤如下：
(1)固定肿块。
(2)刺入针头(图 12-6)。
(3)抽拉注射器栓制造负压。
(4)肿块足够大时，将针头朝不同方向来回移动几次，此过程保持负压，且针头不要移出肿块。
(5)解除负压，将针头移出肿块。
(6)分离针头和注射器，注射器内抽入空气，将针头和注射器重新连接。
(7)用注射器作为“气枪”，将样本打到干净的载玻片上(图 12-7)；在染色前轻轻晃动载玻片，使其干燥。
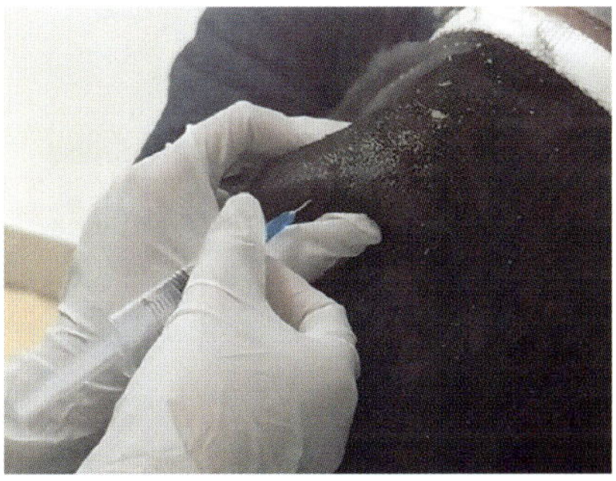
图 12-6 刺入针头

图 12-7 将样本打到干净的载玻片
注意：
(1)将针头拔出肿块前，应先释放注射器内抽吸产生的负压吸引力，再将针头抽离肿块和皮肤，若抽到肿块周围的组织，可能会对样本造成污染。
(2)若在针头或注射器中发现有血液成分，应马上停止抽吸，否则样本可能会因过多的血液成分而被稀释。</td></tr>
<tr><td colspan="2">二维码 12-2 细针抽吸活检的具体步骤(动画)</td></tr>
</table>

续表

序号	内容	方法
4	无抽吸细针活检	该技术的操作要比抽吸技术更加简单，在采样时不需要进行负压抽吸。适用易于出血的肿块(如齿龈)。穿刺时应牢牢固定皮肤和肿块，并控制好针头的方向。最常使用的是22G针头，因不需要负压抽吸，故注射器的大小并不重要。针头在肿块内沿着同一通道迅速地前后移动8～10次，通过切割和毛细作用采集细胞，随后将针头从肿块和皮肤拔出。将注射器内抽吸入2～3 mL空气，连接针头，迅速推注射器栓，将针头内的物质快速喷至载玻片的中心部位(图12-8)。 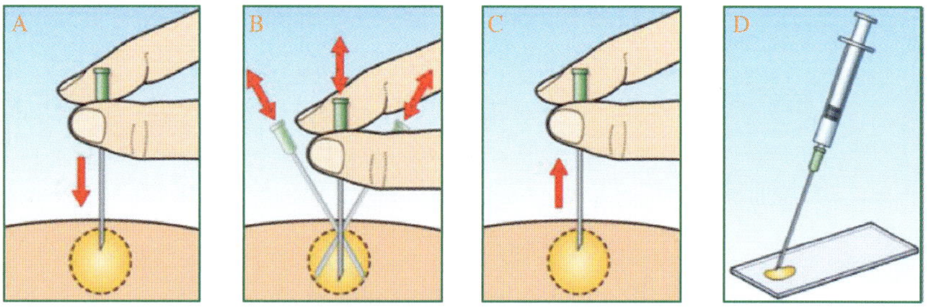 **图12-8　无抽吸细针活检**(A～D为操作顺序) (引自Rose E. Raskin，Denny J. Meyer，2018) 步骤如下： (1)固定肿块。 (2)刺入针头(可以连接一个不带注射器栓的针筒)，将针头朝不同方向来回移动几次，注意不要将针头移出肿块。 (3)将针头移出肿块，针头和针筒(如果使用)分离。 (4)使注射器充满空气，重新连接针头和注射器。 (5)用注射器作为“气枪”，将样本打到干净的载玻片上；在染色前轻轻晃动载玻片，使其干燥。 **注意：** (1)在每次穿刺时，尽量都穿刺同一个组织通道。 (2)在穿刺过程中，确保采样的针尖保持在肿块内部，以免被周围的组织污染。 (3)应在肿块多区域采样，以确保采集肿块中多个部位的细胞。
二维码12-3　无细针抽吸活检的具体步骤(动画)		

(五)穿刺术

序号	内容	方法
1	概述	穿刺术是指将针头刺入体腔或器官，从中吸出液体。在宠物临床中，从腹腔(腹腔穿刺术)和胸腔(胸腔穿刺术)内采集液体是很常见的操作。用于细胞学评估的液体样本也可以来自脊柱周围、关节内(关节穿刺术)和眼部。在采集脑脊液、关节液、眼房水和玻璃体液时，需要全身麻醉。

续表

序号	内容	方法
2	步骤	采集腹腔液和胸腔液之前，应该对采样部位进行灭菌处理，准备好所需设备和辅助材料。一旦收集到液体，最好马上进行涂片，所以应该事先准备足够数量的载玻片。部分液体应收集在 EDTA 管中。最常用的是 21G 针头，并配合一个 60 mL 注射器。 在针对宠物病例的采样中，进行胸腔穿刺时动物保持站立姿势，针头沿第 7～8 肋间肋骨的头侧刺入（图 12-9）。进行腹部穿刺时，动物保持站立或侧卧姿势，针头的刺入点位于脐后腹中线旁侧 1～2 cm（图 12-10）。此操作在稀有动物和农场动物有所不同。采集过程的难易程度反映出体腔内的液体量和/或压力，这也受操作者技术的熟练程度和动物的配合度影响。在收集过程中一定要记录液体量，还要记录体液的外观特征，如颜色和浑浊度。随后还要确定有核细胞总数、细胞类型及其形态特征。 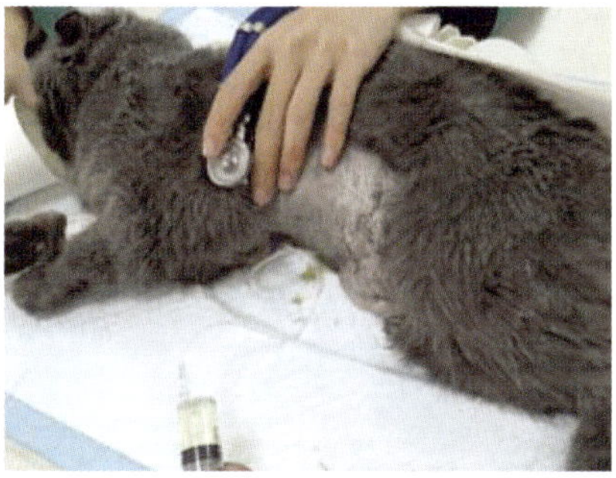 图 12-9　胸腔穿刺采集液体 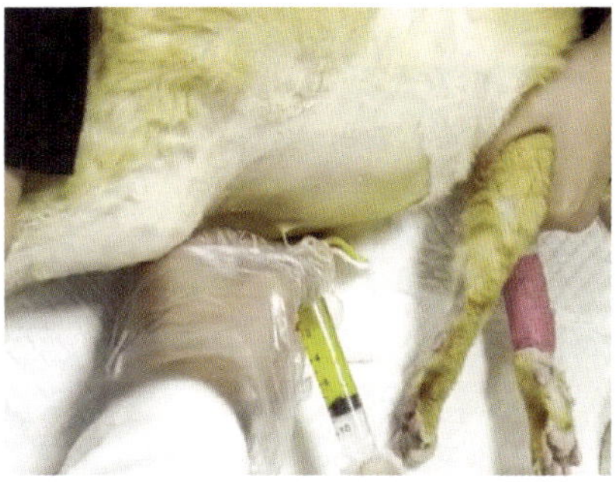 图 12-10　腹腔穿刺采集液体

（六）浓集技术

序号	内容	方法
1	概述	如果用于细胞学涂片的液体内细胞总数少于 500 个/μL，务必进行细胞的浓集。即使在细胞数量较多的情况下，浓集也是很有帮助的。
2	浓集方法	（1）低速离心。为使样本浓集，可选用半径臂长 14.6 cm 的离心机（此臂长最常用于尿的离心），液体在 165～360 g 的重量下以 1 000～1 500 r/min，离心 5 min。离心后，分离上清液并测量其蛋白浓度。轻弹试管壁，使沉淀与少许上清液再次混匀。滴 1 滴混合后的液体至载玻片上，然后以血涂片或压迫制片技术制作涂片。如果可能，每种技术制作多张涂片，载玻片风干后，染色镜检。 （2）重力沉淀法。重力沉淀法是另一种浓集细胞的方法，常用于脑脊液（CSF）的评估。一种方法是将一个玻璃圆筒（可以是切除底部的玻璃试管）用石蜡黏着在载玻片上（方法是：加热载玻片，在载玻片上放置一圈石蜡，让试管的平滑端口浸入熔化的蜡中）。1 mL CSF 中的细胞在 30 min 内沉降

续表

序号	内容	方法
2	浓集方法	下来。用吸管小心吸取上清液，拿掉玻璃管。过多的 CSF 可以用滤纸吸走。风干玻片，刮掉残存的石蜡，染色镜检。 (3)细胞离心法。细胞离心机(如细胞离心涂片器)可以用于像脑脊液这样的低细胞含量液体的细胞学涂片。

课后思考

1. 进行细针抽吸活检的具体操作方法及注意事项有哪些？
2. 在执行穿刺术时，应如何确保动物福利和遵循伦理原则？

任务二　细胞学样本的制备

训练目标	1. 能根据样本特点选择合适的制片技术。 2. 熟练掌握压迫制片、改良压迫制片、血涂片技术制片、线形制片、联合制片、星形制片等制片技术。
主要仪器设备与场地	1. 载玻片、注射器等。 2. 宠物医院或宠物疾病临床检验实训室。

二维码 12-4　细胞学样本的制备与染色(微课)

训练内容与步骤

一、压迫制片

序号	内容	方法
1	制片过程	压迫技术，有时也称挤压制片，适合用于制备从坚实组织采集到的细胞学样本。该法能很好地将不是太过脆弱的组织分散开来，但会导致脆弱组织（如淋巴结）发生过多的细胞破碎。 压迫制片是将抽吸物排到载玻片的中间，然后取另一张载玻片（涂抹玻片）呈 90°垂直夹角，轻轻放在抽吸物上，借助玻片本身的重量，样本扩散到玻片上。一旦样本开始扩散，即将涂抹玻片快速而平滑地拉过制备玻片（图 12-11）。一旦样本分散开后，可以将制作好的涂片自然风干，无须进行固定。 **注意：**不要在涂抹玻片上过度施加向下的压力，这样可能导致细胞破碎，使样品无法判读。 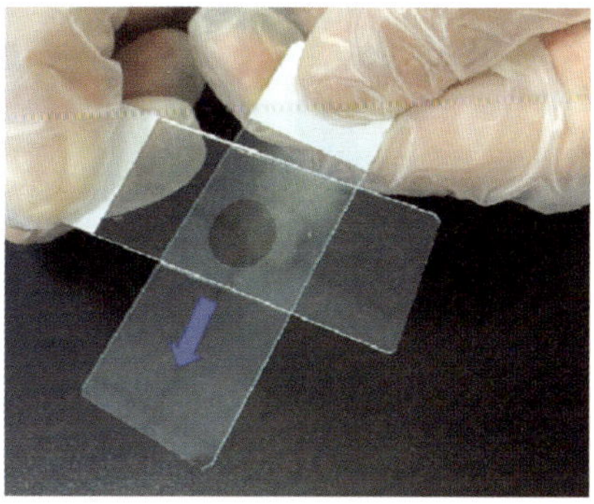 图 12-11　压迫切片
2	具体步骤	（1）取一张干净的载玻片（制备玻片），将样本排放在制备玻片的中间。 （2）取第 2 张载玻片（涂抹玻片），磨砂玻璃面向下，与制备玻片呈 90°夹角，将涂抹玻片的中心垂直轻轻地放在制备玻片的样本上，允许样本有几秒钟的扩散时间。 （3）将涂抹玻片快速而平滑地拉过制备玻片，动作要流畅，不要在涂抹玻片上施加压力。 （4）轻轻摇动制备玻片风干，染色镜检（图 12-12）。 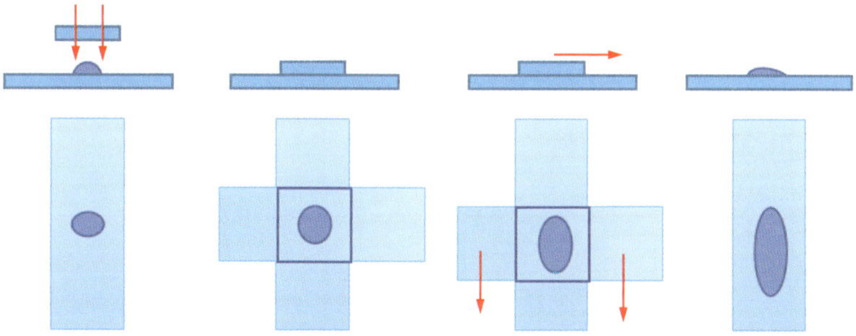 图 12-12　压迫制片（A～D 为操作步骤）

二、改良压迫制片

序号	内容	方法
1	制片过程	改良的压迫制片法能够减少细胞的损伤，做法是将第 2 张载玻片放在样本上，让第 2 张载玻片转动 45°角，然后向上抬起（图 12-13）。 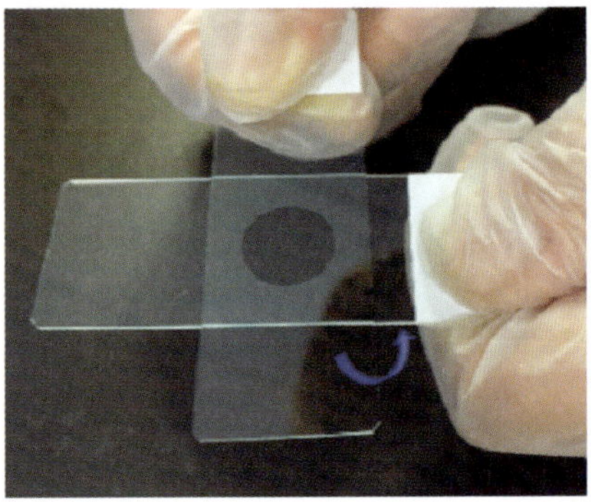 图 12-13　改良压迫制片
2	具体步骤	（1）取一张干净的载玻片（制备玻片），将样本排放在载玻片的中间。 （2）取第 2 张载玻片（涂抹玻片），磨砂玻璃面向下，与制备玻片呈 90°夹角，将涂抹玻片的中心垂直轻放于制备玻片的样本上，允许样本有几秒钟的扩散时间。 （3）旋转涂抹玻片（转动 45°角），避免在涂抹玻片时施加压力，动作需流畅，一次性完成。 （4）垂直抬起涂抹玻片。 （5）轻轻摇动制备玻片风干，染色镜检（图 12-14）。 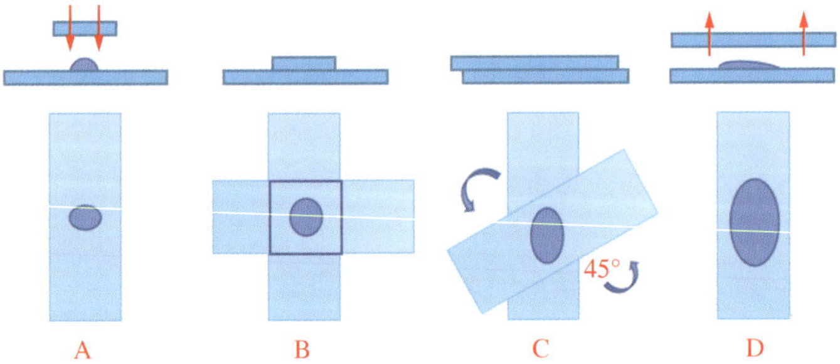 图 12-14　改良压迫制片（A～D 为操作步骤）

三、血涂片技术制片

序号	内容	方法
1	制片过程	血涂片技术制作细胞学涂片的方法与使用血液制作血涂片过程相同，适用于制备从坚实组织采集到的细胞学样本及从充盈有液体的团块或体腔液中采集到的样本。将采集到的样本放置于载玻片（制备玻

续表

序号	内容	方法
1	制片过程	片)的一端,将第 2 张载玻片(涂抹玻片)以 45°角放置于样本之前,然后后退直到有一半或更多样本扩散到涂片上。之后如同制作血涂片一样快速向前推动推片。血涂片技术比压迫制片技术产生的剪切力小,会导致较少的细胞破裂,但不能很好地让细胞分散开。
2	具体步骤	(1)滴 1 滴样本置于载玻片一端。 (2)取第 2 张载玻片倒退接触到液体的前端。 (3)当样本与载玻片末端接触后,液滴沿接触边缘在玻片之间快速散开。 (4)平滑地沿载玻片长轴推动载玻片,使样本形成羽状缘(图 12-15)。 (5)轻轻摇动制备玻片风干,染色镜检。 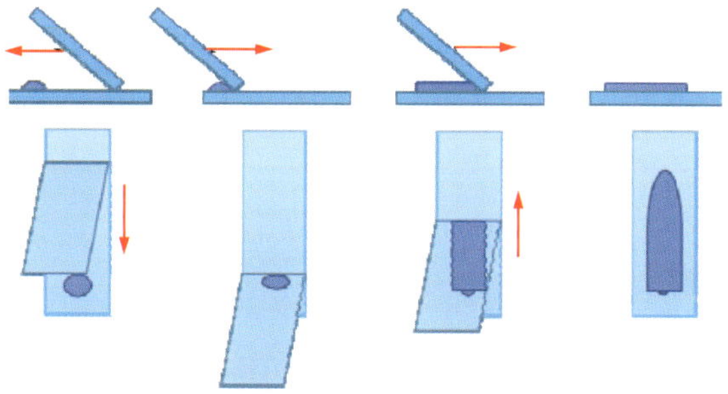 图 12-15　血涂片技术制片(A～D 为操作步骤)

四、线形制片

序号	内容	方法
1	制片过程	如果液体不能离心浓集或离心后依然细胞量少,可采用线形制片技术将液体样本中的细胞浓缩富集,易于判读。该法适用于制备从充盈有液体的团块或体腔液中采集到的样本。于干净的载玻片上滴 1 滴液体,使用血涂片技术制片,唯一的区别是当涂抹玻片推至涂片的 2/3～3/4 距离时,在羽状缘形成前停止推片,直接向上抬起,形成一条密度远远高于其他部位的细胞线。但同时过量的液体也被保留在“线”上,会阻止细胞很好地扩散。
2	具体步骤	(1)取一张干净的载玻片(制备玻片),将样本滴在载玻片靠近磨砂玻璃的一边。 (2)取第 2 张载玻片(涂抹玻片),让涂抹玻片与制备玻片形成一定角度(30°～40°),向后拖动涂抹玻片,直至接触到样本滴。

续表

序号	内容	方法
2	具体步骤	(3)让样本沿着两张玻片形成的夹角分散开。 (4)用涂抹玻片推动样本在制备玻片上分布,在样本形成羽状边缘之前突然停止推动,直接抬离涂抹玻片(图 12-16)。 (5)轻轻摇动制备玻片风干,染色镜检。 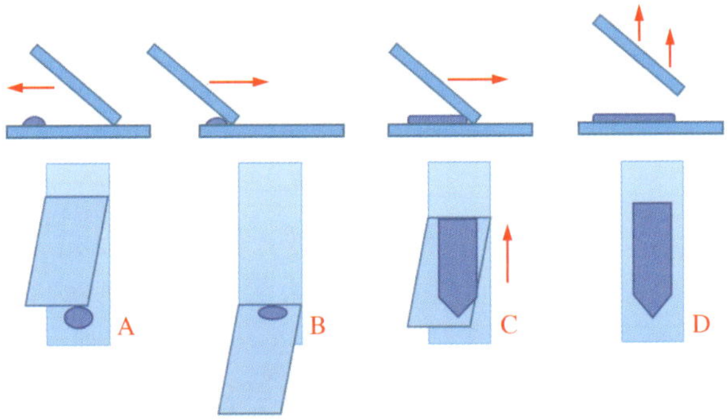 图 12-16　**线形制片**(A～D 为操作步骤)

五、联合制片

序号	内容	方法
1	制片过程	联合制片技术是将样本推射到干净的载玻片(制备玻片)中心,制备玻片放在平坦稳定的水平面上,使样本分为前 1/3、中 1/3、后 1/3,取第 2 张载玻片(第 1 张涂抹玻片),将第 1 张涂抹玻片平放在前 1/3 的样本上,与制备玻片垂直。需要注意的是涂抹玻片自身的重量足以使样本分散开,因此要避免对玻片人为地施加压力。让涂抹玻片保持水平,快速、流畅地将涂抹玻片滑过制备玻片。取第 3 张洁净载玻片(第 2 张涂抹玻片),与制备玻片呈一定夹角(30°～40°),向后拖动,直至它接触到将近后 1/3 的样本,再流畅而快速地向前滑过,与制作血涂片技术相同(图 12-17)。 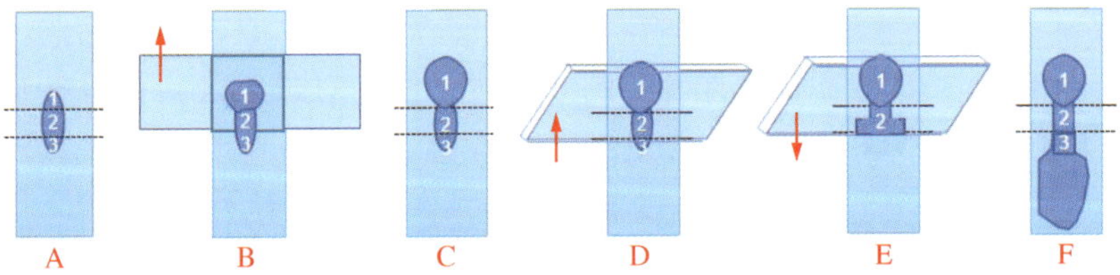 图 12-17　**联合制片**(A～F 为操作步骤)

续表

序号	内容	方法
2	优势	此过程对前 1/3 的样本进行压迫制片，后 1/3 的样本进行线形制片，中间 1/3 的样本未被触及，其中含有高度浓集的细胞。如果抽吸物属于脆弱组织，前 1/3 使用压迫制片技术，将会有足够的完整细胞用于细胞学评估；如果样品中包含细胞团块，细胞难以被伸展，后 1/3 使用线形制片技术，细胞团块将能很好地分散开，用于细胞学评估；如果样品的细胞含量低，中间 1/3 就能保留更多的细胞，用于细胞学评估。

六、星形制片

序号	内容	方法
1	制片过程	星形制片技术是用于分散抽吸物的技术，使用注射器的针尖沿多个方向，向周边拖拉抽吸物形成星形，适用于制备从坚实组织采集到的细胞学样本，尤其是高度黏性样本的制备。这一过程用力轻柔，不容易破坏脆弱的细胞，但是这样的制片技术会导致细胞周围残存一层厚厚的组织液，可能会影响细胞扩散形成正常的大小和形状。尽管如此，涂片上依然会具有某些可用于判读的区域。
2	具体步骤	(1)将样本推射在干净的载玻片中心。 (2)使用针尖从样本的中心向外辐射状拖拉，对样本的每次拖拉都应该改变方向和长度(图 12-18)。 (3)轻轻摇动使载玻片风干，染色镜检。 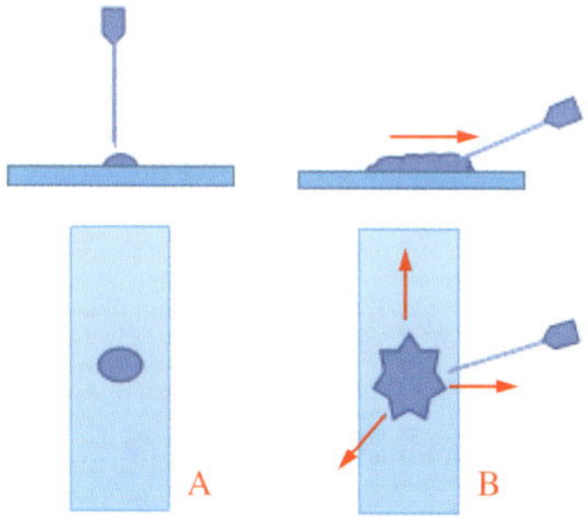 图 12-18　星形制片(A～B 为操作步骤)

课后思考

1. 对细胞学样本常用的制作涂片技术有哪些？
2. 压迫制片和改良压迫制片有什么区别？

任务三 细胞学样本的固定及染色

训练目标	1. 会固定细胞学样本。 2. 熟练掌握 Diff-Quik 染色法、瑞氏-吉姆萨染色法等常用染色方法。
主要仪器设备与场地	1. Diff-Quik 染色剂、瑞氏-吉姆萨染色剂、染色缸、染色架、镊子、洗瓶、计时器、吸水滤纸等。 2. 宠物医院或宠物疾病临床检验实训室。

训练内容与步骤

一、细胞学样本的固定

序号	内容	方法
1	固定试剂	虽然许多方法在染色的同时也能起到固定细胞的作用，但是分开执行各个步骤才更有利于制作出最高质量的染色玻片。对细胞学样本固定效果较好的试剂是 95% 甲醇。甲醇必须新鲜，未被染液和细胞碎屑污染。 甲醇容器必须非常密闭，防止其挥发或吸收空气中的水分，因为吸收水分会使载玻片上出现伪影。
2	固定时间	细胞学样本的载玻片应该固定 2～5 min，较长时间的固定能够提高染色质量，且不会破坏样本。

二、细胞学样本的染色

序号	内容	方法
1	罗曼诺夫斯基染色法	罗曼诺夫斯基染色液容易制备、保存和使用，能很好地着染微生物和细胞浆。虽然罗曼诺夫斯基染色法不能像巴氏染色法那样将细胞核和核仁的细节染得更容易识别，但是染出的细胞核和核仁的细致程度也足够用于辨认肿瘤和炎症，以及评估是不是恶性肿瘤细胞（恶性标志）。在使用罗曼诺夫斯基染色法之前应该先风干涂片，风干能够使细胞牢固地保存（固定）在载玻片上，使它们不易在染色过程中脱落。 罗曼诺夫斯基染色剂包括 Diff-Quik、瑞氏-吉姆萨染色剂等。大部分的细胞学涂片都可以使用罗曼诺夫斯基染色剂。需要注意的是 Diff-Quik 染色不会发生异染反应，因此有些肥大细胞颗粒不会被染色，这样

续表

序号	内容	方法
1	罗曼诺夫斯基染色法	的肥大细胞容易被误认为巨噬细胞，致使部分肥大细胞瘤被漏诊，延长固定时间至 15 min 可能会减少该问题的出现。此外，在评估血液或骨髓细胞样本片时需注意，Diff-Quik 染色不能很好地染出多染性红细胞。每种染色方法都有单独的染色程序，这些程序的细节变化都应该依据涂片的类型和厚度，以及操作者的个人习惯。涂片越薄，液体的总蛋白浓度越低，需要的染色时间越短；涂片越厚，液体的总蛋白浓度越高，需要的染色时间越长。因此，像腹腔液这样的低蛋白、低细胞含量的液体涂片，染色时间一定要少于推荐时间，甚至只用平时时间的一半；对于厚的涂片，如肿大的淋巴结抽吸涂片，时间可以加倍，甚至更长。可以通过改变常规染色推荐的时间间隔，突出每种涂片的不同特征。Diff-Quik 和瑞氏-吉姆萨染色步骤详见项目十一的“任务一皮肤样本的采集及处理”。
2	新亚甲蓝染色法	新亚甲蓝（new methylene blue，NMB）染色法常被用于辅助罗曼诺夫斯基染色法。此方法染出的细胞浆不清楚，但是却能非常清楚地染出细胞核和核仁的细微结构。由于 NMB 染出的细胞浆颜色很淡，所以能更好地突出细胞团中细胞核的细节。通常 NMB 不能染出红细胞，可能只有一个淡蓝的阴影，因此涂片中大量红细胞的污染不会遮盖有核细胞。
3	巴氏染色法	巴氏染色法能够出色地染出细胞核和细胞浆的细微结构，它能让观察者清楚地看到细胞团中的多层细胞，并能很好地评估细胞的细胞核和核仁的变化。此法不能像罗曼诺夫斯基染色法那样对细胞浆进行强力染色。因此，不能很好地显示细胞浆的变化，且它对细菌和其他微生物的染色显示也不如罗曼诺夫斯基染色法清晰。 巴氏染色法需多重步骤和较长时间。另外，此试剂在临床门诊中很难获得、制备和保存。巴氏染色法及其衍生方法需要对样本湿固定（即涂片在干燥前就应被固定）。湿固定需要样本与固定液一起被涂布，或涂片制备后立即被放入甲醇中。涂片制作时应使用蛋白包被的载玻片，以免在放入甲醇中浸泡时细胞从载玻片上脱落。
4	染色注意事项	不论是对新手还是对有经验的细胞学家来说，低质量的染色都是他们最大的困扰。如果注意以下方面，绝大部分染色问题都可以避免。 （1）使用新的、干净的载玻片，甚至可在使用前先用酒精擦拭，以去除附着物。 （2）要使用新配制的、过滤好的（如果需要周期性过滤）染色剂和新制的缓冲液（如果需要缓冲液）。

续表

序号	内容	方法
4	染色 注意事项	(3)细胞学制片应该立即风干固定，除非它们将被送往别的实验室，在固定前要先咨询实验室专业人员。 (4)任何时候都不要让手触摸载玻片或涂片的表面。 (5)避免外源污染物(如耦合剂)，否则会改变样本的染色。 (6)未染色的细胞学涂片不能和组织病理学样本一同放置。福尔马林的蒸汽会固定细胞学涂片上的细胞，导致细胞无法被罗曼诺夫斯基染色剂着染，无法判读。 (7)革兰染色也可用于细胞学检查，但当细菌存在于渗出液时，无论是革兰阳性或阴性，在渗出液中的细菌都倾向于被染为红色。因此，要证实细菌的存在，革兰染色不是一个很好的选择。

课后思考

1. 进行细胞学样本固定时的注意事项有哪些？
2. Diff-Quik染色法、瑞氏-吉姆萨染色法、新亚甲蓝染色法、巴氏染色法各有哪些优缺点？

任务四　细胞学样本的初步显微镜判读

训练目标	1. 能正确使用显微镜观察细胞学样本。 2. 能初步识别炎性细胞和肿瘤细胞。 3. 掌握恶性肿瘤细胞的细胞学特征。
主要仪器设备与场地	1. 细胞学制片、显微镜、香柏油、油镜、擦镜纸、一次性滴管等。 2. 宠物医院或宠物疾病临床检验实训室。

二维码12-5　细胞学样本的显微镜判读(微课)

训练内容与步骤

一、显微镜的使用

序号	内容	方法
1	镜检顺序	对细胞学涂片进行评估时应该先使用低倍镜(10×物镜,放大倍数为100×),观察整张载玻片是否染色充分,同时寻找细胞数量丰富的区域。降低光的折射,从而提高分辨率,按部就班地执行检查程序才能保证结果的准确。在低倍镜下可以检查较大的物体,如细胞团块、寄生虫、结晶和真菌菌丝等。 初步评估的目的是辨认细胞的种类和每种细胞相应的数量,从而决定细胞构成的特征和样本的成分。然后,使用高倍镜(40×物镜,放大倍数为400×)检查,评估和比较单个细胞和更多的细胞特征。最后,可用油镜来鉴别特殊细胞核的恶性标志和细胞浆是否存在恶性变化,以及各种炎性反应。
2	镜检报告	细胞学报告应该写明所发现的细胞种类,其外观特征和数量比例。

二、显微镜结果判读

序号	内容	方法
1	炎症	根据不同类型细胞出现的相对数量,炎症可以分类为化脓性炎症、肉芽肿性炎症、脓性肉芽肿性炎症和嗜酸性粒细胞性炎症。化脓性炎症以大量中性粒细胞的出现为特征,一般会占有核细胞总数的85%以上。当涂片中同时含有中性粒细胞和明显增加的巨噬细胞时(15%~50%),这种情况称为化脓性肉芽肿性炎症,真菌、放线菌、分枝杆菌、原虫感染和异物、坏死导致的非感染性的病变常造成此类炎症。当涂片中有超过50%的细胞为巨噬细胞时,这种反应称为肉芽肿性炎症,与导致非化脓性肉芽肿性炎症的病因相似。当涂片中嗜酸性粒细胞的出现比例高于10%~20%,同时中性粒细胞数量也显著增加,该反应称为嗜酸性粒细胞性炎症。这种炎症经常发生于免疫或过敏反应、寄生虫感染、真菌感染和某些肿瘤性病变(如肥大细胞瘤)。 一旦确认为炎性反应,就要进一步评估细胞是否发生变性和是否存在微生物。炎性细胞(如中性粒细胞)的细胞核可能出现核溶解、核碎裂和核固缩,核溶解的出现最有意义。核固缩意味着慢性细胞死亡(老化),可见细胞核变小、浓缩和深染,还可能出现碎片(核破碎)。发

续表

序号	内容	方法
1	炎症	生核溶解说明细胞的快速死亡，常发生于一些败血性(细菌性)炎性反应中(图 12-19)。细胞核肿胀、残破，细胞膜破损、淡染，还应评估是否出现细菌。细胞内的细菌存在提示具有细菌感染的情况(原发性或继发性)，而细胞外的细菌可能代表细菌感染或污染。败血症是指炎性细胞内出现被吞噬的微生物，能被细胞吞噬的其他物质包括红细胞、寄生虫和真菌。 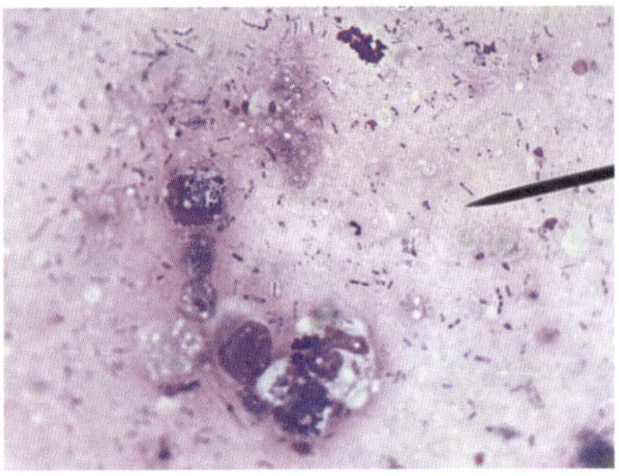 图 12-19　败血性炎症
2	肿瘤	肿瘤样本与炎症不同，通常只存在一种细胞的均质细胞群。但当肿瘤区域同时发生炎症时，也会出现混合的细胞群。当涂片中出现的细胞起源于相同的组织时，即显示为肿瘤，一旦确认是肿瘤，应进一步确定组织来源，并评估细胞的恶性特征。 必须先鉴别肿瘤是良性还是恶性。良性肿瘤表现为一种增生现象，细胞核无恶性标志，所有细胞属于同种，而且外观相对一致。细胞至少要存在以下三种异常的细胞核构型，才能称为恶性。恶性的细胞核标志如下。 (1)细胞核大小不均：细胞核大小各异。 (2)多形性：同种细胞在大小和形状上的各异。 (3)细胞核/细胞浆的值增高或改变。 (4)有丝分裂活性增高：正常组织中的有丝分裂罕见，且细胞通常平均分为两部分，有丝分裂现象的增加或细胞分裂不均都可以认为是恶性标志。 (5)染色质纹理粗糙：染色质纹理比正常细胞粗糙，还有可能呈黏丝状或带状。 (6)细胞核塑型：在同一细胞内或相邻细胞间的细胞核相互挤压，引起核变形。 (7)多核现象：一个细胞内存在多个细胞核。 (8)核仁的变化：大小(核仁大小不均)、形状(角形核仁)和数量(多核仁)。 总之，如果出现三种或更多的恶性标志，就可认为样本是恶性的(图 12-20)。这种基本原则也有例外，如同时出现炎症或是只有少数细胞显示出恶性特征。细胞学的发现需要组织病理学的进一步证明，这对大多数肿瘤(不论在细胞学表现为良性或恶性)都是很重要的，而且

续表

序号	内容	方法
2	肿瘤	细胞学检查出的良性细胞可能来自恶性肿瘤。组织病理学检查的优点是能够评价多种因素，如肿瘤细胞的局部组织浸润，对血管或淋巴管的侵害，这些恶性肿瘤的特征无法靠细胞学证明。 对已分类为恶性的样本应该进行更多的评估，确定肿瘤的细胞类型。在宠物临床上可见三种类型的肿瘤细胞：上皮细胞瘤、间质细胞瘤和离散的圆形细胞瘤。 上皮细胞瘤也称为癌或腺癌，样本中常含有较多细胞，而且常成群或成片脱落；间质细胞瘤也称肉瘤，一般细胞含量少，这种纺锤形细胞容易单个脱落，或成束出现；离散的圆形细胞瘤易于脱落，但不会成群或成片出现。圆形细胞瘤又可分为肥大细胞瘤（图 12-21）、淋巴瘤（图 12-22）、组织细胞瘤、浆细胞瘤（图 12-23）、传染性性病肿瘤和黑素瘤。浆细胞瘤的特点是含有大量带偏心细胞核和明显的细胞核外周空白区的细胞。肥大细胞瘤的细胞特点是细胞内有明显的黑紫色颗粒。黑素瘤的细胞特征是细胞内有明显的暗黑色颗粒。偶见分化不良的肿瘤细胞颗粒减少或消失（无黑色素的黑素瘤）。 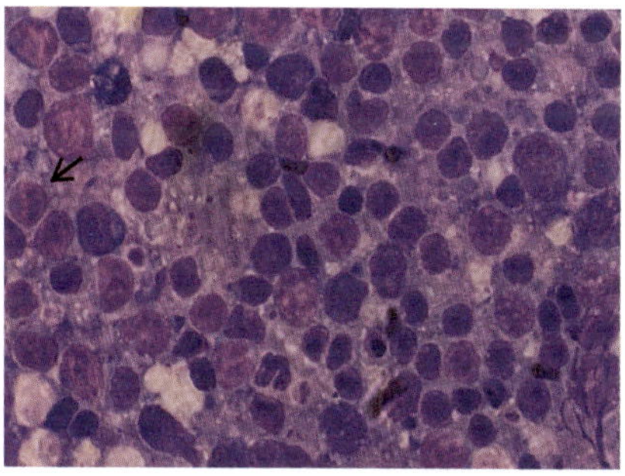 图 12-20 核仁变化 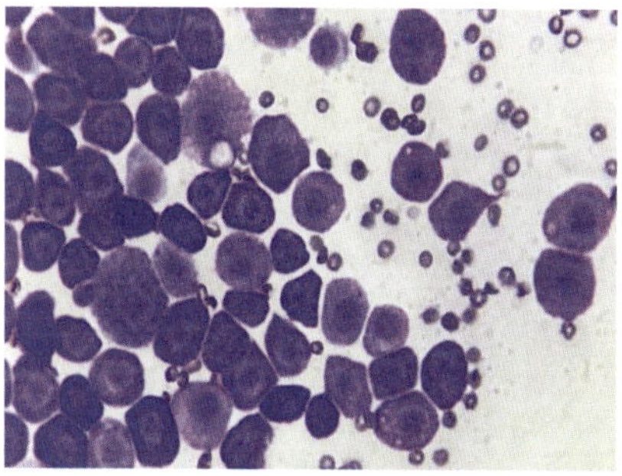 图 12-21 肥大细胞瘤 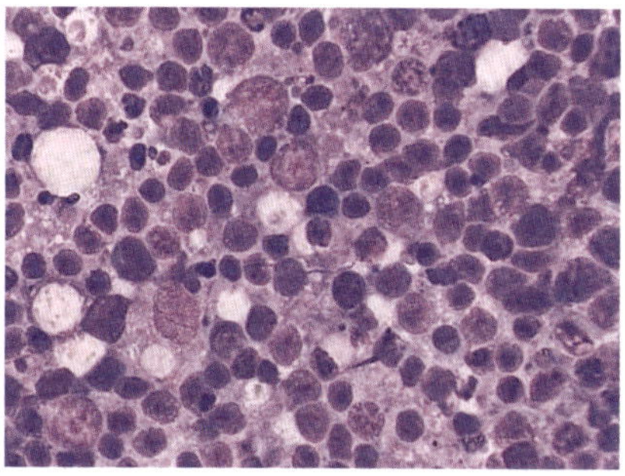 图 12-22 淋巴瘤 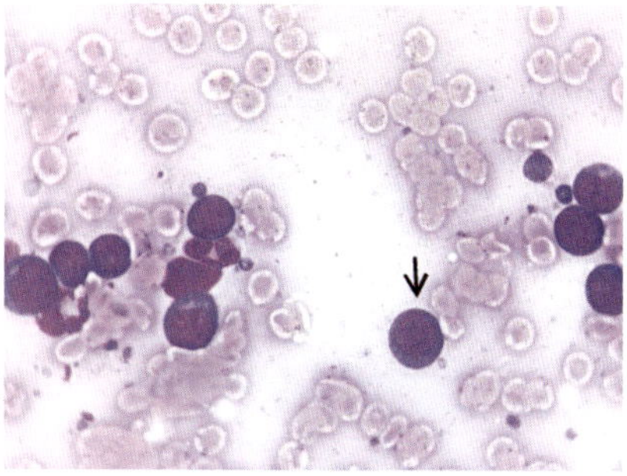 图 12-23 浆细胞瘤

课后思考

1. 如何区别炎性细胞和肿瘤细胞？
2. 如何区别良性肿瘤细胞和恶性肿瘤细胞？

任务五　常见部位细胞学检查

训练目标	1. 能初步识别漏出液、渗出液、改性漏出液。 2. 能初步识别反应性淋巴结和淋巴瘤。 3. 能初步判断雌性动物的发情周期。
主要仪器设备与场地	1. 细胞学制片、显微镜、香柏油、油镜、擦镜纸、一次性滴管等。 2. 宠物医院或宠物疾病临床检验实训室。

二维码 12-6　体腔液与淋巴结细胞学检查(微课)

训练内容与步骤

一、胸腔液和腹腔液细胞学检查

序号	内容	方法
1	概述	正常情况下，腹腔和胸腔内所含的液体只够润滑器官和腔壁表面。将采集的液体放入 EDTA 管中，可用于有核细胞计数、细胞学检查和折射法测定蛋白；如放入未加入 EDTA 的管中则可测定总蛋白浓度。腹腔液和胸腔液很少用于进行其他的临床生化检查。 有核细胞总数计数(TNCC)与全血细胞计数相同。进行分类计数至少要鉴定 100 个有核细胞，并注意细胞的类型和形态特征。有核细胞可以分为中性粒细胞、间皮细胞、巨噬细胞、淋巴细胞、嗜酸性粒细胞和其他有核细胞。细胞形态特征的描述应包括细胞核和胞浆的外观。如果发现细菌，必须记录其形态特点(杆菌、球杆菌和球菌)和出现的位置(游离的或在细胞内，后者即细胞吞噬现象)。在这样的病例中，应该再制作一张涂片进行革兰染色，并进行液体的微生物培养。

续表

序号	内容	方法
2	正常细胞成分	正常的体腔液细胞成分包括间皮细胞、巨噬细胞、中性粒细胞和淋巴细胞等。穿刺采样时操作不当会使样本中出现少量红细胞。 (1)间皮细胞是内衬在胸膜腔、腹膜腔及心包腔表面和脏器表面的细胞,起源于上皮细胞或间质细胞或为两者混合型。在体腔液中,间皮细胞通常单独存在或聚集成簇,细胞核呈圆形或卵圆形,染色质细致,单个核仁,胞浆量适中,呈中度嗜碱性。细胞边缘呈粉红色絮状光晕。体腔液量增加时间皮细胞易增生脱落,并出现细胞大小不一、细胞核大小不一、双核、多核、有丝分裂象,以及胞浆嗜碱性增强等特点,可称为反应性间皮细胞。 (2)巨噬细胞来源于血液的单核细胞,体形较大。细胞核为椭圆形或肾形,染色质细致,核仁很小,胞浆丰富、空泡化。胞浆中含有吞噬的细胞残屑、红细胞、异物或真菌成分,但通常不会吞噬细菌。 (3)中性粒细胞在正常的体腔液中数量较少,在渗出液中是最主要的有核细胞类型。此外,正常的体腔液中还含有极少量的淋巴细胞、浆细胞、嗜酸性粒细胞和肥大细胞。
3	积液细胞学评价	通过评价样本的总有核细胞数(TNCC)和测定总蛋白含量可以区分漏出液、改性漏出液或渗出液。在不同的病理过程中,改性漏出液的有核细胞数和蛋白含量变化范围较大。区分漏出液和改性漏出液时以蛋白含量作为评价指标;而区分改性漏出液和渗出液时以有核细胞数为评价指标。见表 12-1。

表 12-1 体腔积液细胞学评价

项目	正常	漏出液	改性漏出液	渗出液
来源		非炎症、低蛋白血症、血管阻塞、肿瘤	猫传染性腹膜炎、乳糜液、淋巴液	炎症、感染、坏死
液体量	少	多	不定	不定
颜色	无色或透明	无色、透明或淡红色	不定,通常透明	白色或浅黄色,浑浊
蛋白	<2.5 g/dL	<3.0 g/dL	$2.5\sim7.5$ g/dL	>3.0 g/dL
TNCC	$<3\,000$ 个/μL	$<1\,500$ 个/μL	$1\,000\sim5\,000$ 个/μL	$>5\,000$ 个/μL
细胞类型	单核细胞、巨噬细胞、淋巴细胞、间皮细胞(正常和/或反应性的)	单核细胞、巨噬细胞、淋巴细胞、间皮细胞(正常和/或反应性的)	淋巴细胞、非变性中性粒细胞、间皮细胞、巨噬细胞、肿瘤细胞	炎性细胞、中性粒细胞、巨噬细胞、淋巴细胞、嗜酸性粒细胞

续表

序号	内容	方法	
4	积液的种类与特点	漏出液	漏出液是无色、透明的液体，主要是血管压力增高或血浆渗透压降低所引起的蛋白质含量低的液体从小血管中漏出而形成的液体。血浆蛋白浓度是控制血浆渗透压的主要因素，因此严重的低蛋白血症是形成漏出液的主要原因，包括高血压、早期心肌功能不全、肝功能不全、门脉短路等。
		改性漏出液	一种具有较高的蛋白含量和细胞数量的漏出液，主要是血管通透性增高、局部血管床的流体静脉压升高所引起的液体从小血管中漏出而形成，原因包括充血性心力衰竭（如肝脏和脾脏血压增高）、非化脓性炎症（如胰腺炎、肝炎、脾炎）、无菌性刺激（如尿腹症）、血管刺激（如肺栓塞）、猫传染性腹膜炎、肿瘤等。
		渗出液	一种具有较高的总蛋白浓度和较高有核细胞数的液体，主要是由蛋白含量高的液体从高通透性的血管中渗出以及白细胞因对趋化因子产生反应而移行进入体腔中形成。原因包括化脓性炎症（如细菌、真菌、寄生虫、病毒）、非化脓性炎症（如胆汁性腹膜炎、胰腺炎、脓肿、脂肪组织炎、与肿瘤有关的炎症）。

二、淋巴结细胞学检查

序号	内容	方法
1	概述	对淋巴结组织进行细胞学评估是为了诊断淋巴结增大的原因，鉴别炎症（淋巴结炎）、增生（良性肿瘤）、原发性肿瘤（淋巴瘤）、转移性肿瘤和混合病变（炎性细胞和肿瘤细胞同时存在）。 多通过细针活检法采集样本，对于患全身性淋巴结病的病例，应采集两个淋巴结的样本。应避免采集口腔和肠道淋巴结，该类淋巴结在机体正常时也会受到抗原刺激。应使用压迫制片法涂片，并以标准罗曼诺夫斯基染色法染色。
2	正常细胞	在正常淋巴结中，主要的细胞类型是成熟的小淋巴细胞，占到全部细胞的75%～95%（图12-24），小淋巴细胞比犬红细胞稍大一些，是猫红细胞大小的1.5～2倍，表现为深染，具有圆形细胞核，无明显可见的细胞核仁，有极少的清晰至淡蓝色着染的细胞质，一般仅在细胞核的一侧可见。 其他细胞包括少量淋巴母细胞、大淋巴细胞、浆细胞、巨噬细胞、中性粒细胞和肥大细胞。

续表

序号	内容	方法
2	正常细胞	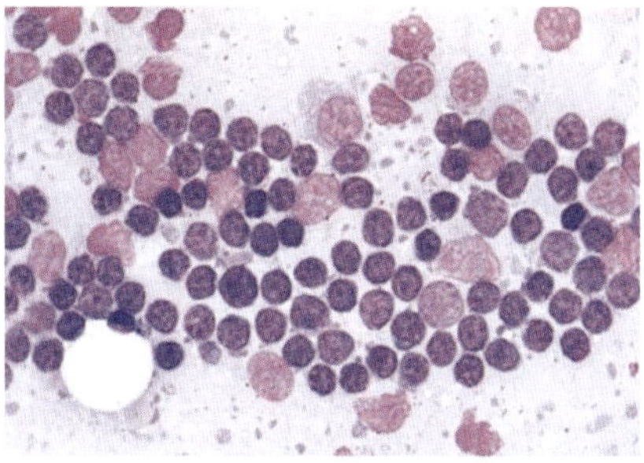 图 12-24 **正常淋巴结穿刺样本，主要见于成熟的小淋巴细胞** （引自 Rose E. Raskin，Denny J. Meyer，2018）
3	异常细胞	如果淋巴结发生炎症（淋巴结炎）则可见中性粒细胞、巨噬细胞；反应性淋巴结，抗原刺激的淋巴结主要由成熟的小淋巴细胞组成，但浆细胞、淋巴母细胞和大淋巴细胞相比正常的淋巴结有所增加，偶尔可见桑葚状细胞（含有免疫球蛋白分泌泡的浆细胞）。抗原刺激也可引起炎性反应，其特征性变化是出现中性粒细胞和巨噬细胞。 原发性淋巴肿瘤又称为淋巴瘤，以淋巴母细胞和有丝分裂增加为主要特征（图 12-25），巨噬细胞也可能存在，浆细胞罕见。其他肿瘤细胞也会出现于淋巴结抽取物中，包括肥大细胞、癌细胞、肉瘤细胞和组织细胞。 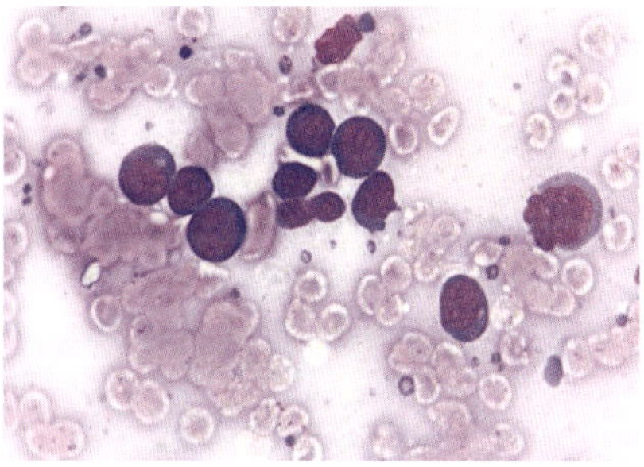 图 12-25 **淋巴瘤** 细胞至少要显示 3 种以上的异常细胞核构型才能被鉴定为恶性。此外，淋巴结样本也会含有从机体其他部分转移来的细胞。

三、阴道细胞学检查

序号	内容	方法
1	概述	阴道脱落细胞学检查结合病史和临床检查能用于判断雌性动物的发情周期。它能帮助决定小动物交配和人工授精的最佳时间，但是不适用于马、牛、鹿、羊或猪。但不能只通过一次检查决定发情周期，必须每隔几天重复检查一次。 与母犬不同的是，其他雌性动物（母猫）只有在性交刺激后才能排卵。在母犬的不同发情阶段中，细胞学检查都会发现上皮细胞和中性粒细胞，而红细胞不是在任何阶段都会出现。

续表

序号	内容	方法
2	具体步骤 二维码 12-7　阴道细胞学检查（微课）	通常通过拭子法采集样本，站立保定动物，分开阴唇，轻柔地将浸了生理盐水的棉拭子以较大角度插入，轻柔旋转 360°即可避免损伤细胞，注意切勿采集阴道前庭的样本（图 12-26）。取样后，将棉拭子在干净的载玻片上滚动制片，风干染色镜检。 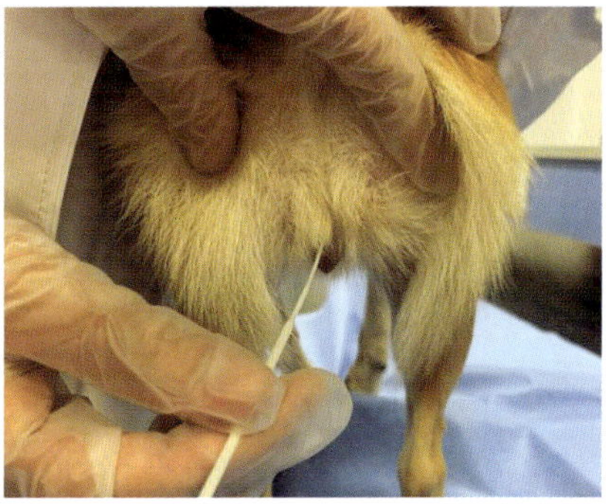 图 12-26　阴道细胞学检查的样本采集
3	常见细胞类型	在常见的阴道细胞学涂片中，除中性粒细胞和红细胞外，还可见不同的鳞状上皮细胞。根据这些细胞的大小和角化程度可分为：基底细胞、副基底细胞、中间细胞（小中间细胞和大中间细胞）、表面细胞、角化的表面细胞（无核细胞）。在发情周期的一些阶段中，这些中间细胞可能出现核固缩。在发情的任何阶段（尤其在发情期）细菌都有可能出现在阴道涂片上，这通常没有病理意义，它们是阴道正常菌群的一部分。 （1）基底细胞：位于基底膜部位的细胞，是其他阴道上皮细胞（副基底细胞、中间细胞、表皮细胞）的前体细胞。在阴道细胞学涂片中很少能见到基底细胞。 （2）副基底细胞：最小的阴道上皮细胞，圆形，核质比高，可见于发情前期早期、发情间期、乏情期（图 12-27）。 （3）中间细胞：大小为副基底细胞的 2～3 倍。中间细胞的大小主要取决于细胞质的数量，可进一步分为小中间细胞和大中间细胞。小中间细胞呈圆形、核质比较高，大中间细胞呈多边形、核质比较低，可见于除发情期外的所有时期（图 12-28）。 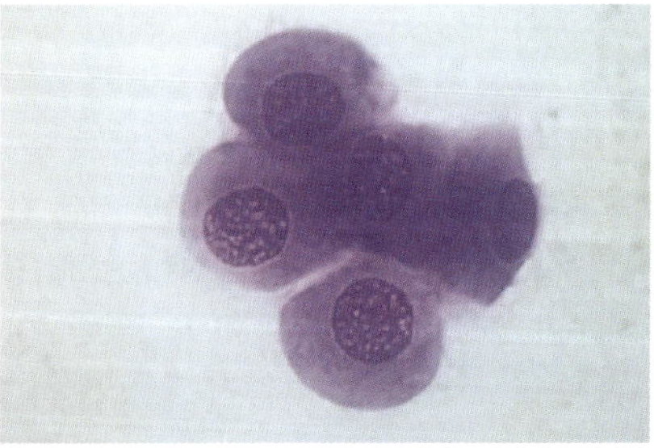 图 12-27　副基底细胞 （引自 Rose E. Raskin，Denny J. Meyer，2018） 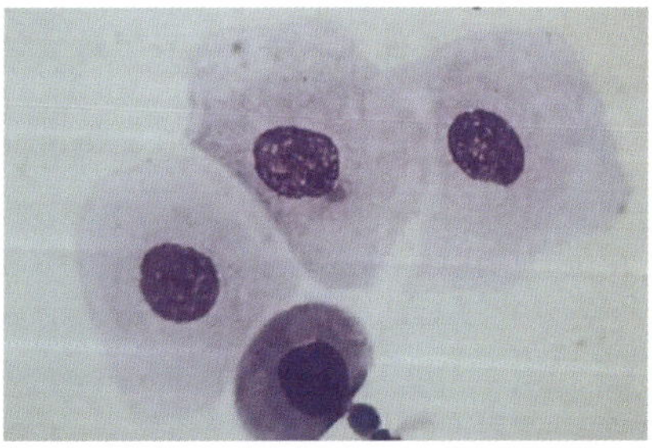 图 12-28　中间细胞 （引自 Rose E. Raskin，Denny J. Meyer，2018）

续表

序号	内容	方法
3	常见细胞类型	(4)表面细胞：阴道上皮各个阶段细胞中最成熟的细胞，为大的细胞，呈扁平或多角形，可发生细胞浆的折叠，细胞核小、多呈核固缩状态，通常大片状剥落(图 12-29)。 (5)完全角化上皮：角化的表面细胞，发情时会有大量的无核细胞，数量持续增长，间情期迅速下降。 (6)红细胞：发情期可见大量红细胞。 (7)中性粒细胞：发情间期可见大量中性粒细胞，发情期罕见(图 12-30)。 (8)细菌：通常可见。 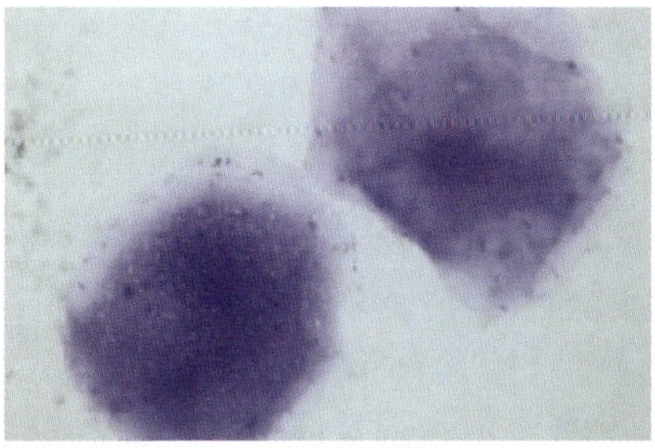 图 12-29 表面细胞 (引自 Rose E. Raskin，Denny J. Meyer，2018) 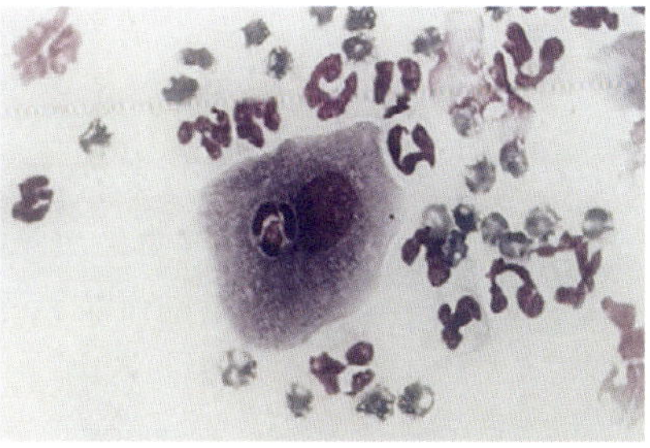 图 12-30 红细胞与中性粒细胞 (引自 Rose E. Raskin，Denny J. Meyer，2018)
4	发情周期阶段特点	(1)乏情期。无发情迹象，不会出现外阴肿胀，也没有分泌物，不会吸引雄性动物。阴道涂片主要是中间细胞和副基底细胞，也可能会有中性粒细胞，但是不会出现红细胞(图 12-31)。乏情期的长短不等，但通常持续时间不超过 4.5 个月。 (2)发情前期。母犬外阴肿胀，伴有红色阴道分泌物。母犬会吸引试图交配的公犬，但是不会接受配种。发情前期可能持续 4～13 d，平均 9 d。发情前期又可分为发情前早期和发情前晚期。随着乏情期发展，可以观察到生理和细胞形态的逐渐变化。在发情前早期，可见大量红细胞(主要来自子宫毛细血管)、副基底细胞和中间细胞(图 12-32)。 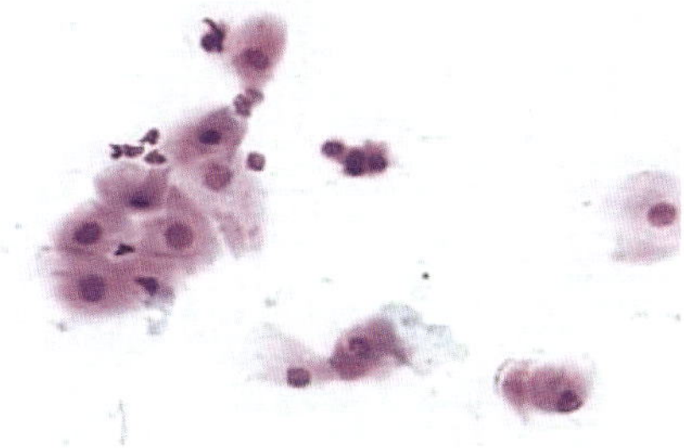 图 12-31 乏情期阴道涂片 (引自 Rose E. Raskin，Denny J. Meyer，2018) 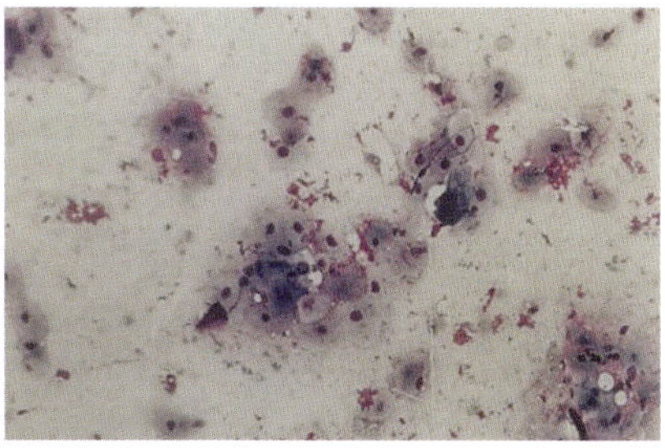 图 12-32 发情前期阴道涂片 (引自 Rose E. Raskin，Denny J. Meyer，2018)

续表

<table>
<tr><th>序号</th><th>内容</th><th colspan="2">方法</th></tr>
<tr><td>4</td><td>发情周期阶段特点</td><td colspan="2">随着发情前期的继续，红细胞的数量逐渐减少，上皮细胞开始出现角化迹象。在发情前晚期，几乎所有的上皮细胞都表现为伴有核固缩的中间细胞，此外少量中性粒细胞有时会出现在发情前期的样本中，特别是早期阶段。
(3)发情期。母犬应该在近期出现过发情前期的迹象和外阴肿胀，可能伴有粉色或淡黄色外阴分泌物，随着发情间期的接近，颜色变白。母犬在发情期会接受公犬交配。阴道涂片可见大量表面细胞(超过90%)，多为无核细胞，无中性粒细胞，可能会出现少量红细胞(来自子宫毛细血管)(图 12-33)。在发情期末期，红细胞数量继续下降，同时中性粒细胞数量急剧上升。发情期一般持续 4～13 d，平均为 9 d。
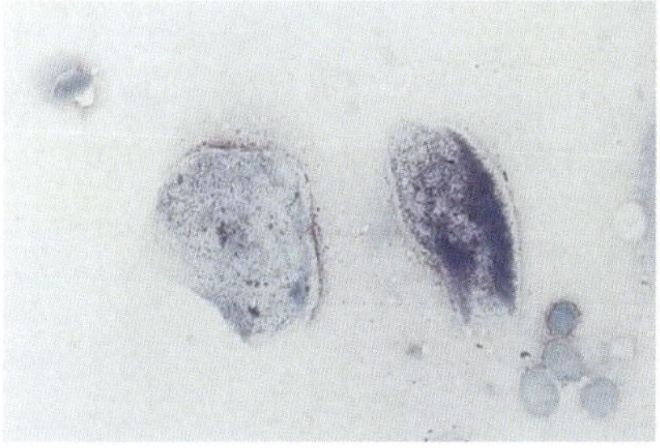
图 12-33 发情期阴道涂片
(引自 Rose E. Raskin，Denny J. Meyer，2018)
(4)发情间期。母犬有近期发情史，外阴肿胀消退、分泌物减少，恢复正常状态，母犬不再吸引和接受公犬。阴道涂片可见表面细胞数量急速下降，中间细胞和副基底细胞重新出现(图 12-34)，还可见中性粒细胞，其数量的增加直到发情间期大约到第 3 天，然后大约到第 10 天下降为少量。一般情况下，整个发情间期都无红细胞，发情间期可能持续 2～3 个月。发情间期和乏情期很难通过细胞学检查区别出来，也不能根据细胞学检查将怀孕与发情间期或乏情期区分。
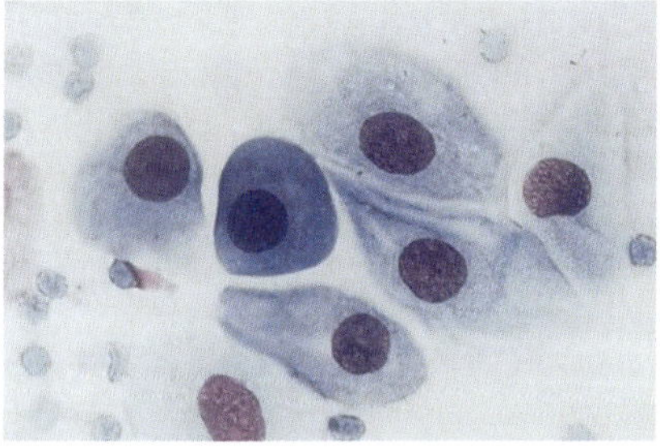
图 12-34 发情间期阴道涂片
(引自 Rose E. Raskin，Denny J. Meyer，2018)</td></tr>
<tr><td rowspan="2">5</td><td rowspan="2">阴道疾病细胞学特征</td><td>阴道炎和子宫炎</td><td>阴道或子宫的炎症引起外阴出现淡粉色分泌物，通常不会伴随外阴肿胀，或是发情前期或发情期的表现。阴道涂片可见未角化的鳞状上皮细胞和极大量的中性粒细胞，通常还含有游离和/或被吞噬的细菌。</td></tr>
<tr><td>子宫蓄脓</td><td>阴道涂片可见大量的退行性中性粒细胞和被吞噬的细菌，而在中性粒细胞的细胞质中可能会见到细菌的存在。在发情间期能见到非退行性中性粒细胞，被吞噬的细菌可见或不可见，以此和子宫蓄脓进行区别。</td></tr>
</table>

续表

序号	内容		方法
5	阴道疾病细胞学特征	阴道肿瘤	阴道常见的肿瘤有转移性肿瘤、平滑肌瘤和纤维瘤。转移性肿瘤的细胞学特征表现为圆形细胞瘤，细胞大小均一，细胞核呈圆形，核质比高，核染色质粗糙，有丝分裂指数高。其特征性表现为细胞浆轻度嗜碱性，边界清晰，胞浆内通常有很多空泡。良性的间质细胞瘤在采样时脱落的样本量比较少，细胞为纺锤形，细胞核呈圆形或椭圆形，胞浆淡染，与背景界线不清。另外，阴道上皮细胞瘤还包括纤维乳头状瘤、鳞状细胞癌、尿道移行细胞癌侵入阴道等。由于阴道肿瘤的治疗方案通常为手术切除，所以无论细胞学检查是否能够做出诊断，都建议将切除的肿物进行组织病理学检查，以确定肿物性质和疾病的预后。

课后思考

1. 如何区别漏出液、渗出液、改性漏出液？
2. 如何区别反应性淋巴结和淋巴瘤？
3. 如何判断雌性动物是否处于发情期？

真题训练

1. 白色拉布拉多犬，3 岁。在其左前肢背侧出现一个 3 cm×3 cm 的肿物，外观色红，与健康组织界线清晰，触诊较坚实；细针穿刺抹片染色镜检有多量嗜碱性颗粒。该病可能的诊断是（　　）。【2022 年执业兽医资格考试真题】

A. 平滑肌肉瘤　　B. 平滑肌瘤　　C. 脂肪瘤
D. 黑色素瘤　　E. 肥大细胞瘤

答案：B

答案解析 平滑肌瘤是良性肿瘤，由平滑肌细胞组成。它通常生长缓慢，界线清晰，且可能含有嗜碱性颗粒。这与病例描述中的肿物特点相符。

（2～3 题共用题干）

暹罗猫，1 岁，雄性，近 1 周呕吐，腹泻，精神不振，食欲下降，腹围增大并伴有波动感，黄疸，阴囊增大，体温在 39.7～41 ℃，血液白细胞总数增加。【2022 年执业兽医资格考试真题】

2. 该病最可能的诊断是（　　）。

A. 猫传染性腹膜炎　　B. 甲状旁腺功能亢进　　C. 甲状腺功能减退
D. 猫瘟疱疹病毒感染　　E. 猫杯状病毒感染

答案：A

答案解析 猫传染性腹膜炎是由猫冠状病毒变异引起的疾病，其症状包括发热、腹围增大（有时伴有波动感，提示腹水存在）、黄疸、食欲下降、精神不振等。

3.【假设信息】若进行腹腔穿刺，选择的穿刺部位宜在（　　）。

A. 右侧第 3～5 肋间下部　B. 右侧第 6 肋间下部　C. 左侧第 3～5 肋间下部

D. 左侧第 7 肋间下部　E. 脐与耻骨前缘连线的中点，腹白线左侧 1～2 cm 处

答案：E

答案解析 对于小动物（如犬、猫）进行腹腔穿刺时，针头的刺入点位于脐后腹中线旁侧 1～2 cm，这一区域相对安全，远离主要实质性器官和血管，降低了穿刺过程中损伤重要结构的风险。

参考文献

[1] 徐百万，王宏伟. 兽医诊断实验室的建设与管理[M]. 北京：时事出版社，2002.

[2] Rebar A. H，MacWilliams P. S，Feldman B. F，等. 犬猫血液学手册[M]. 夏兆飞，主译. 北京：中国农业大学出版社，2007.

[3] 周桂兰，高得仪. 犬猫疾病实验室检验与诊断手册：附典型病例[M]. 2 版. 北京：中国农业出版社，2015.

[4] Margi Sirois. 兽医临床实验室检验手册[M]. 7 版. 夏兆飞，刘洋，吕艳丽，主译. 北京：中国农业大学出版社，2022.

[5] 范开，刘明江，张兆霞. 宠物临床显微检验及图谱[M]. 2 版. 北京：化学工业出版社，2021.

[6] Anne M. Zajac，Gary A. Conboy. 兽医临床寄生虫学[M]. 8 版. 殷宏，罗建勋，朱兴全，等主译. 北京：中国农业出版社，2015.

[7] 陈国镇. 宠物血液生化分析[M]. 沈阳：万卷出版公司，2019.

[8] Rick L. Cowell. 兽医临床病理学秘密[M]. 夏兆飞，宋璐莎，主译. 北京：中国农业出版社，2016.

[9] Rose E. Raskin，Denny J. Meyer. 犬猫细胞学彩色图谱[M]. 3 版. 董军，张迪，主译. 北京：中国农业大学出版社，2018.

[10] Amy C. Valenciano，Rick L. Cowell，Theresa E. Rizzi，等. 犬猫外周血涂片图谱[M]. 刘洋，夏兆飞，主译. 沈阳：辽宁科学技术出版社，2022.

附 录

附录一 正常血液学参考范围

参数		单位	犬		猫		马		牛	
英文	中文		低	高	低	高	低	高	低	高
RBC	红细胞计数	M/μL	5.65	8.87	6.54	12.20	6.40	10.40	4.47	9.35
HCT	血细胞比容	%	37.3	61.7	30.3	52.3	30.0	47.0	22.5	39.9
HGB	血红蛋白含量	g/dL	13.1	20.5	9.8	16.2	10.7	16.5	7.4	12.8
MCV	平均红细胞体积	fL	61.6	73.5	35.9	53.1	41.1	52.4	40.4	56.4
MCH	平均红细胞血红蛋白含量	pg	21.2	25.9	11.8	17.3	14.1	18.6	11.5	18.5
MCHC	平均红细胞血红蛋白浓度	g/dL	32.0	37.9	28.1	35.8	32.8	38.6	30.2	33.5
RDW	红细胞体积分布宽度	%	13.6	21.7	15.0	27.0	24.6	33.3	20.0	35.9
RETIC	网织红细胞计数	K/μL	10.0	110.0	3.0	50.0	N/A	N/A	0.0	3.9
WBC	白细胞	K/μL	5.05	16.76	2.87	17.02	4.90	11.10	2.71	17.76
NEU	中性粒细胞	K/μL	2.95	11.64	1.48	10.29	2.50	6.90	0.68	6.94
LYM	淋巴细胞	K/μL	1.05	5.10	0.92	6.88	1.50	5.10	1.20	10.62
MONO	单核细胞	K/μL	0.16	1.12	0.05	0.67	0.20	0.60	0.02	2.17
EOS	嗜酸性粒细胞	K/μL	0.06	1.23	0.17	1.57	0.00	0.80	0.01	1.23
BASO	嗜碱性粒细胞	K/μL	0.00	0.10	0.01	0.26	0.00	0.10	0.00	0.04
PLT	血小板	K/μL	148	484	151	600	100	250	147	663
MPV	平均血小板容积	fL	8.7	13.2	11.4	21.6	5.6	10.4	5.9	8.2
PDW	血小板分布宽度	fL	9.1	19.4	N/A	N/A	NR	NR	6.0	10.1
PCT	血小板比容	%	0.14	0.46	0.00	0.79	NR	NR	0.12	0.42

附录二 正常血液生化检验参考范围

参数		单位	犬			猫		
英文	中文		幼犬	成犬	老年犬	幼猫	成猫	老年猫
ALB	白蛋白	g/L	21～36	23～40	22～39	22～39	22～40	23～39
ALP	碱性磷酸酶	U/L	46～337	23～212	23～212	14～192	14～111	14～111
ALT	丙氨酸氨基转移酶	U/L	8～75	10～125	10～100	12～115	12～130	12～130
AMYL	胰淀粉酶	U/L	300～1 300	500～1 500	500～1 500	500～1 400	500～1 500	500～1 500
AST	天冬氨酸氨基转移酶	U/L	0～50	0～50	0～50	0～32	0～48	0～48
BUN/UREA	尿素氮	mmol/L	2.5～10.4	2.5～9.6	2.5～9.6	5.7～11.8	5.7～12.9	5.7～12.9
Ca	钙	mmol/L	1.95～3.15	1.98～3.00	1.98～3.00	1.98～2.83	1.98～2.83	1.95～2.83
CHOL	胆固醇	mmol/L	2.58～10.34	2.84～8.27	2.84～8.27	1.60～4.94	1.68～5.81	1.68～5.81
CK	肌酸激酶	U/L	99～436	10～200	10～200	0～394	0～314	0～314
CREA	肌酐	μmol/L	27～106	44～159	44～159	53～141	71～212	71～212
GGT	γ-谷氨酰基转移酶	U/L	0～2	0～11	0～7	0～1	0～4	0～1
GLOB	球蛋白	g/L	23～38	25～45	25～45	28～48	28～51	28～51
GLU	葡萄糖	mmol/L	4.28～8.33	4.11～7.94	3.89～7.94	4.28～8.50	4.11～8.83	3.94～8.83
LAC	乳酸	mmol/L	0.50～2.50	0.50～2.50	0.50～2.50	0.60～2.50	0.60～2.50	0.60～2.50
LDH	乳酸脱氢酶	U/L	0～273	40～400	40～400	0～1 128	0～798	0～798
LIPA	脂肪酶	U/L	100～1 500	200～1 800	200～1 800	40～500	100～1 400	100～1 400
Mg	镁	mmol/L	0.50～0.85	0.58～0.99	0.58～0.99	0.68～0.93	0.63～1.25	0.63～1.25
NH_3	氨	μmol/L	0～99	0～98	0～98	0～95	0～95	0～95
PHOS	磷	mmol/L	1.65～3.35	0.81～2.19	0.81～2.19	1.45～3.35	1.00～2.42	1.00～2.42
TBIL	总胆红素	μmol/L	0～14	0～15	0～15	0～15	0～15	0～15
TP	总蛋白	g/L	48～72	52～82	52～82	52～82	57～89	57～89
TRIG	甘油三酯	mmol/L	0.00～0.37	0.11～1.13	0.11～1.13	0.09～0.61	0.11～1.13	0.11～1.13
URIC	尿酸	mmol/L	0～60	0～60	0～60	0～60	0～60	0～60
Na^+	钠	mmol/L	145～157	144～160	144～160	150～165	150～165	150～165
K^+	钾	mmol/L	3.5～5.5	3.5～5.8	3.5～5.8	3.7～5.9	3.5～5.8	3.5～5.8
Cl^-	氯	mmol/L	105～119	109～122	109～122	115～126	112～129	112～129

附录三　生化检测项目建议表

参数		全身健康检查	基础健康检查	麻醉前检查	胃肠道疾病	心脏疾病	内分泌疾病	肝脏损坏	血脂检查	急性胰腺炎	肾脏疾病
英文	中文										
ALB	白蛋白	√	√	√	√	√		√	√		√
ALP	碱性磷酸酶	√	√	√			√	√		√	
ALT	丙氨酸氨基转移酶	√	√	√		√	√	√		√	
AMYL	淀粉酶	√				√				√	
AST	天冬氨酸氨基转移酶					√					
Ca^{2+}	钙离子	√					√			√	√
CHOL	胆固醇	√				√	√		√	√	
CK	肌酸激酶					√					
CREA	肌酐	√	√	√	√	√	√				√
GGT	γ-谷氨酰基转移酶							√		√	
GLU	血糖	√	√	√		√	√		√	√	
LDH	乳酸脱氢酶					√					
LIPA	脂肪酶						√			√	
Mg^{2+}	镁离子										√
NH_3	氨				√			√			
PHOS	无机磷	√		√			√			√	√
TBIL	总胆红素	√		√				√			
TP	总蛋白	√	√	√	√	√		√	√		√
TRIG	甘油三酯						√		√	√	
UREA/BUN	肌酐/尿素氮	√	√	√	√	√	√			√	√
$Na^+/K^+/Cl^-$	钠、钾、氯离子				√	√	√				√

附录四　犬、猫与马的正常血气参考范围

参数		单位	犬		猫		马	
英文	中文		低	高	低	高	低	高
Na^+	钠离子	mmol/L	144	160	150	165	133	150
K^+	钾离子	mmol/L	3.5	5.8	3.5	5.8	3.0	5.3
Cl^-	氯离子	mmol/L	109	122	112	129	97	109
Ca^{2+}	钙离子	mg/dL	5.0	6.0	4.5	5.5	6.0	6.25
Ca^{2+}	钙离子	mmol/L	1.25	1.5	1.13	1.38	1.50	1.56
pH arterial	动脉酸碱值		7.36	7.44	7.36	7.44	7.35	7.47
pH venous	静脉酸碱值		7.31	7.42	7.24	7.40	7.34	7.43
T_{CO_2} arterial	动脉二氧化碳总含量	mEq/L	25.0	27.0	21.0	23.0		
T_{CO_2} venous	静脉二氧化碳总含量	mEq/L	21.0	31.0	27.0	31.0		
HCO_3^- arterial	动脉碳酸氢根总量	mEq/L	24.0	26.0	20.0	22.0	22.0	29.0
HCO_3^- venous	静脉碳酸氢根总量	mEq/L	20.0	29.0	22.0	24.0	22.0	29.0
P_{CO_2} arterial	动脉二氧化碳分压	mmHg	36	44	28	32	36	46
P_{CO_2} venous	静脉二氧化碳分压	mmHg	32	49	34	38	38	48
P_{O_2} arterial	动脉氧分压	mmHg	90	100	90	100	80	100
P_{O_2} venous	静脉氧分压	mmHg	24	48	34	45	37	56
Glucose	葡萄糖	mg/dL	77	125	76	145	75	135
Glucose	葡萄糖	mmol/L	3.85	6.88	4.18	7.96	4.13	7.43
T_{Hb}	总血红素	g/dL	12.0	18.0	8.0	15.0	10.0	18.0
S_{O_2}	血红素氧气饱和度	%	93	100	93	100	93	100

附录五　凝血功能相关指标参考范围

参数	单位	犬		猫		马	
		低	高	低	高	低	高
凝血酶时间(TT)	s	4	10	10	21	9	10.5
凝血酶原时间(PT)	s	6	14	8.6	20	9.8	12
部分促凝血酶原激酶时间(PTT)	s	15	30	10	25	50	65
活化部分促凝血酶原激酶时间(APTT)	s	13	17	12	20	37	56
纤维蛋白原	mg/dL	200	400	100	300	112	372
出血时间(BT)	min	1.4	5	1.4	5	2.2	3.4
活化凝血时间(ACT)	s	60	100	10	65	120	190